时装系列设计与表现

刘婧怡 著

東華大學出版社

·上海·

图书在版编目（CIP）数据

时装系列设计与表现 / 刘婧怡著. —上海：东华大学出版社，2023.5
ISBN 978-7-5669-2193-2

Ⅰ. ①时… Ⅱ. ①刘… Ⅲ. ①服装设计 Ⅳ. ①TS941.2

中国国家版本馆CIP数据核字（2023）第037470号

策划编辑：徐建红
责任编辑：季丽华
装帧设计：唐 棣

出　　版：东华大学出版社（地址：上海市延安西路1882号　邮编：200051）
本社网址：dhupress.dhu.edu.cn
天猫旗舰店：http://dhdx.tmall.com
销售中心：021-62193056　62373056　62379558
印　　刷：上海盛通时代印刷有限公司
开　　本：889mm×1194mm　1/16
印　　张：11.75
字　　数：410千字
版　　次：2023年5月第1版
印　　次：2023年5月第1次
书　　号：ISBN 978-7-5669-2193-2
定　　价：98.00元

前言

Foreword

这是一个设计需求急速膨胀的时代，也是一个设计人才辈出的时代，从北京到纽约、从巴黎到墨西哥，几乎所有国际化大都市都会举办时装周，各大院校的设计专业炙手可热，每年都在不断地为社会培养和输送大批专业知识过硬的准设计师。随着大众审美的普遍提高，社会对设计人才的需求达到了前所未有的高度，但是另一个严峻的现状是就业形势竞争激烈，社会对于“雏鸟”毕业生们有着近乎苛刻的要求。

“如何成为一名名副其实的设计师”是所有设计专业学生在学习期间最为关注的话题。为了达到这一目的，各种专业训练是必不可少的。时装设计行业并不喜欢依靠成绩来评判学生是否专业，更简单可靠的方法是依靠一套完整的系列时装设计作品来作出评判。毕业生想要在激烈的竞争环境中脱颖而出，首先需要的就是拥有一册独立完成并能够充分展现才华的系列设计作品集。因此，学生在完成设计专业的各种基础课程之后，就需要开始学习创作系列设计了。

一名成熟的时装设计师需要积累无数作品，这些作品就是我们常说的系列设计。初学者往往需要扎实的基础知识并将其融会贯通，才能独立承担复杂的系列设计创作。本书对大量基础知识进行了系统梳理，核心目的是帮助新人设计师在开展系列设计之前，能够充分具备处理和解决在设计过程中遇到的各种问题的能力。书中第一章讲述了服装设计的基础理论知识，例如近现代服装发展史、服装的基本款式结构等。第二章讲述了系列设计的方法，例如设计的层级、元素的应用方法等。第三章讲述了设计表达的基本方法，即如何使用手绘工具和电脑工具绘制款式图与效果图，以及如何将设计思维转化为可视化图纸。第四章则讲述了当前服装设计行业常用的系列设计分类方式以及相应系列设计分类的设计惯例。

对于设计教育而言，传授千篇一律的理论知识不如系统化地讲一些实际经验。本书集合了前辈大师们的宝贵积累和当前设计师的实操经验，详述了服装设计行业中“约定俗成”的标准是如何产生的，这其中包括商业设计分类、经典款式分析、不同品类的款式设计惯例，以及随着行业发展形成的一些“常规”的设计方法，这些信息分散在各个章节，与理论紧密结合，是新人设计师了解行业、进入专业角色的重要桥梁。尤其是本书第四章，非常详细地阐述了不同品类时装系列设计的款式设计及经典款搭配惯例。很多经典款不仅造型独特，更是各种创意设计的基础蓝本和灵感来源，可以说只有充分认识、了解并应用这些历经时间和消费市场考验的经典款式，才算跨进了职业设计的门槛。

实践经验的分享和详尽的步骤说明让本书十分适合于初学者学习，通过理论分析及案例详解，初学者将掌握设计基础技法、理解核心原理，一步步学会挖掘自身潜力，提高创作能力。书中丰富的案例与详实的讲解让理论更加容易被理解，完整的创作流程解读则能够让初学者学会良好的工作方法，创作出属于自己的优秀系列设计。

北京服装学院
教授：刘元凤

目录

01 时装系列设计基础

时装系列设计的必备要素

02 系列设计的构建

时装系列设计的步骤和流程

| *Contents* |

03 系列设计的表现

清晰传达设计创意的绘制技法

04 分类设计详解

有目的地进行时装系列设计

01

时装系列设计基础

时装系列设计的必备要素

1.1 什么是时装系列设计

时装系列设计是设计师在学会众多基础课程之后，迈向市场的第一场实战训练。随着时装设计的传统领域不断被打破与完善，时装系列的内涵也由最初的简单服装组合，发展成为包含设计、创意、工艺、市场等诸多内容的复杂名词。系列设计并不是设计师的独角戏，而是基于需求形成的成熟产品，是将创意、市场、品牌、顾客完美结合在一起的商业行为。

① 设计师

—— 尽情挥洒灵感

早在20世纪初期，高级定制时装设计师们发现，一个好的主题会产生诸多灵感与设计元素，这些元素如果全部堆砌在一件服装上是件可怕的事，但仅把几个元素用于创作一件作品又实在有些可惜。因此，设计师们开始将运用同一主题进行设计的若干服装摆在一起销售，并称其为“系列设计”（collection）。

② 主题

—— 丰富的层次

好的系列设计不但能够鲜明地表现出设计师的主题灵感，还具有丰富的层次感与叙事性。

例如夏帕瑞丽著名的马戏团系列，从简单的斜裁搭配精致的马戏团元素的纽扣开始，到后续的丰富撞色，再到最后收尾的庞大礼服，整个系列仿佛是一场盛大的马戏表演。

③ 顾客

—— 不同的需求

最喜欢系列设计的恐怕是时尚顾客，对于这些挑剔的顾客而言，主题系列就像是超市的标牌索引，找到心动的系列后，就可以从内到外按照自己的需要选择各种单品，这种方便快捷的“一站式”购物无疑是快节奏生活的最佳选择。

④ 时尚

—— 不同的时尚度

不同的设计方法会让时装展现出不同的时尚度。保守、基础一些的款式时尚度较低，但是顾客接受度较高；新颖款式时尚度较高，但是面对的顾客群体也相应的窄一些。如果在系列设计中引入不同时尚度的设计产品，就能在更大程度上满足不同类型的顾客。

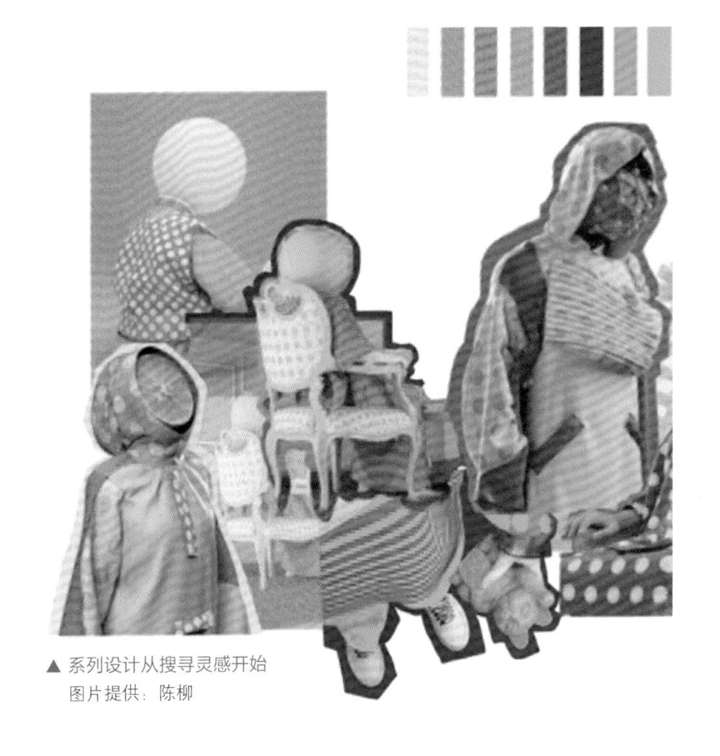

▲ 系列设计从搜寻灵感开始
图片提供：陈柳

5 色彩

—— 系列设计的色彩搭配

色彩作为时装给人的第一印象，绝对是时尚世界最需要探究的元素。协调的配色很容易成为抢镜关键，而糟糕的配色会让人懒得再看第二眼。

并不是所有顾客都精于色彩上的把戏，时装系列化的好处之一就是让顾客可以随意从系列中挑选单品，并且无论怎样搭配都不会出错。

6 造型

—— 设计整体形象

系列设计不但需要设计众多的时装款式和配饰款式，还要将模特的妆容、发型甚至长相风格考虑在内，毕竟时装本身不能单独出现，要依靠穿着者的整体造型才能展现出设计风格。

▼ 效果图是表现系列设计的重要途径
系列服装少则3～5套，多则12～16套，具体数量取决于系列的需求。

1.2 近现代时装设计大事记

整个近现代时装史基本上是由一个又一个著名的系列设计作品组成的，如果说设计师是时装帝国的缔造者，那么无数经典的系列设计作品就是建造时装帝国的基石。

扫描二维码，查看教学视频

法国大革命样式

18世纪末、19世纪初

法国大革命初期男装的样式与现代相近，就此确定了男性的审美取向。男人们开始摒弃孔雀一般的自我矫饰，崇尚简洁、实用、功能性的服装，认为与旧贵族一样的奇装异服就是封建的、不健康的，是需要摒弃的落后审美。此时，男性着装进入了自由、民主的解放时期。

帝政样式

19世纪初

拿破仑一直想效仿古罗马帝国建立统一的欧洲，从思想言论到建筑再到服装造型，都在向罗马帝国致敬。服装是衣食住行之首，改变服装可以看作是革命的最高宣言。几乎一夜之间，一种轻薄的白色亚麻高腰长裙就随着拿破仑的军事行动被带到欧美各地。这种设计扔掉了束缚女性上千年的胸衣和裙撑，改革力度极大。

英国资产阶级风格的男装设计

19世纪中

第二次工业革命让英国进入了资本化时代，与之相应的英式三件套也成为了有产阶级、牧师、高级雇员的典型装扮。这个时期，英国的技术与经济发展非常迅速，欧洲各国富家子弟纷纷前往英国留学，伦敦的城市下水系统、钢骨架的伦敦塔桥、喷着烟雾的巨型烟囱以及早在18世纪就流行起来的抽水马桶，都让来自法国或意大利的人们大开眼界。这种先进的体验使欧洲真切地认识到英国的强盛，英式穿衣风貌也广为流传：日装、晚装、日间正装、日间外出服、晚间礼服、乡间猎装夹克、冬装等不同的着装方式风靡整个西方世界。

浪漫主义风格

19世纪中

波旁王朝复辟后，拿破仑式的希腊长裙再也看不见了。19世纪中期的服装与装饰品设计基本在刻意抄袭路易十五、路易十六时期和文艺复兴时期的浪漫风格。蓬松的羊腿袖、紧身胸衣和大裙撑重新回归流行，精致卷曲的头发紧贴面庞，茶室里的椅垫、花边和帷幔统统沿袭着旧时代的奢华和铺张。

巴斯尔样式

19世纪中

19世纪中期的时尚又回到了统治人们长达几个世纪的古典主义样式，女装仍旧被分割成两半，上面只剩胸部、下边只剩裙子，看不见腿或脚。聪明的法国人发明了巴斯尔臀垫，这种用马尾衬垫做成的新式裙撑，缀在女人们的臀后，形成一种丰胸、肥臀的S形样式。这种新形象说不上美或者丑，只是意味着女性厌倦了金字塔样式的裙撑，更为中意拥有性感的翘臀，并借此将裙子的后摆尽情延长而不影响她们优雅地向前走动。

第一位服装设计师

19世纪末

在许许多多为上流社会妇女服务的裁缝中，查尔斯·弗莱德里克·沃斯（Charles Frederick Worth）并不特别，他20多岁只身离开英国闯荡巴黎，像许多这个年龄的青年一样，在一家商店卖布料以赚取微薄的薪水。

直到19世纪末，沃斯真正的时装作品才面世。沃斯的太太和时装模特们穿着各种新式的长裙，配合音乐向众人展示，开启了时装表演的先河。拿破仑三世的皇后偶然看中了一套白色花点长裙，于是就钦点了这位年轻的裁缝作为宫廷御用设计师。从此，沃斯的命运开始上行，他很快脱离了原先的公司另起炉灶，在巴黎和平大街上开设了一家叫"沃斯与博贝尔"的时装店。这家店不再仅仅售卖布料、花边，或是为上流社会的名门闺秀设计服装，而是开始销售成衣。

当时发达的彩版印刷也成为了沃斯手中的利器，他擅长将服装设计图纸画成当时流行的插图样式，这样直观而新潮的图稿让名门闺秀爱不释手。1870年前后，他的店铺已经雇佣了1 200多名女裁缝，每周生产上百件裙子。沃斯开启了一个由设计师掌控潮流的新时代。

扫描二维码，查看完整的近现代时装设计史大事记

1.3 系列设计的主要类别

时装系列设计实际上是在追踪不同类别的市场，树立不同的定价策略、品牌形象，依据不同人群的审美品位和需求进行分类设计。这种分类并不是一蹴而就的，而是在时装商业运营中逐步分离的。最初系列设计只有高级定制时装、高级成衣、大众成衣这三个通过消费者购买力来区分的大类，而后逐渐形成根据消费者需求进行细分的商务装、时装、童装、运动装、户外装等商品分类。

1.3.1 高级定制时装

高级定制时装(Haute Couture)的出现是时装产业进入现代化经营模式的标志之一。19世纪末，查尔斯·沃斯首次将设计师的概念引入传统服装定制业，他创立品牌、制定每季一次的新品发布会、建设沙龙式的服装店……一系列全新的运营模式不但让沃斯名利双收，也催生了法国巴黎时装工会。自此高级定制时装有了严格的规定：品牌必须获得巴黎时装工会的认证，一年举行两次新品发布会，每场发布会必须包括日装和晚装且总套数不低于35套，雇员至少要有15人，高级定制时装在售卖之前至少要经过顾客两到三次的试穿……诸多限制让高级定制时装品牌数量一直保持在低位。

高级定制时装的另一个特点也是从创立之初定下来的——奢侈。19世纪末到20世纪初的高级定制时装店主要服务社会顶层的女性，例如皇室、贵族以及新兴资产阶级的女眷，这些品牌的时装售价昂贵。到今天，高级定制时装品牌在全球范围内的客户也不超过2 000名。高级定制时装的服务宗旨要求系列设计使用最高级的材料、最优秀的工匠以及最杰出的设计师，这三者的结合将高级定制时装置于整个服装消费领域的顶点。这种奢侈的时尚可能不是最流行的，但一定是最具有艺术性、设计感的，并且代表最优质的工艺技术。可以说高级定制时装是具有排他性的，通过提供独一无二的服务，换取客户和同行的认可。

高级定制时装品牌发布会

高级定制时装每年举办两次新品发布会，分别在1月和7月，届时全球的高级定制时装品牌都会聚集在巴黎举办发布会。从发布会的场地选择、场景灯光设计到模特人选、嘉宾人选乃至发布会现场的小礼品都会成为时尚圈的关注焦点，在发布会前后一段时间内不断引发媒体热议。

在2022年，有22个高级定制时装品牌在巴黎发布新品，这些发布会是每季时尚潮流的核心所在。

22个高级定制时装品牌	
Luisa Beccaria	Chanel
Maison Margiela	Alberta Ferretti
Ronald-van-der-Kemp	Alexis Mabille
Jean Paul Gaultier	Giorgio Armani
Elie Saab	Iris Van Herpen
Valentino	Givenchy
Viktor & Rolf	Azzaro
Schiaparelli	Alexandre Vauthier
Guo Pei	Ralph & Russo
Zuhair Murad	Giambattista Valli
Balmain	Christian Dior

▲ 数据来源：www.vogue.com（2022年6月）

▲ 郭培高级定制时装发布会

1.3.2 高级成衣

20世纪50年代，就在设计师们将高级定制时装行业带上巅峰时，意料之中的冲击来了，为少数精英服务的高级定制时装在整个服装产业中的占比越来越小。早期不少家庭主妇会自己做衣服，但二战后职业女性越来越多，她们对自制服装这件事越来越没有信心，成衣品牌终于在这个时候走上台前。高级成衣（Ready-to-wear）最初是由高级定制品牌推出的，其法语是“prêt-à-porter”，意为即买即穿。高级成衣和高级定制时装一样承袭了经典的法国时尚风格，它利用高级定制时装所受到的市场热捧，将高级成衣的理念和设计通过发布会推向国际市场。

1959年，皮尔·卡丹成为第一位发布高级成衣系列的著名设计师。他为百货公司设计了一种只卖100法郎的裙子，这些裙子由一家工厂承包生产，而不是由他的高级定制时装工作室制作。20世纪60年代，越来越多的老牌高级定制时装品牌也开始经营高级成衣，以更合理、更实惠的价格提供高端设计，同时提升了品牌的收益率。高级成衣不必针对每位顾客量体裁衣，消费者可以直接从市场上供应的不同尺码、不同颜色的服装中选择适合自己的服装。

高级成衣发布会

巴黎时装周对于高级成衣发布会的作用越来越重要。继高级定制时装之后，高级成衣系列发布会成为传播时尚最有效的途径。每年3月和9月，巴黎、米兰、纽约和伦敦都会举行高级成衣时装周，受到全世界的传媒、明星、模特、商业买手、时尚达人以及普通观众的广泛关注。

高级成衣品牌产品线

高级成衣品牌多年来屹立不倒是有原因的。为了迎合日益复杂的商业市场，高级成衣品牌产品线常通过下面三个手段进行市场拓展。

① 横向拓展

开设男装、度假系列等产品线，如Dior品牌的男装产品线Dior Homme、Chanel品牌的度假系列，这种拓展在高级成衣品牌中十分常见。20世纪末到21世纪初，美妆产品线是部分高级成衣品牌的救心丸，贡献了企业的大部分盈利；近年来，美妆产品线更是成为了品牌的固定组成部分。另外，男装和度假系列的产生与当前的消费习惯相匹配，很好地抓住了高街时尚的商机。

▲ Moncler 1 JW Anderson品牌的男装产品线

② 向下延伸

开设更廉价的、针对年轻消费者的副线。高级成衣品牌开设副线的不在少数，这种措施已经被企业当作常规运营手段，如Prada品牌的年轻产品线MiuMiu等。Calvin Klein品牌甚至关闭了高级定制时装产品线，仅保留高级成衣和年轻副线这两个产品线。

▲ Prada品牌的年轻产品线MiuMiu

③ 跨行业延伸

向珠宝、家居、护肤品或香水等行业扩展产品线。近年来，这种被高级成衣品牌新引进的商业赛道有着更复杂的意义，例如印着品牌logo的天价沙发，标价低廉却捆绑高昂会员费的手磨咖啡……从目前的盈利比例上来看，时尚品牌实际上并不打算进军餐饮业或是家纺业，而是利用这些产品线营造品牌的高端形象，从而增强顾客粘性、提高品牌价值感。

▲ Dior香水产品线

1.3.3 大众成衣

两次世界大战为成衣业的发展奠定了技术基础——战争中军服往往需要数以百万地进行生产，因此生产商们改良了大规模生产的方法，制定了标准化的号型，应用电子切割技术、专业缝纫机等提高了生产效率。20世纪50年代末至60年代初，美国人在日常服装中统一使用标准号型，免去了买回家的成衣还要经历二次修改的麻烦，并大量使用合成纤维及各种耐磨、免烫、抗皱面料。工业生产的廉价服装随着美国的国际主义设计一起出现在全球各地，这就是大众成衣（Garments）。

美国成衣商在产业兴建伊始，曾多番抄袭高级定制时装的款式，并根据市场需求略加改动，然后大规模快速生产，再以低廉的价格进行销售，这种做法对高级定制时装的销量与声誉都造成了巨大的困扰。

不可否认的是，大众成衣是一种跟随流行而又符合大众审美的简洁、耐用的服装，非常适合处于战后恢复期的国民购买力。美国成衣生产商由此开拓出一种完全不同于高级定制时装、高级成衣的商业运营模式。不仅老牌服装店积极开展大众成衣的生产及销售，大批新的成衣生产商也蜂拥而入，两者之间的区别是，老牌成衣店往往有销量稳定、识别度很强的单品，例如Levi's品牌的501牛仔裤，而新生成衣品牌，如Gap，则热衷于扩大品牌产品线的宽度，为顾客开发尽可能多的单品种类。

1.3.4 高街时装

高街时装（High Street Fashion / High Fashion）品牌最早是指英国主要商业街的一些服装店，这些商店仿造高级定制时装和高级成衣秀场上展示的时装，并用低廉的成本迅速制作出成品销售，让人人都能买得起秀场上最流行的设计。

高街时装品牌的特点是“一流的设计、二流的面料、三流的价格、国际一线品牌的形象”，最通俗易懂的解释就是“人人都买得起的国际品牌”。高街时装既迎合了年轻人对时尚的追求，又解决了这个群体囊中羞涩的问题。这种运营模式经过发展已经远远超出英国地区的范畴，从20世纪80年代开始，在西班牙、意大利、美国和北欧三国等地都开始出现这种反应快速、价格低廉，以“快速消费”为核心的高时尚度的服装零售品牌，例如Topshop、Zara、Mango、Next、Bershka、C&A以及优衣库等。

正是由于有了“高街时尚”，原创服饰一经展示，人们便能很快从商店买到最流行时尚的翻版。到了2000年之后，借助杂志、媒体和网络的帮助，时尚从T台走上街头的速度越来越快，时装周后只需要三周时间，便可以在高街时装店中看到最流行的服饰了。高街时装在全球范围内大获成功，直到20世纪90年代末，随着全球经济紧缩、环境保护理念提升，这种质量较差、更换频率高的销售理念受到了冲击，Zara、Forever21等品牌的市值开始大幅缩水。不可否认的是，高街时装改变了传统时尚行业的模式，为时尚业的发展提供了一种新的思路和方向。

1.4 近代知名设计师与设计品牌

自查尔斯·沃斯开启了以设计师为核心的服装品牌运营模式后，设计师们作为时尚的代言人备受重视，其社会地位从过去低人一等的手工匠人一跃成为开创和引领流行的艺术大师，并造就了一大批各具风格的高级定制时装与高级成衣品牌。换句话说，20世纪至今的时尚，就是围绕着这些知名设计师的活动及他们所创建的品牌而展开的。在这百余年的时光中，一部分设计师及其所创建的品牌经历了各种考验并不断发展，扩大规模，在全球范围内开设分店，例如Chanel、Dior等，另一部分在今天则难觅踪迹。但历史的记忆是经久不衰的，与品牌共同沉浮在时间长河中的设计师与其代表作品时至今日还常被提及，为今天的系列设计提供了源源不断的灵感来源。因而，对于当代设计师而言，熟知近代知名设计师与设计品牌，不仅是对人文素养的提升，更是对设计素材的积累和商业运营经验的借鉴。

扫描二维码，查看近代知名设计师与设计品牌的完整介绍

1.5 服装基本款式构成

当前的时尚流行体系不是孤立的，无论是东方的流行体系还是西方的时尚话语，都是历经了时代考验而传承下来的“定式”，是人类文明社会礼仪、习俗的反映。从服装设计的角度来看，这些“定式”在今日的设计中具象成了一个又一个的经典款式，而经典款式具有约定俗成的穿着方式、固定的裁剪样式，甚至还代表了审美情趣上的共识，例如礼服西装、防风夹克等。这些基本款式在某种程度上构成了设计师的基础数据库，服装设计不管是迎合流行还是继承传统，设计师首先要了解这些经久不衰的基本款式。

1.5.1 款式结构与术语

19世纪末，服装开始由古典主义形制向现代化样式转变，并在20世纪60年代建立了当今的基本着装形制，形成了一系列固有的款式结构特征，这些结构特征在中英文中都有相应的专有名词。对设计师而言，款式结构是设计的基础，很多富有创意的造型变化就是对基础款式结构的解构、变形或重组。因此，了解服装基本款式结构是在为设计创新打下坚实的基础。

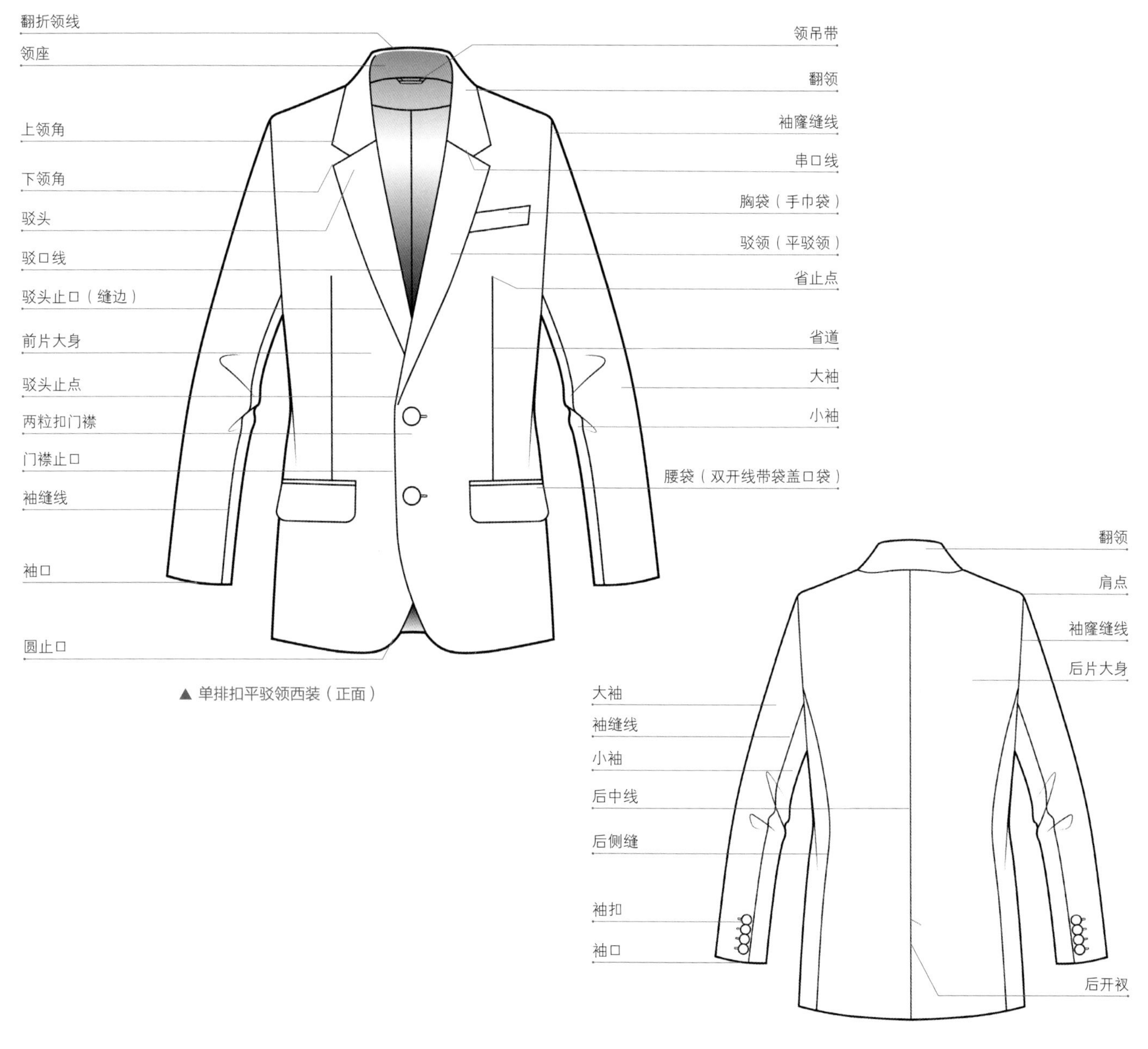

▲ 单排扣平驳领西装（正面）

▲ 单排扣平驳领西装（背面）

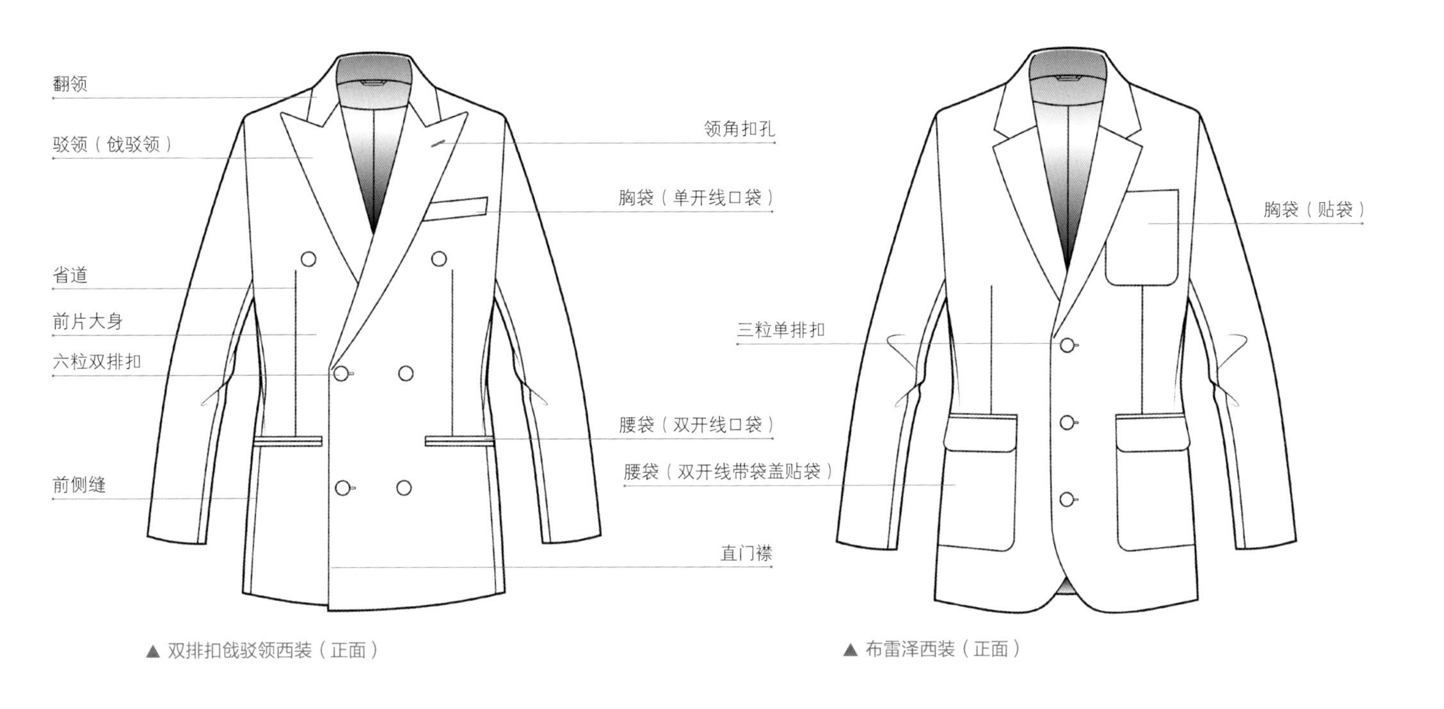

▲ 双排扣戗驳领西装（正面）

▲ 布雷泽西装（正面）

▲ 衬衫（正面）

▲ 衬衫（背面）

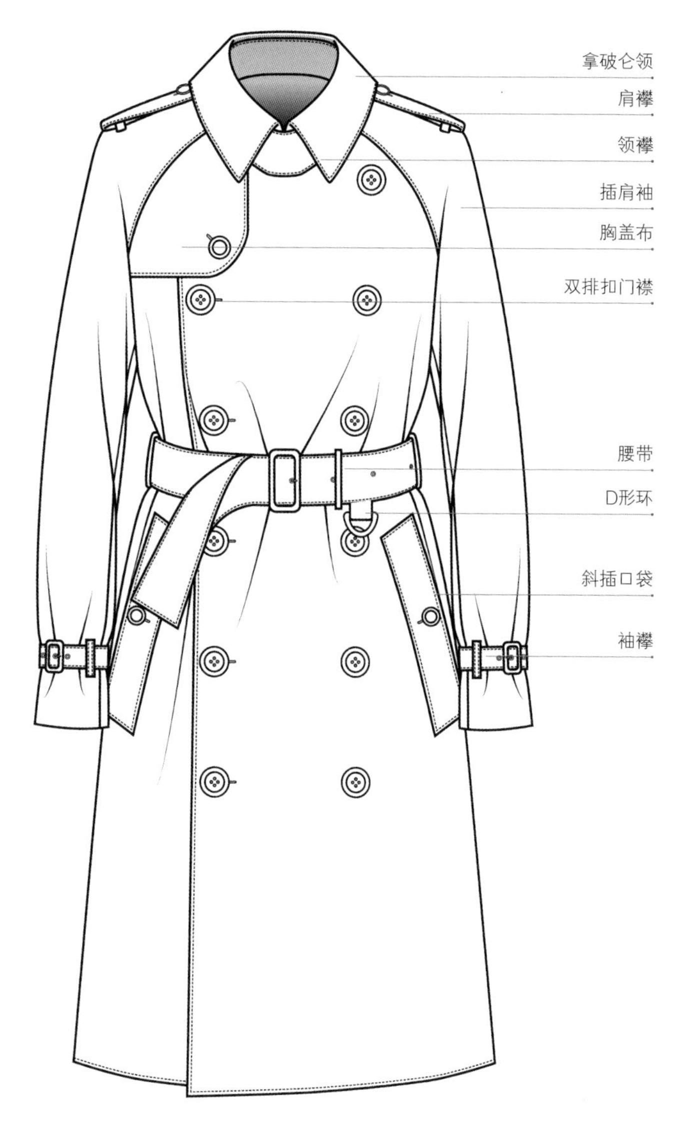

▲ 风衣（正面）

腰头
裤襻
裤褶
裤门襟
裤裆
裤中缝
裤脚

▲ 长裤（正面）

TIPS 双褶结构细节

内翻褶

更立体，线条感强（显腿细），适合插兜，但不适合小腹突出的体型。

外翻褶

更伏贴，视觉上显出一种倒三角的腿部效果，但不适合插兜。

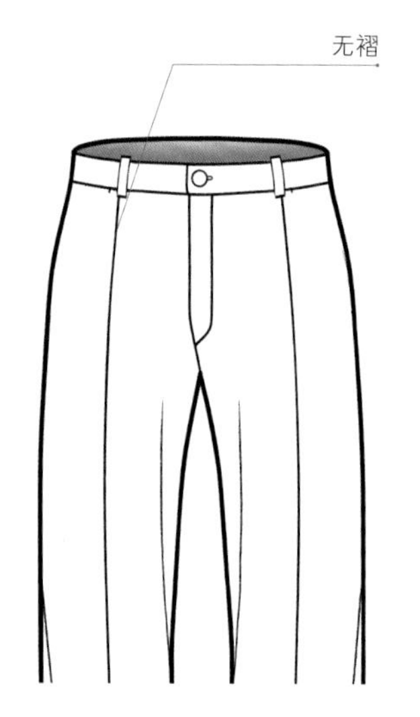

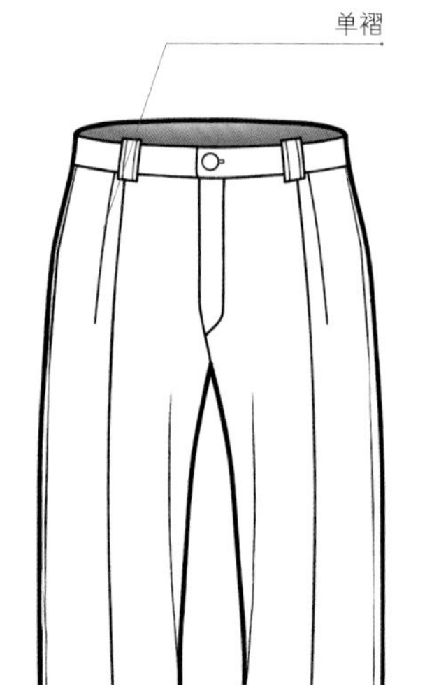

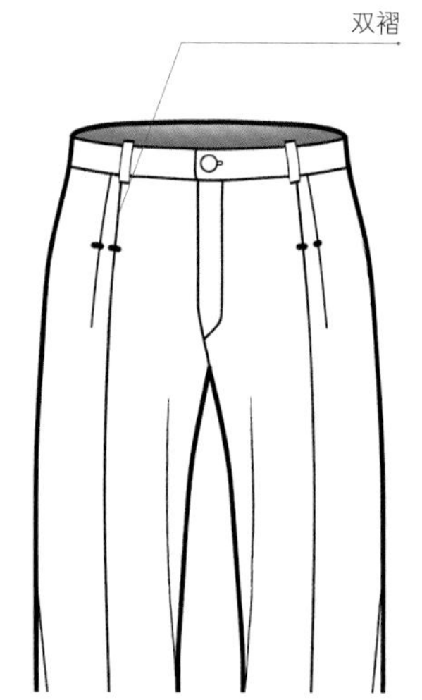

▲ 裤腰结构变化

▲ T恤（正面） ▲ 连帽衫（正面）

▲ 连衣裙（正面） ▲ 连衣裙（背面）

1.5.2 基本结构图解

现代服装款式的基本结构可以归纳为七大类：省道（包括造型线）、领型、袖型（包括肩袖和袖口）、门襟、上装口袋、裤装口袋和腰头。常用的款式结构有一些是沿袭了古典的时装形制，也有一些是当代的创意结构，它们共同组成了大众认可的基本样式。设计师只有充分了解基本款式结构，才能在设计时拥有更多可以使用的元素，并且进行更好的组合与创新，例如将机车夹克的领子样式用在针织毛衣上，或是运用雪纺纱来制作传统款式的驳领西装。

① 上装省道变化

省道是为了让平面的面料符合人体的曲线而进行的裁剪分割手段，是时装设计尤其是女装设计中的重要结构。男装的省道设计与女装相比相对固定，没有太多的变化，也不会形成过于紧身的造型。在男装设计，尤其是男正装设计中，省道能够让男上装形成不同的廓形，以达到修饰身材的目的。

H形

Y形（常用造型）

▲ 腰省（正面）

▲ 腰省、侧缝收省（正面）

▲ 腰省（正面）

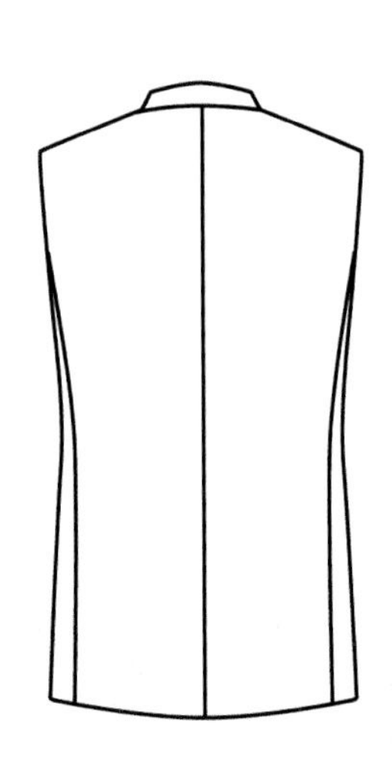

▲ 腰省（背面）

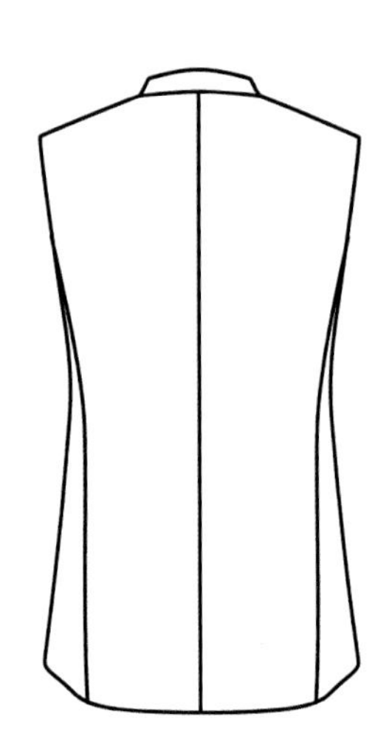

▲ 腰省、侧缝收省（背面）

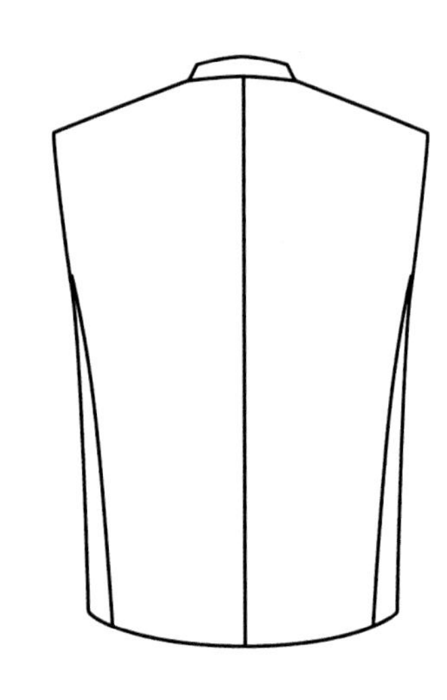

▲ 腰省（背面）

很多时装设计师经常将省道变化作为设计重点，但是省道的设计并不是可以随心所欲的，而是要根据人体结构变化进行合理的设计。省道通常指向人体凸起的部位，例如胸省、肚省，而贯通断开衣片的省道则形成了时装的造型线。

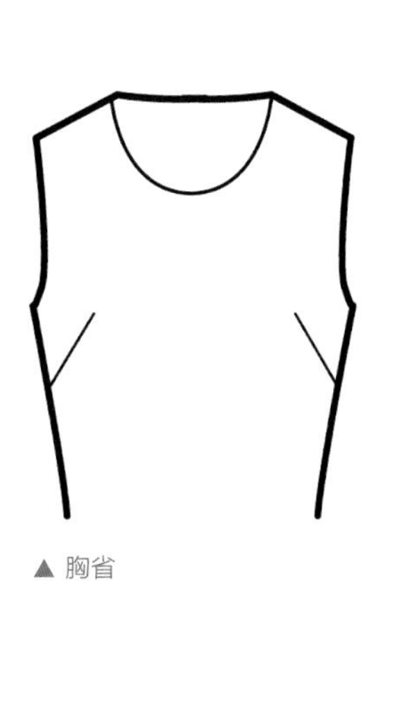
▲ 胸省

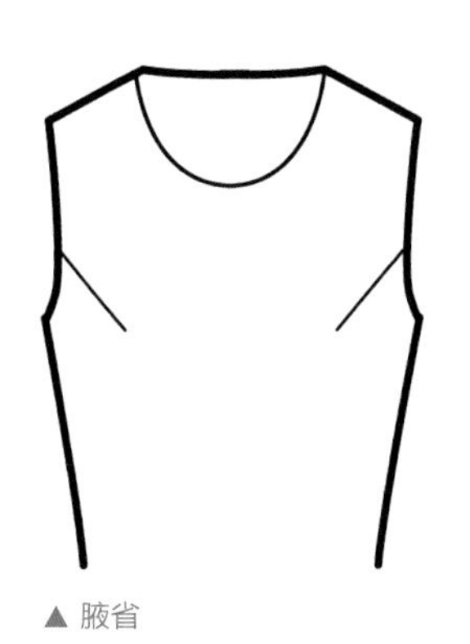
▲ 腋省

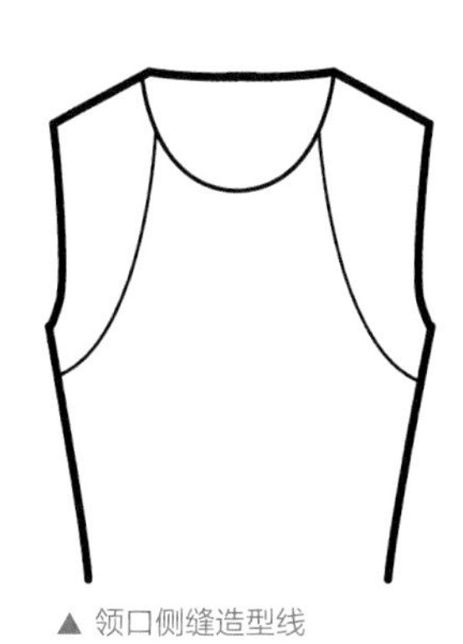
▲ 领口侧缝造型线

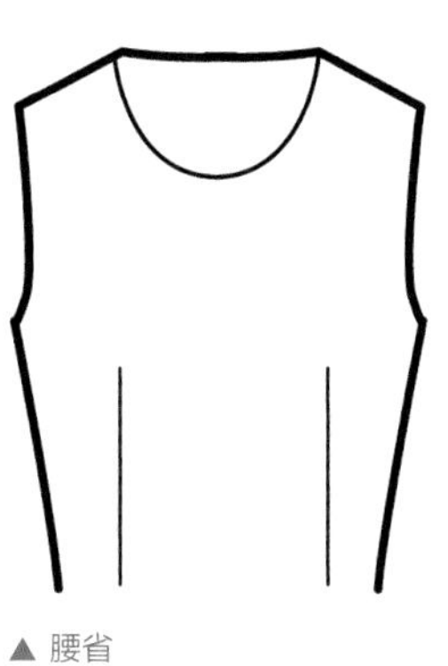
▲ 腰省

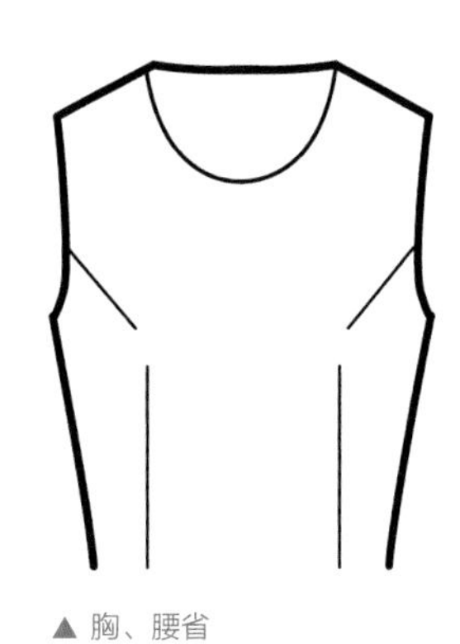
▲ 胸、腰省

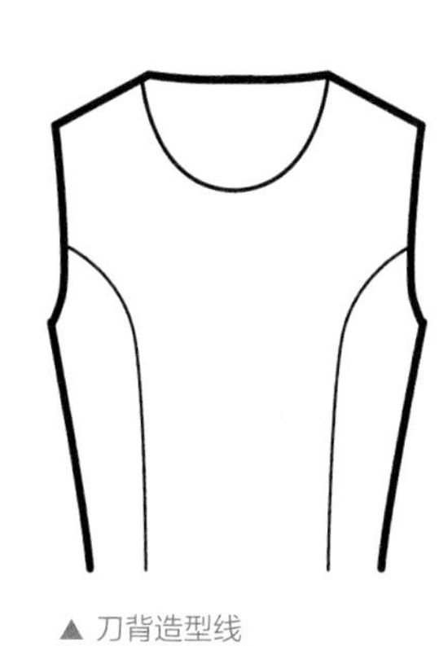
▲ 刀背造型线

▲ 肩省

▲ 肩、腰省

▲ 公主线

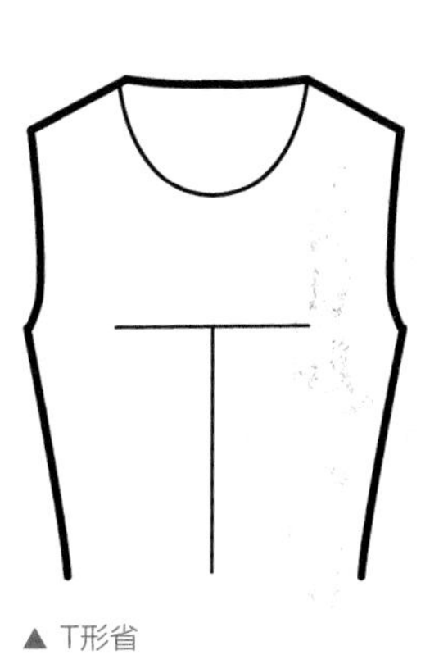
▲ T形省

▲ 倒Y形省

▲ 扇形组合省

② 领型

领型包括领子和领口弧线两部分，从视觉习惯上来看，是上装设计的重点之一。好的领型设计不但能够修饰颈部造型，还能够形成设计创新的亮点。

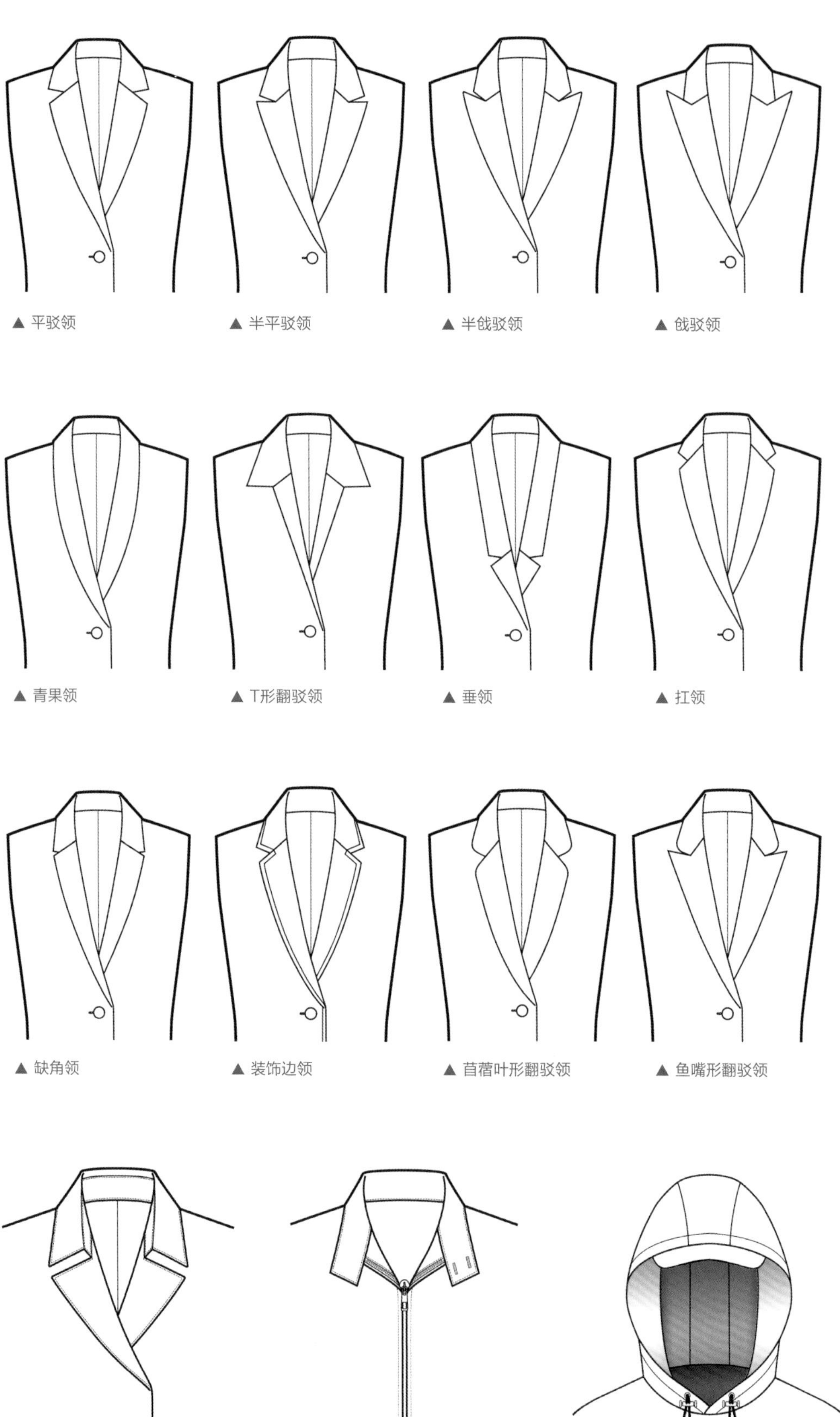

▲ 平驳领　▲ 半平驳领　▲ 半戗驳领　▲ 戗驳领

▲ 青果领　▲ T形翻驳领　▲ 垂领　▲ 扛领

▲ 缺角领　▲ 装饰边领　▲ 苜蓿叶形翻驳领　▲ 鱼嘴形翻驳领

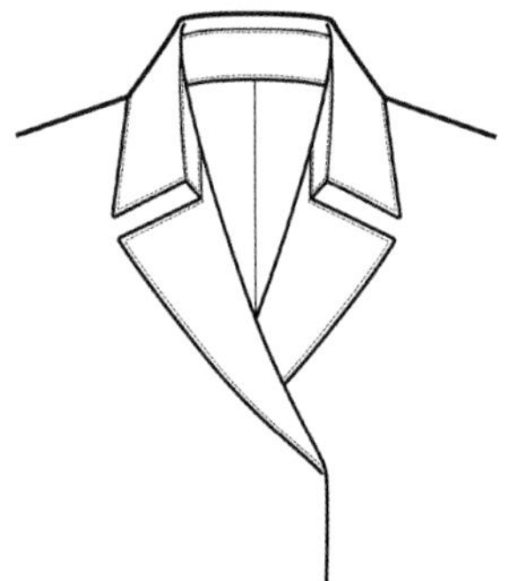

▲ 拿破仑领（风衣领）

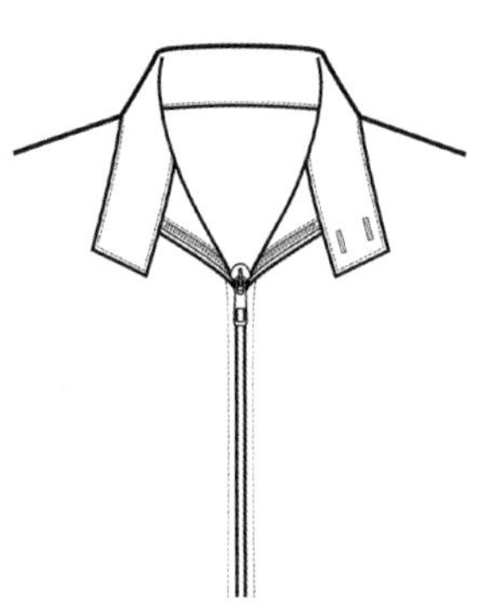

▲ 翻耳领

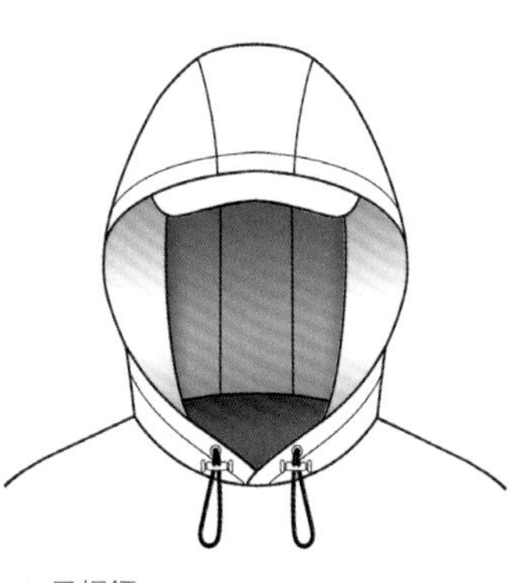

▲ 风帽领

▲ 圆领
▲ 方领
▲ V领
▲ 一字领
▲ 锥形领
▲ U形领
▲ 方形鸡心领
▲ 高立领
▲ 漏斗领
▲ 钥匙孔领
▲ 企领
▲ 圆角领
▲ 彼得潘领
▲ 双翼领
▲ 中式立领
▲ 切尔西领
▲ 扣领
▲ 垂褶领
▲ Polo领
▲ 蝴蝶结装饰领

③ 袖型

肩袖的设计重点在于袖窿的深度、位置以及袖片的形状。除了运用裁剪方式进行样式设计之外，还可以运用衬、垫等工艺进行造型设计。

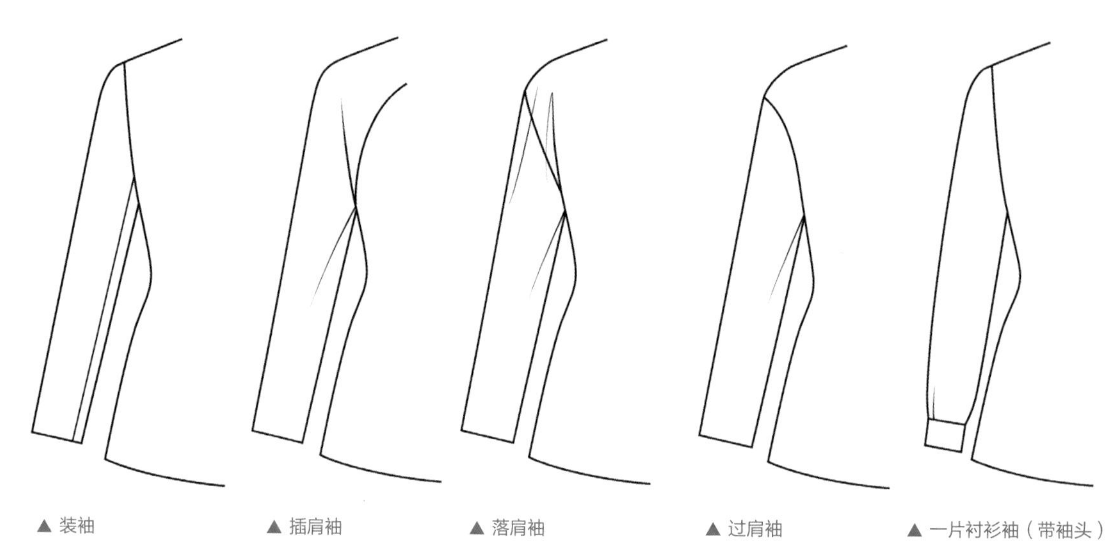

▲ 装袖　▲ 插肩袖　▲ 落肩袖　▲ 过肩袖　▲ 一片衬衫袖（带袖头）

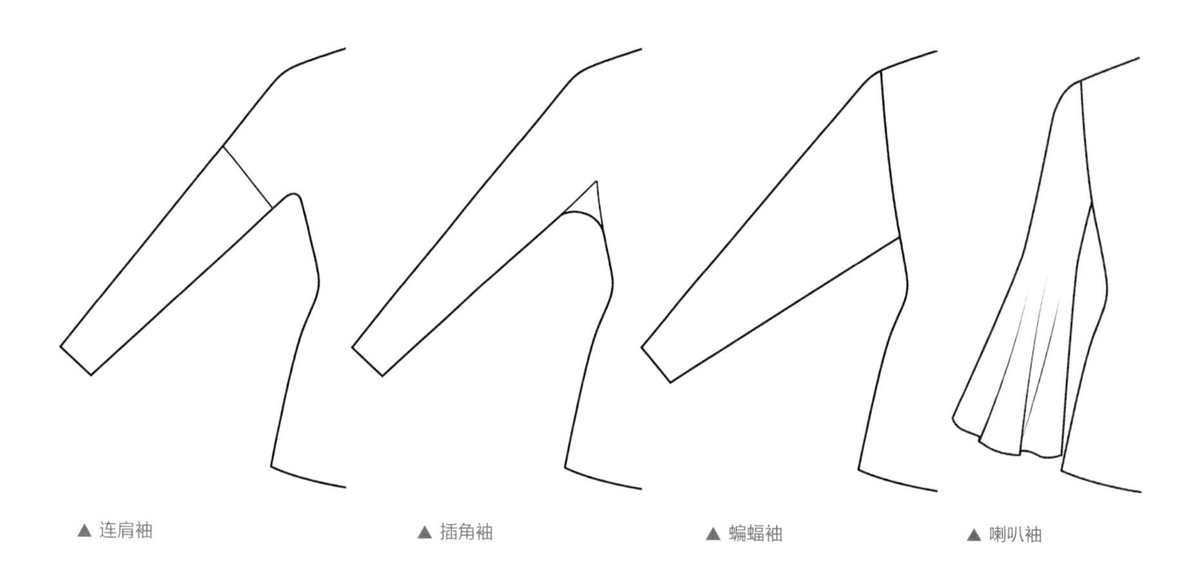

▲ 连肩袖　▲ 插角袖　▲ 蝙蝠袖　▲ 喇叭袖

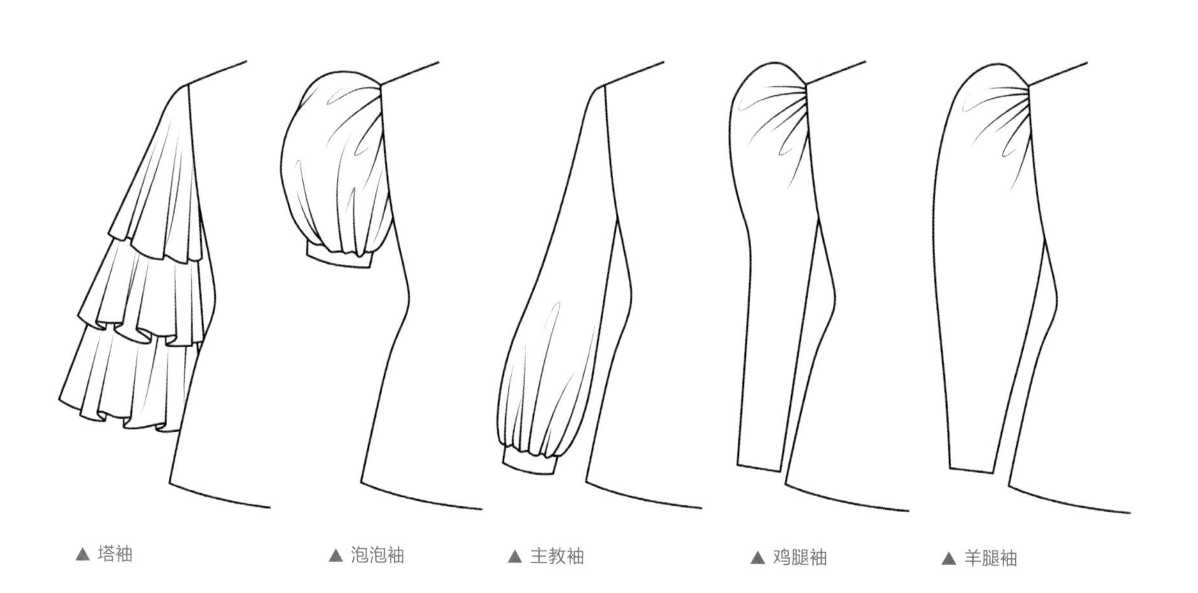

▲ 塔袖　▲ 泡泡袖　▲ 主教袖　▲ 鸡腿袖　▲ 羊腿袖

袖口，尤其是男装袖口有着严格的标准样式。袖扣的位置、大小、扣型以及袖口的工艺都有相应的标准。

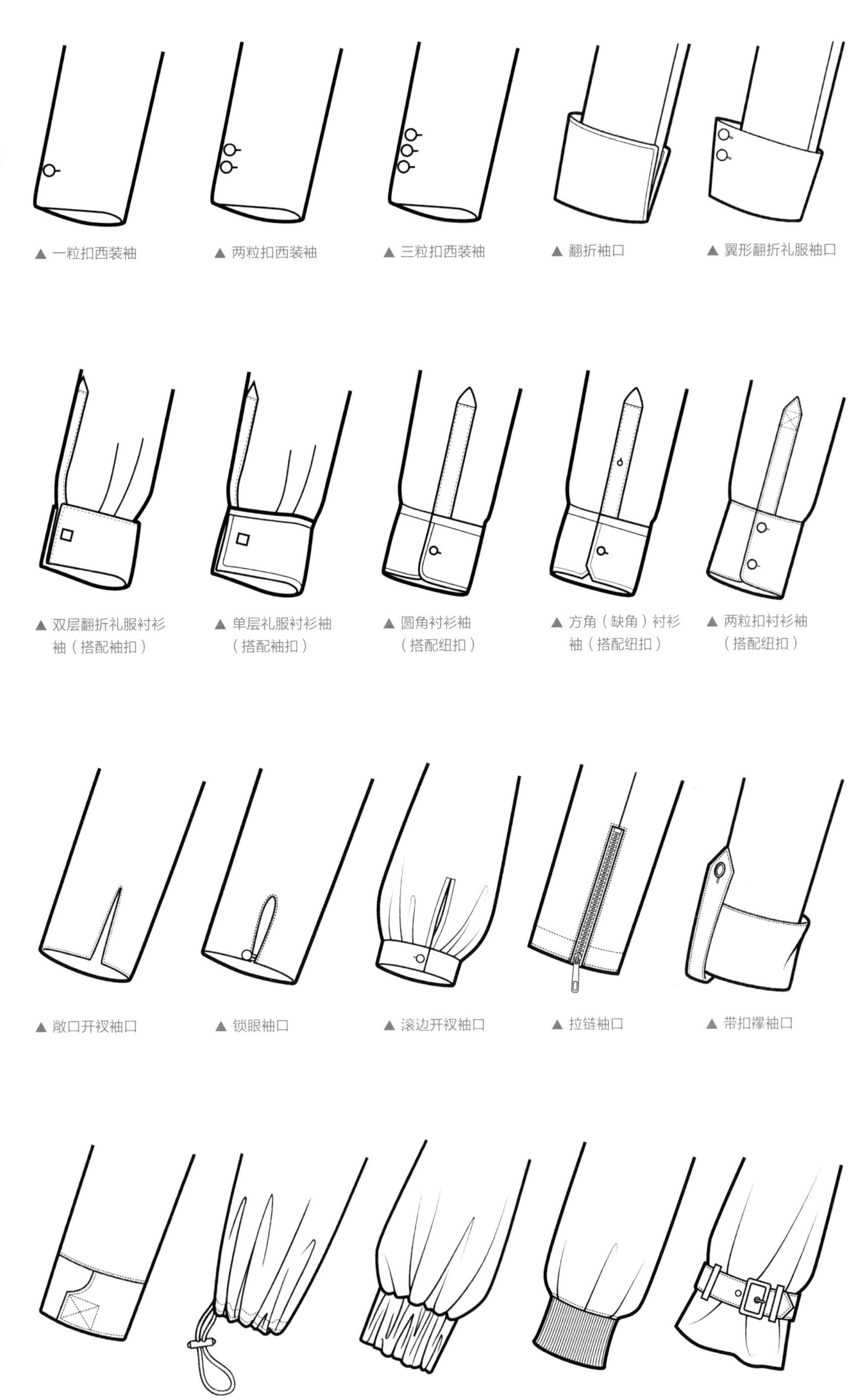

▲ 一粒扣西装袖
▲ 两粒扣西装袖
▲ 三粒扣西装袖
▲ 翻折袖口
▲ 翼形翻折礼服袖口
▲ 双层翻折礼服衬衫袖（搭配袖扣）
▲ 单层礼服衬衫袖（搭配袖扣）
▲ 圆角衬衫袖（搭配纽扣）
▲ 方角（缺角）衬衫袖（搭配纽扣）
▲ 两粒扣衬衫袖（搭配纽扣）
▲ 敞口开衩袖口
▲ 锁眼袖口
▲ 滚边开衩袖口
▲ 拉链袖口
▲ 带扣襻袖口
▲ 魔术贴袖口
▲ 抽绳袖口
▲ 松紧带袖口
▲ 针织罗纹袖口
▲ 带袖襻袖口

④ 门襟

门襟的样式与领型息息相关，两者时常会结合在一起进行设计。

关于门襟有一个常识：男装门襟左片覆盖右片；女装门襟右片覆盖左片。设计男装时必须遵循这个常识，而在设计非正式场合穿着的女装时可以放松要求。

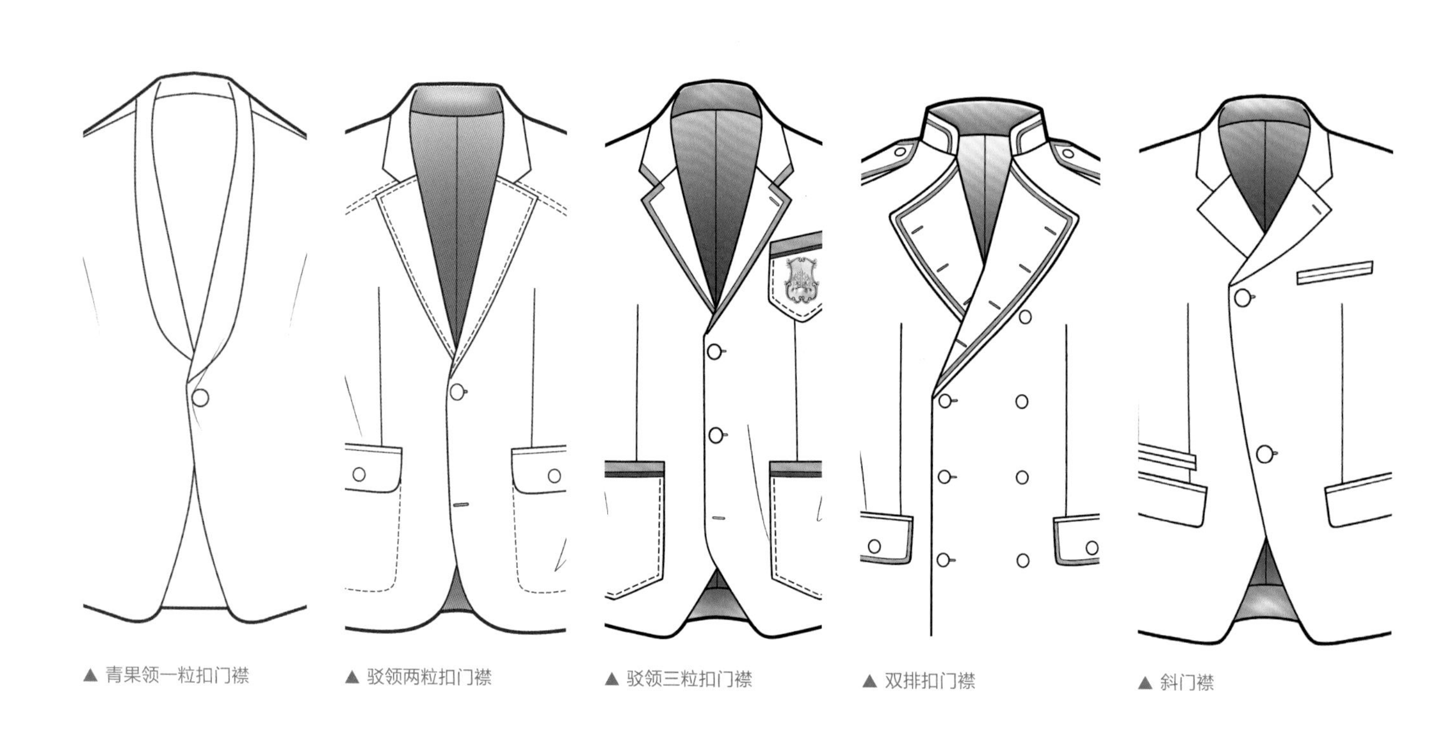

▲ 青果领一粒扣门襟　▲ 驳领两粒扣门襟　▲ 驳领三粒扣门襟　▲ 双排扣门襟　▲ 斜门襟

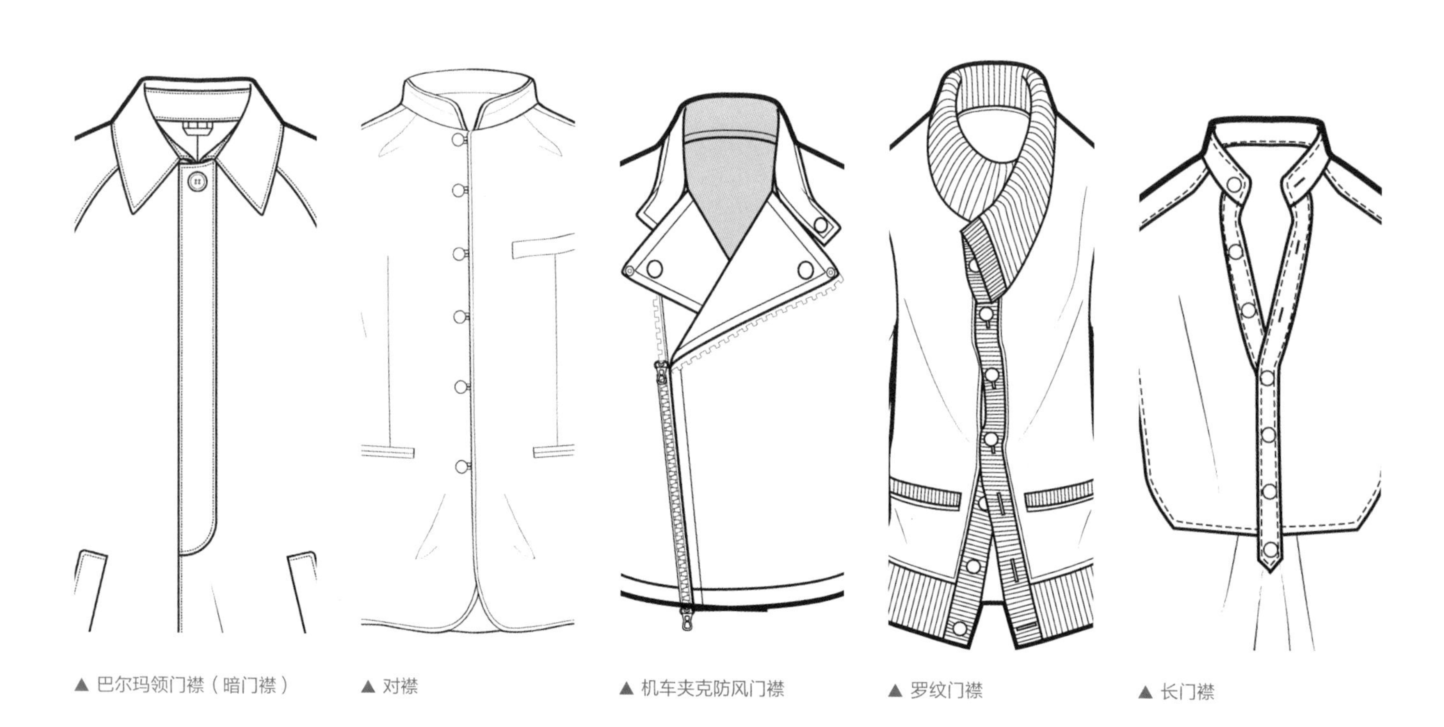

▲ 巴尔玛领门襟（暗门襟）　▲ 对襟　▲ 机车夹克防风门襟　▲ 罗纹门襟　▲ 长门襟

5 上装口袋

上装口袋从功能上可以分为胸袋和侧袋两种，偶尔还会在兜袋上方设计一个更小的零钱袋；从工艺上则可以分为单开线口袋、双开线口袋、带袋盖口袋、贴袋以及隐形口袋五大类。各种口袋具有不同的功能，制作工艺也有所不同。

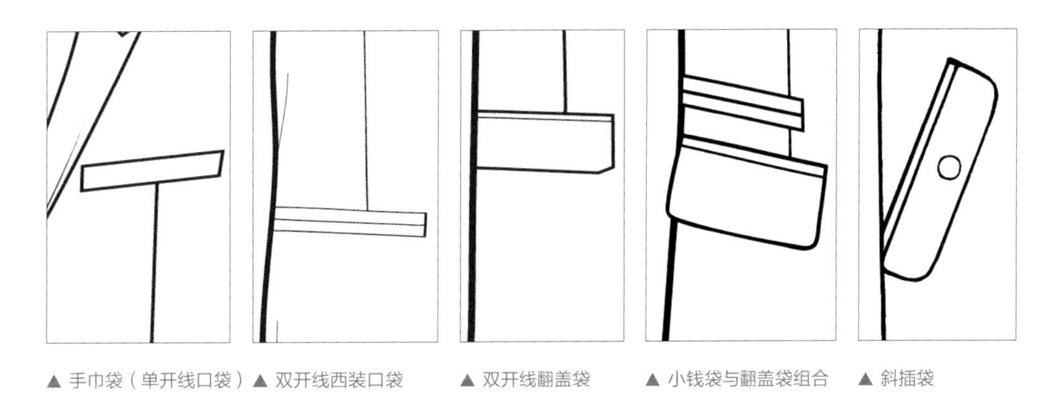

▲ 手巾袋（单开线口袋） ▲ 双开线西装口袋 ▲ 双开线翻盖袋 ▲ 小钱袋与翻盖袋组合 ▲ 斜插袋

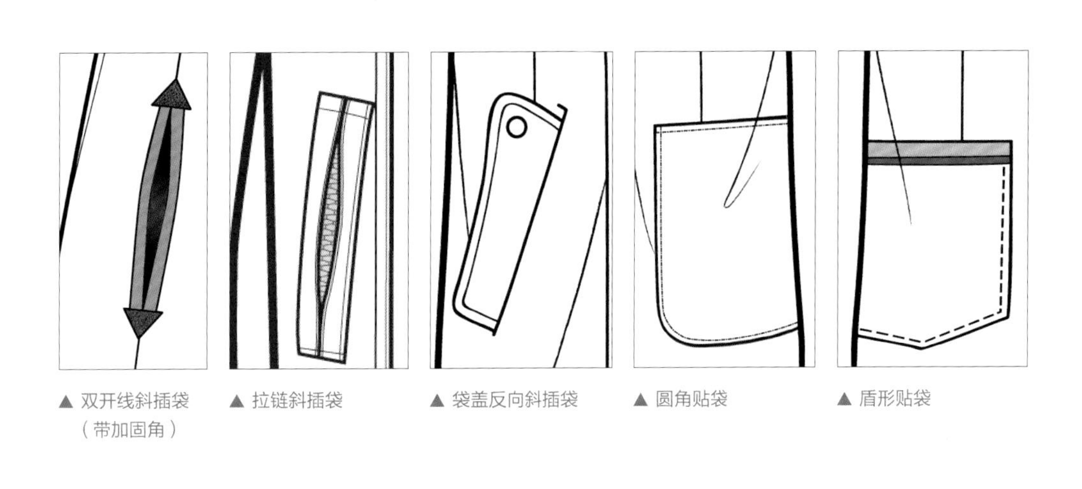

▲ 双开线斜插袋（带加固角） ▲ 拉链斜插袋 ▲ 袋盖反向斜插袋 ▲ 圆角贴袋 ▲ 盾形贴袋

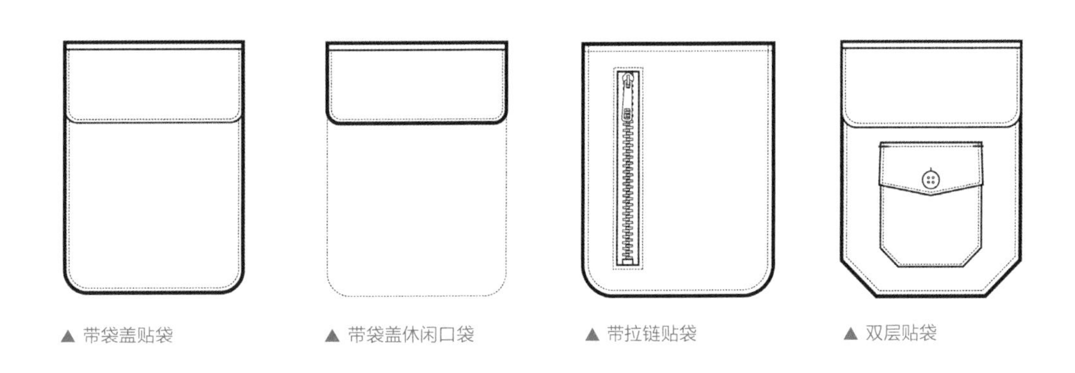

▲ 带袋盖贴袋 ▲ 带袋盖休闲口袋 ▲ 带拉链贴袋 ▲ 双层贴袋

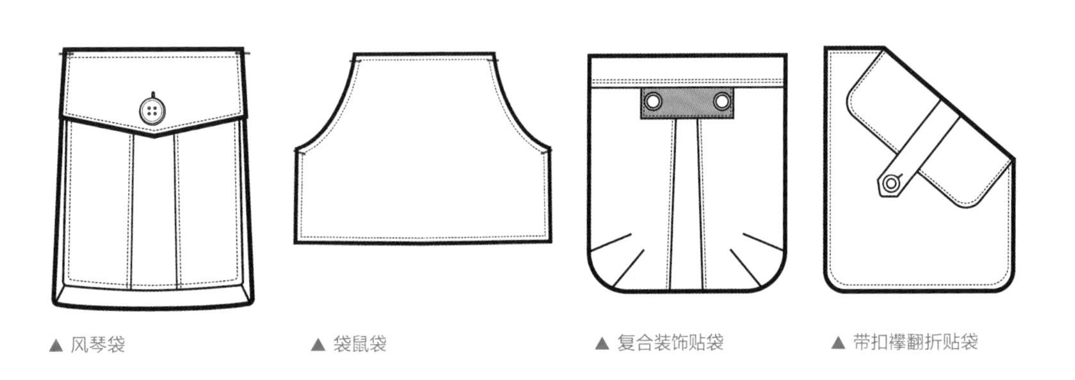

▲ 风琴袋 ▲ 袋鼠袋 ▲ 复合装饰贴袋 ▲ 带扣襻翻折贴袋

6 裤装口袋

不同品类的裤装有其特定的口袋样式要求。例如西装裤要求口袋有少许隐藏感，口袋中不适合放置过多的物品；工装裤则要求口袋大且多，并有一定的强度；休闲装对口袋的要求比较宽松，偏重装饰性或偏重功能性均可。

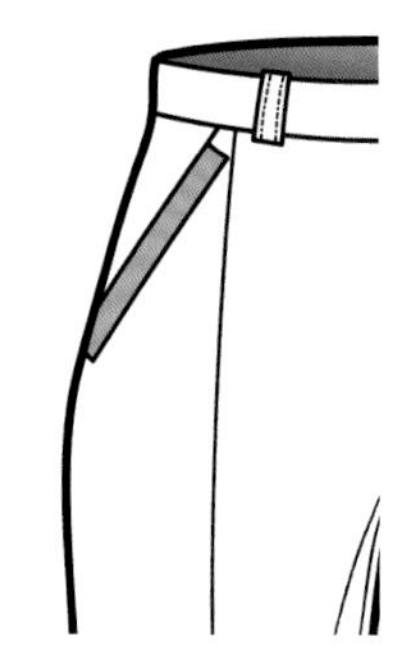

▲ 斜插袋

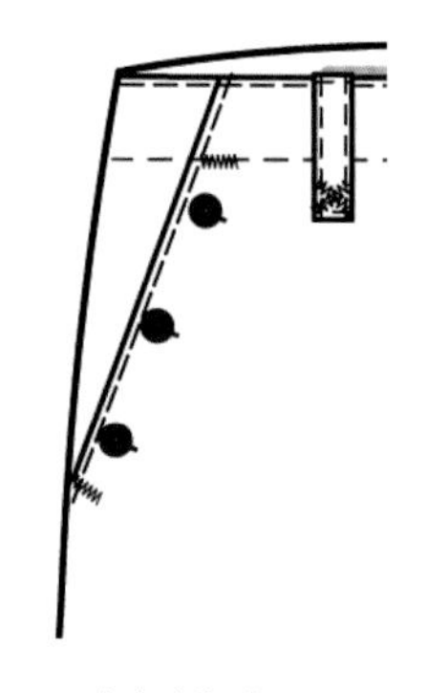

▲ 纽扣斜插袋

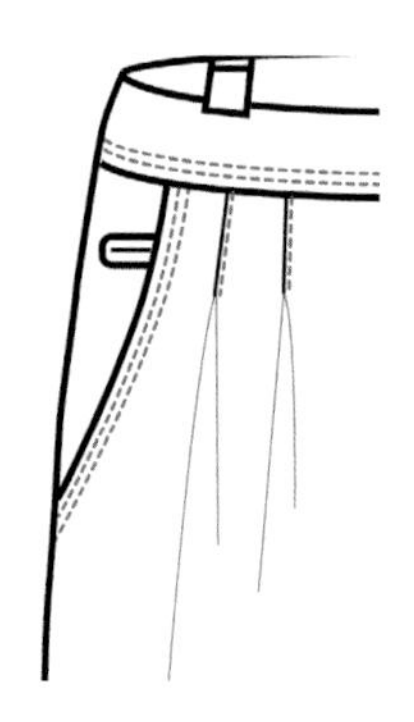

▲ 圆弧斜插袋

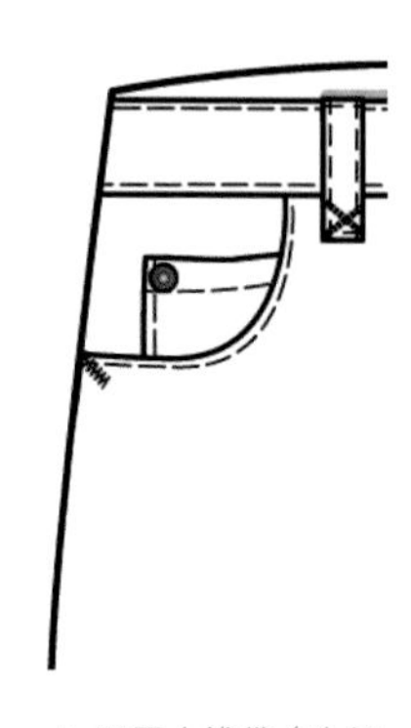

▲ 双层小钱袋（牛仔裤口袋）

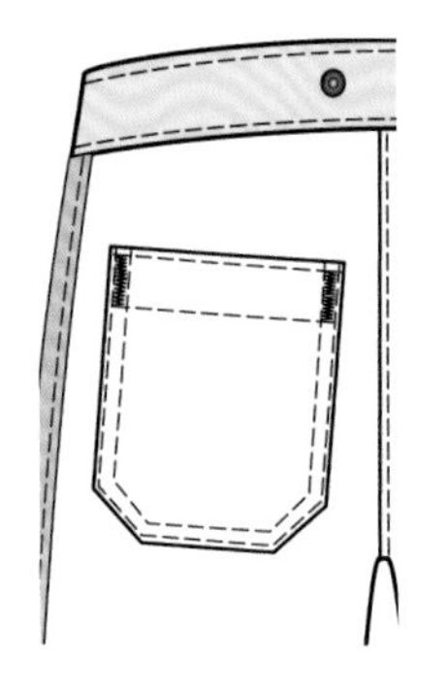

▲ 贴袋（裤装后袋）

▲ 立体贴袋

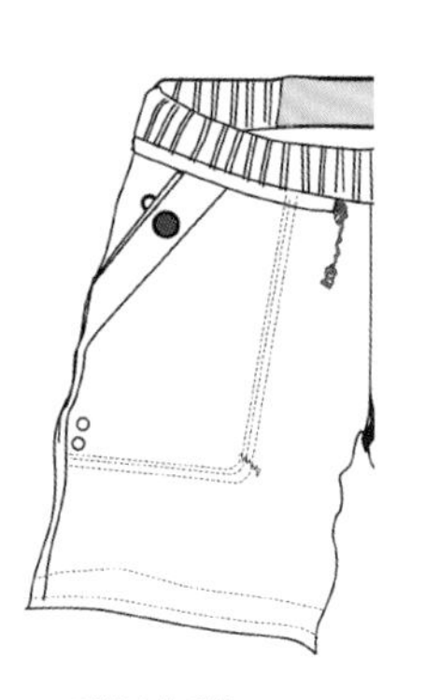

▲ 明线斜插袋

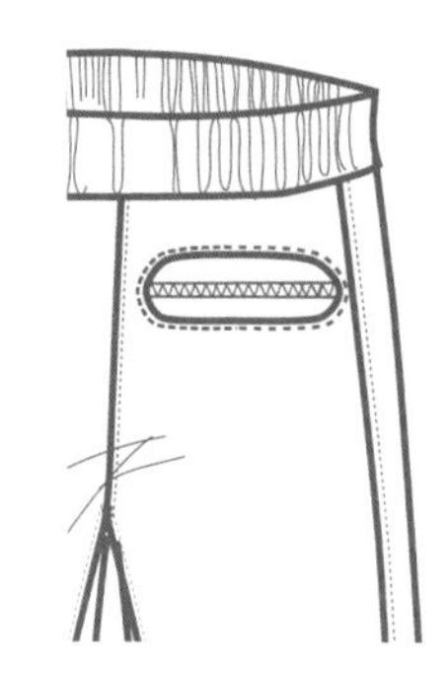

▲ 装饰性口袋

7 腰头

腰头是下装设计的重点之一，包括腰带、扣襻、裤褶、省道、口袋、裤门襟、纽扣等细节，其中裤门襟与上装门襟一样，男女装有明显的区别：男装裤门襟左片覆盖右片；女装裤门襟右片覆盖左片。男装设计必须严格遵循这一原则，女装设计则可以放松要求，例如左片覆盖右片的牛仔裤设计，既可以用于男装也可以用于女装。

▲ 单褶腰头

▲ 双褶腰头

▲ 双腰省、裤中线设计腰头

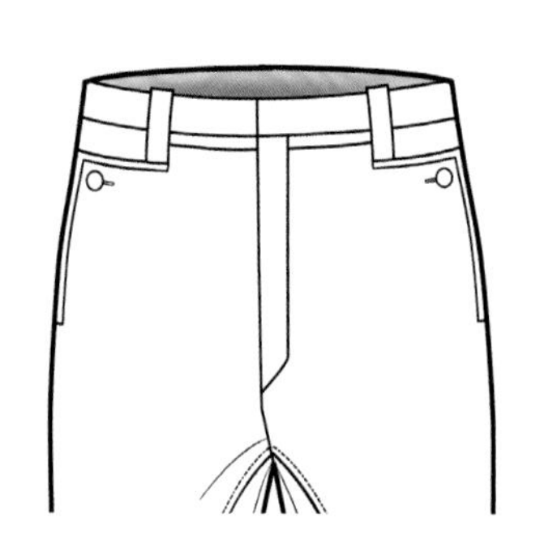

▲ 无褶腰头（一般运用弹性面料）

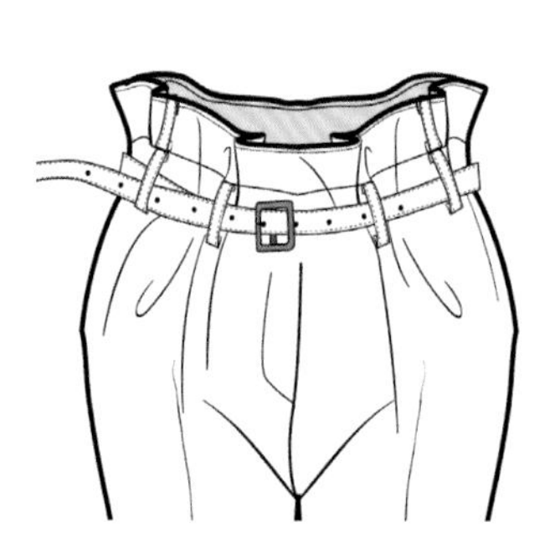

▲ 宽松系腰带腰头

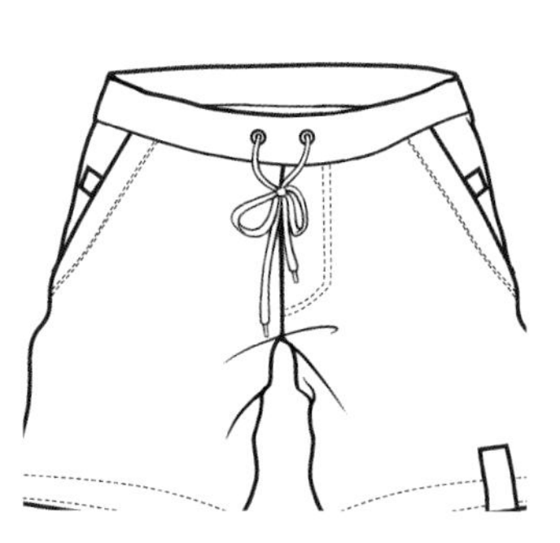

▲ 抽绳腰头

1.5.3 基本廓形图解

廓形——服装与人体结合之后形成的轮廓造型，也是人与服装最密切的关联。尤其是女装设计，千变万化的廓形是设计师的创作能力与结构工艺能力最好的证明。女装常见的廓形有符合女性人体结构的X形、S形、鞘形，表现宽松样式的H形、A形、斗篷形、O形，带有创意感的甲壳形、菱形、双菱形，等等。当然，男装的廓形结构设计也是时装设计师发挥创意的重要手段，随着流行趋势的不断变化，男装在传统廓形的基础上，也产生了很多新的廓形，例如吊钟形、鱼鳍形、伞形、异形等。

① 上装基本廓形

女装廓形十分多样，在设计中尽管特殊的廓形能够带来较强的时尚感，但是也要考虑着装的舒适性和廓形的实现方式。要知道，越是远离人体的廓形就越难实现，往往需要加入各种衬垫物，这种刻意的衬垫或多或少都会影响时装的穿着舒适感。

▲ X形　▲ A形　▲ T形

▲ 茧形　▲ H形　▲ O形

② 裤装基本廓形

裤装的廓形有两种设计方法：一种是先确定整体时装廓形，再确定作为陪衬单品的裤装廓形，这时一般使用较为朴素的H形、合体形、紧身形；另一种是裤装作为整体时装的设计重点，此时的裤装可以使用各种夸张的廓形，例如灯笼形、低裆门洞形、宽松梯形、伞形等。

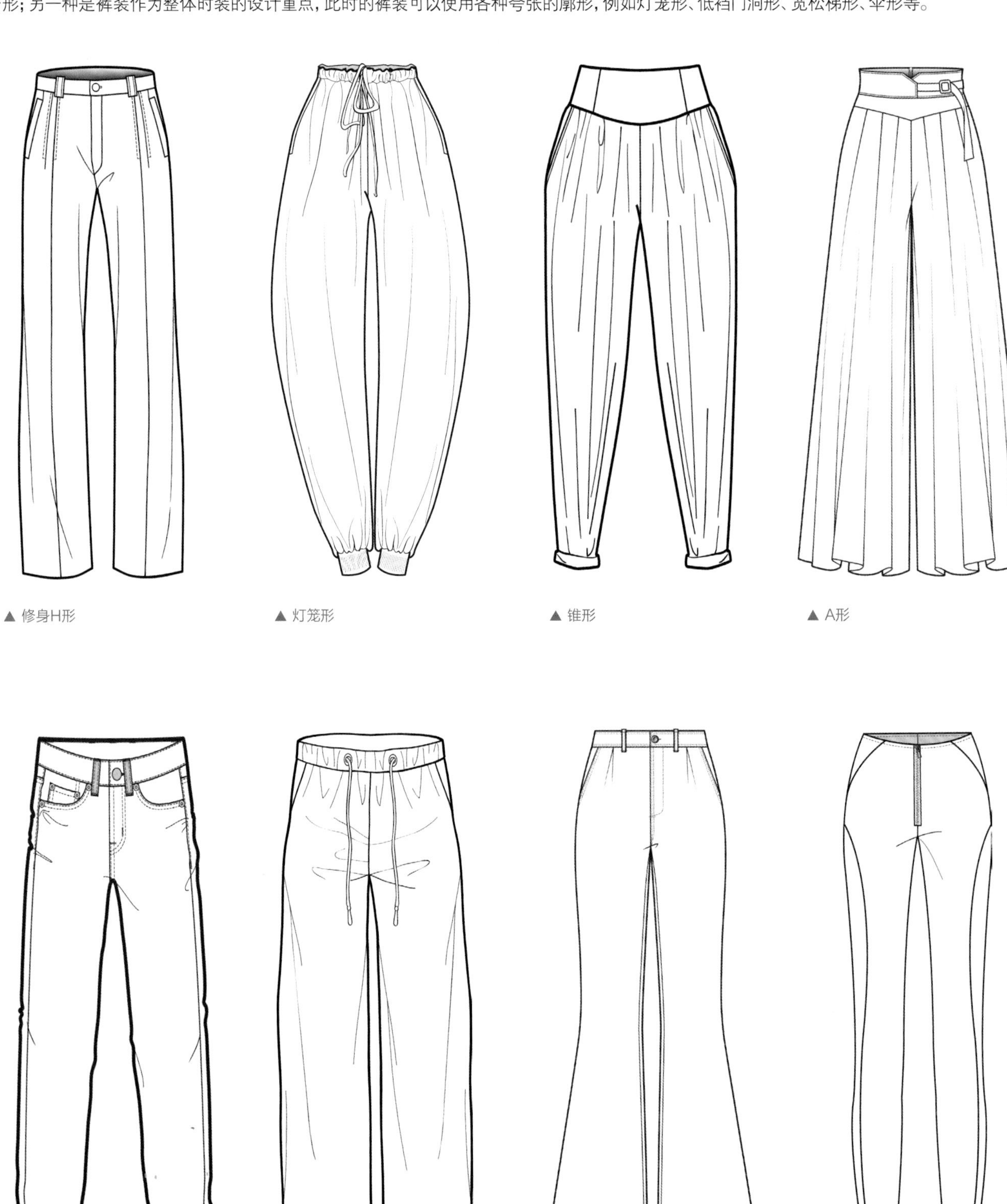

▲ 修身H形　▲ 灯笼形　▲ 锥形　▲ A形

▲ 合体形　▲ 宽松梯形　▲ 喇叭形　▲ 紧身形

③ 裙装基本廓形

裙装可以分为连衣裙与半裙。考虑到裙子的穿着方式与结构造型，常用廓形分为两种：一种是紧身的X形、鞘形等；另一种是宽松的A形、H形等。

▲ 花苞形 ▲ 小A形 ▲ X形

▲ 鼓形

▲ H形 ▲ Y形 ▲ 扇形

▲ A形 ▲ 鞘形 ▲ 紧身形 ▲ 鱼尾形

1.5.4 经典款式目录

服装是衣食住行之首，是与人类生活最贴近的艺术形式之一。正因如此，服装不仅是由设计师创造的设计作品，同时也蕴含着穿着者的生活经验与审美取向。成衣形制经历了将近百年的演变，在此期间诞生了一大批前所未有的“经典款”。

有趣的是，自20世纪90年代成衣现代化进程结束后，服装领域不再有强烈的形制变革，更多的是围绕“经典款”开展的“流行文化竞技”。就像厨师要先熟知调料才能熟练地烹制菜肴，新人设计师想要加入“流行文化竞技”，就要对经典款式相当熟悉：了解其历史渊源，熟知其结构特征，牢记着装的TPO（三大要素——时间、地点、场合）原则等。设计师只有牢牢掌握经典款式，才能在当代服装流行语境中做好权衡与博弈——既符合大众的认知规律，又能灵活进行潮流创新。

① 正装

正装的设计一方面要沿袭多年来的男装形制，另一方面要在有限的设计空间中展开创意，以免形成男装千篇一律的呆板印象。随着女装逐渐男性化，正装不再是男装独有的了，这一类服装款式也常用在女装设计领域。

▲ 塔士多礼服

搭配：单侧章裤（侧章是指在裤子侧缝处镶缝的缎面饰条，分双侧章装饰和单侧章装饰）、背心、礼服衬衫。

常用面料：春秋冬三季采用黑色或暗蓝色面料，夏季则多采用白色面料，例如礼服呢等。

▲ 董事套装

搭配：黑灰色条纹长裤或同色长裤。

常用面料：礼服呢、精纺西服呢等。

▲ 日常礼服

搭配：同料长裤。

常用面料：精纺西服呢等。

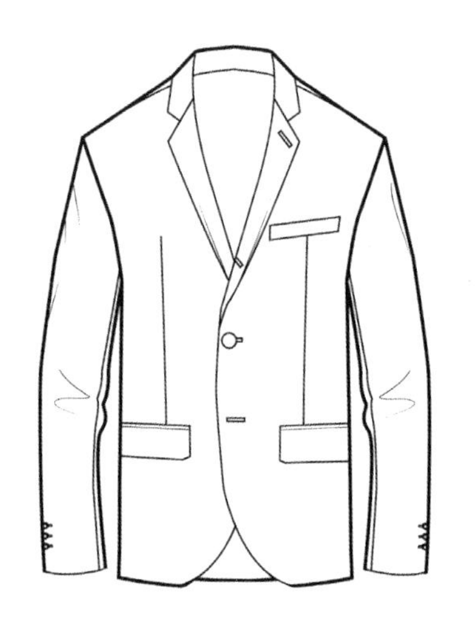

▲ 西服套装

搭配：同料长裤。

常用面料：较多样化，格纹或条纹图案、精纺或混纺面料均可使用。

▲ 布雷泽（俱乐部西服）

搭配：卡其裤、细条格长裤等。

常用面料：哔叽呢、斜纹棉织物等。

▲ 休闲西服

搭配：更自由，休闲裤、同色西服裤等均可。

常用面料：花呢、精纺或混纺毛织物、新材料等。

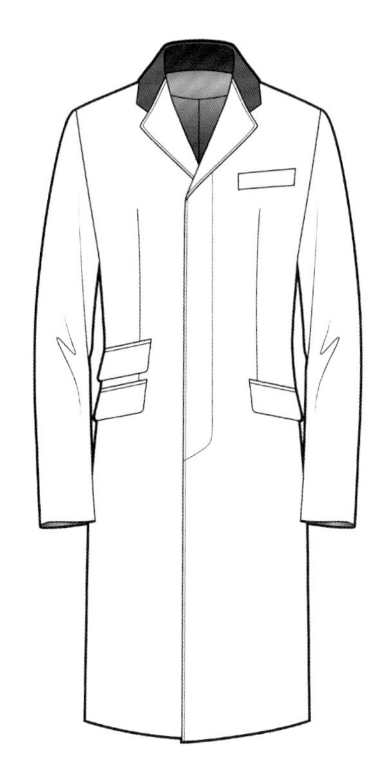

▲ 柴斯特外套
搭配：塔士多礼服、董事套装、日常礼服。
常用面料：斜纹软呢。

▲ 克龙比大衣
搭配：塔士多礼服、董事套装、日常礼服。
常用面料：羊毛织物。

▲ 波鲁外套
搭配：日常礼服、西服套装、运动西服。
常用面料：羊驼毛呢。

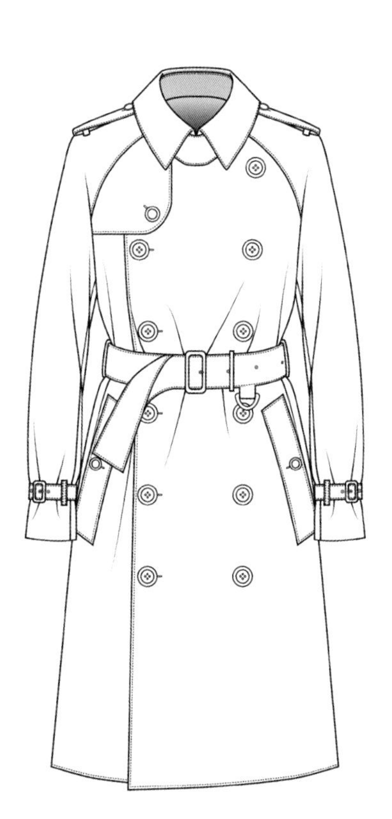

▲ 风雨衣
搭配：西服套装、运动西服、休闲西服。
常用面料：华达呢。

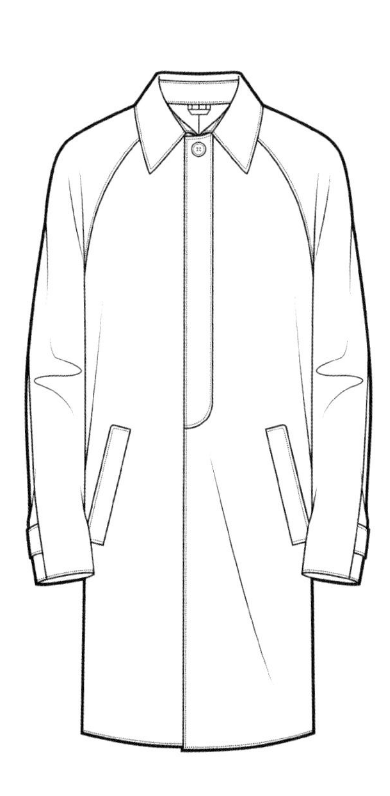

▲ 巴尔玛外套
搭配：西服套装、运动西服、休闲西服。
常用面料：华达呢或精纺羊毛呢。

▲ 裹襟式大衣
搭配：披肩领搭配腰带，长度无固定要求。
常用面料：柔软的面料。

②外套

外套的经典款式可以追溯到18世纪末19世纪初，例如风雨衣、军装夹克，这些款式经历过时间的考验和反复的打磨，无论从功能性、实用性，还是从服装的工艺技术层面上考虑，都有很强的市场适应度。

▲ 猎装夹克

羊毛织物或麂皮绒，一般正面有四个口袋，背面有腰襻及育克。

▲ 休闲夹克

较轻薄的挺括面料，材质不限。

▲ 牛仔夹克

牛仔布，双线迹加固，铆钉加固，使用水洗或磨毛等后处理工艺。

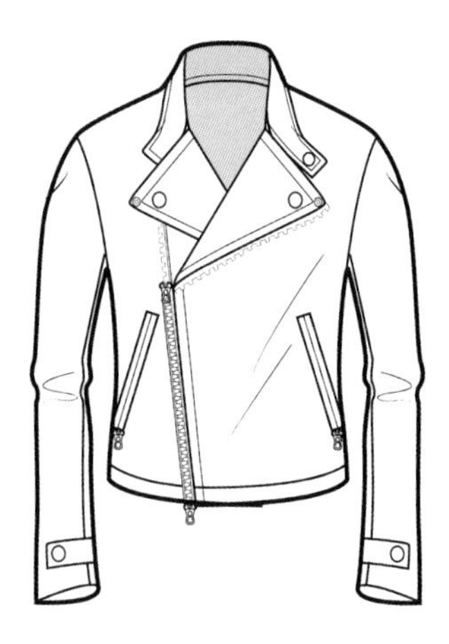

▲ 机车夹克

皮革面料，拉链双层门襟，略微宽松。

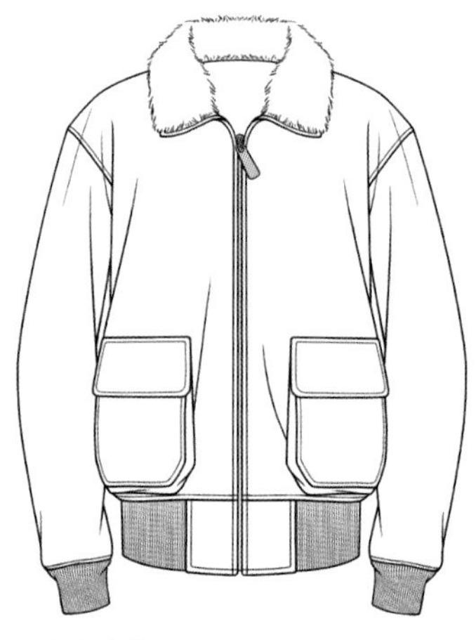

▲ 飞行员夹克

最早采用厚重的皮革，后来采用尼龙混纺的轻型面料。有拉链，版型宽松，防风保暖性好。上图展示的是经典的G-1型夹克。

▲ 棒球夹克

原本是棒球选手在赛场休息时穿的服装，现在已经普及。针织面料，有弹性，领子、袖口和下摆均采用罗纹收口。

▲ 派克大衣

风雪外套，混纺面料，轻便耐磨。常用拉链、高领、防风前襟、可调节风帽等，可另配棉内胆。

▲ 海军外套

传统款式采用海军呢、双排扣、短款，休闲款式可采用花呢、斜纹呢等。

▲ 达夫外套（渔夫外套）

厚重的粗纺毛织物或毛呢，防风兜帽，牛角扣，宽松保暖。

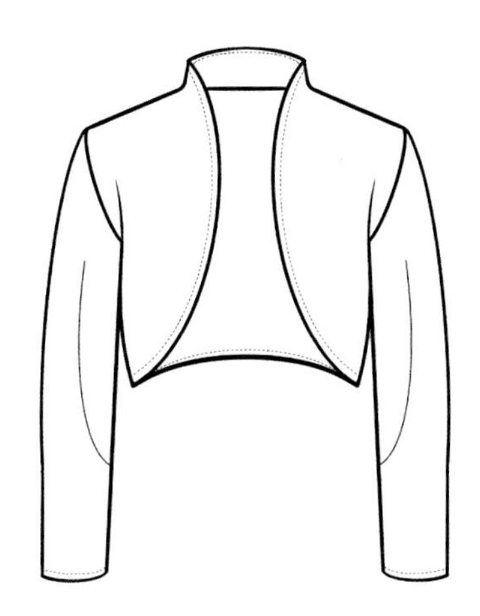

▲ 波列罗（Bolero）外套（披肩式短外套）
无纽扣的女士短上衣，面料多样化。

▲ 芭比外套
面料多样，洋娃娃样式，A形短外套。

▲ 诺福克外套
起源于19世纪英国贵族的秋冬狩猎活动，有典型的户外服装特征：功能性口袋、腰带、两条肩带，背后打褶。面料多采用软呢料。

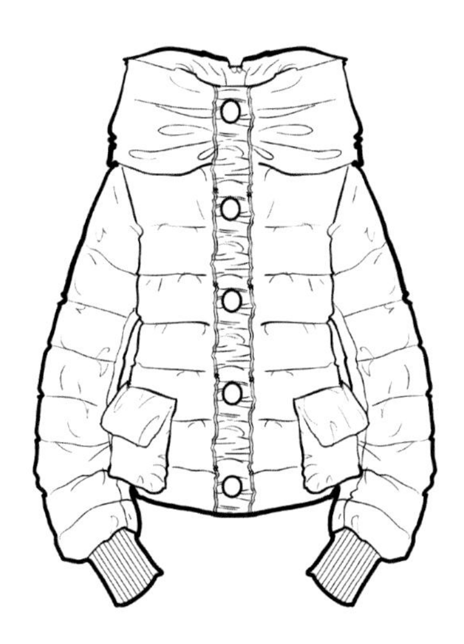

▲ 充绒外套
混纺面料，填充棉或羽绒。

▲ 开襟外套
针织面料，领口、袖口及下摆采用罗纹收口。

▲ 短斗篷
较挺括的毛织物。

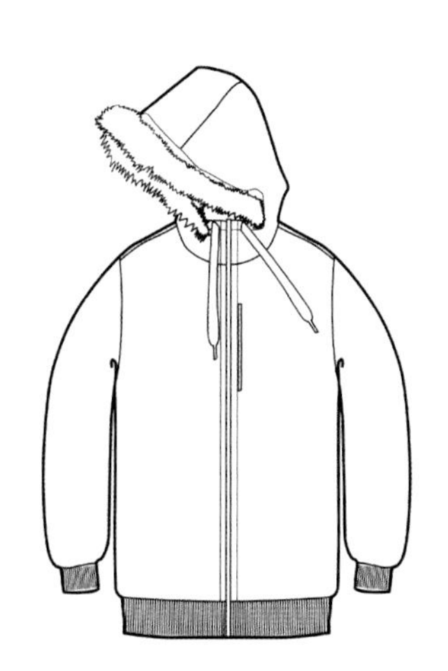

▲ 连帽开衫
裁剪类针织面料、连帽领、拉链、罗纹袖口和下摆。

▲ 摇摆大衣
被称为“摇摆时代”的20世纪60年代产生的未来风格服装，具有几何感的硬挺廓形，中性风格。

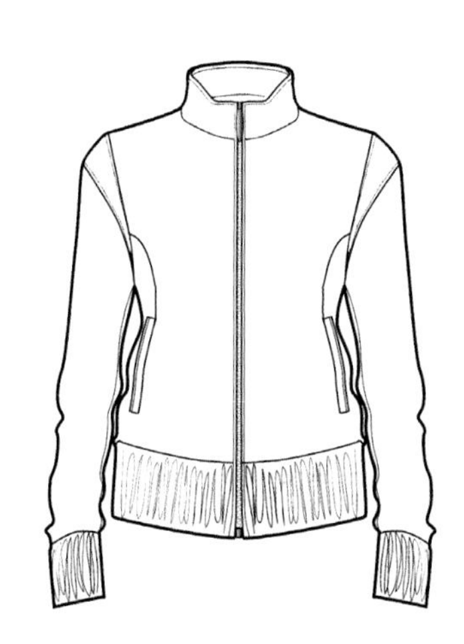

▲ 紧身夹克
裁剪类针织面料、混纺针织面料等略带弹性的织物均可。

③ 上装（内搭类）

内搭类上装涵盖的服装品类较多，包括衬衫、女士短上衣、T恤、Polo衫等。这类上装既可以穿在外套、大衣等款式的内部，也可以单独穿着，其设计元素丰富多彩，从结构设计、图案设计到工艺设计等，能够围绕经典款式做出各种变化。

▲ 公主线无袖上装
轻薄挺括的面料。

▲ 女士衬衫
轻薄柔软的面料。

▲ 企领衬衫
源于男士礼服衬衫，上图展示的是当代简化后的样式。

▲ 牛仔衬衫
薄款牛仔布，明线装饰，M形过肩是款式特色。

▲ 军服式衬衫
较厚、挺括的衬衫面料，肩部有育克、肩章装饰，胸前功能性口袋。

▲ 细褶衬衫
前胸装饰高温定型细风琴褶。

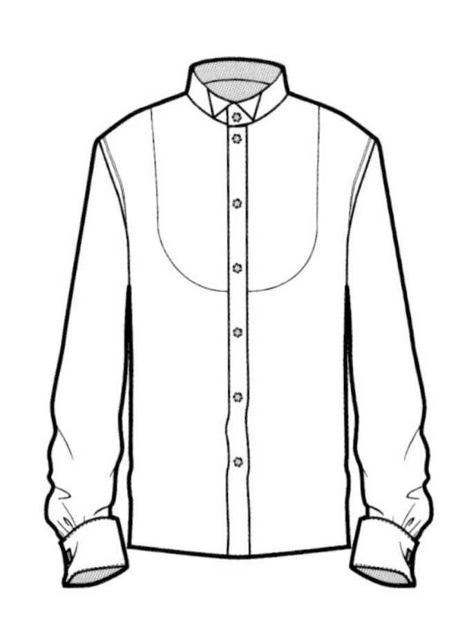

▲ 塔士多礼服衬衫
翼形领，前胸有U形硬衬，法式袖口。

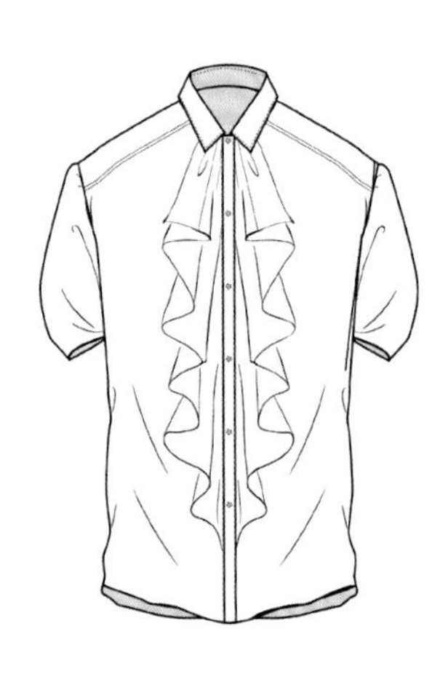

▲ 褶边衬衫
门襟褶皱装饰。

▲ 罩衫
女士宽松衬衫。

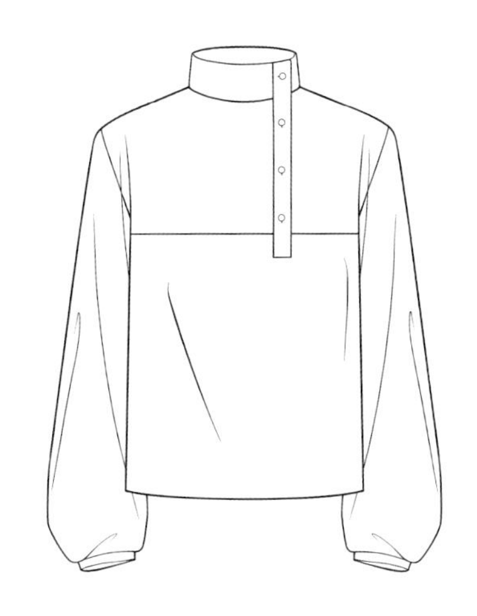

▲ 哥萨克衬衫
源于传统民族服饰，箱形短衬衫。

▲ 丘尼克（Tunic）衬衫
源于丘尼克长袍，领口是设计重点。

▲ 吉普赛衬衫
宽松褶皱款式。

▲ 水手服上装
披肩领，H形款式。

▲ 连帽套头衫
裁剪类针织面料，厚薄均可。

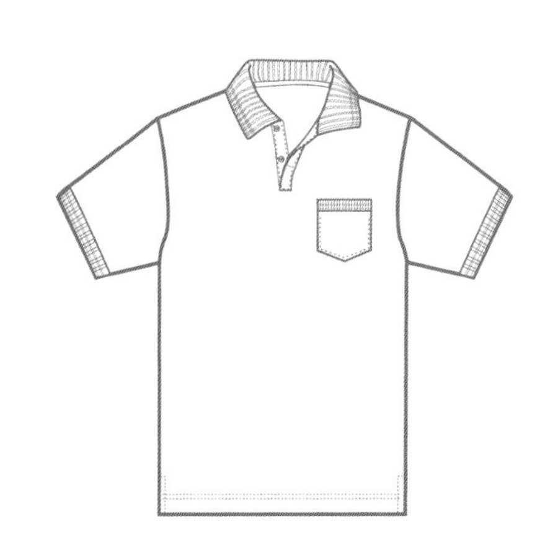

▲ Polo衫
裁剪类针织面料，源于网球运动服。

▲ 亨利领针织衫
裁剪类针织面料，轻薄无领，胸前有2～6粒纽扣，源于英国赛艇俱乐部制服。

▲ 高领套头衫
略厚的裁剪类针织面料，或细纱线成型类针织面料。

▲ 成型针织衫
毛衫，一体成型的针织纹样。

④连衣裙

连衣裙是与古典主义时期结合最紧密的现代时装，从连衣裙的经典款式中可以看到很多古典主义时期的典型特征，如细节工艺、廓形等。

◀ 超短连衣裙
始于20世纪60年代，H形，宽松直筒样式。

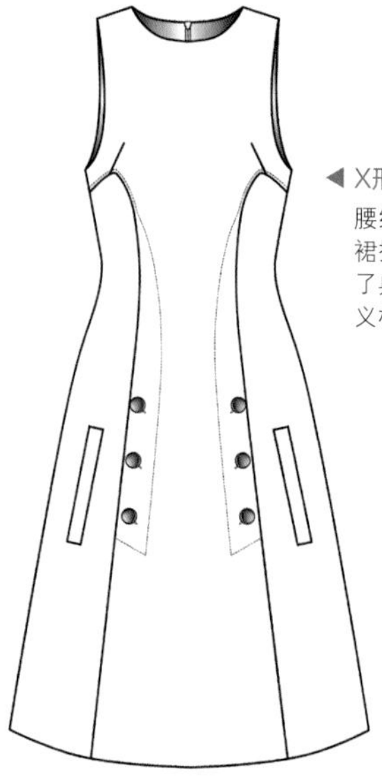

◀ X形收腰裙
腰线贴合人体，裙摆打开，保留了典型的古典主义样式。

◀ 包臀裙
合体略紧身的样式，通过省道、育克等结构，或采用有弹性的面料形成合体包臀样式。

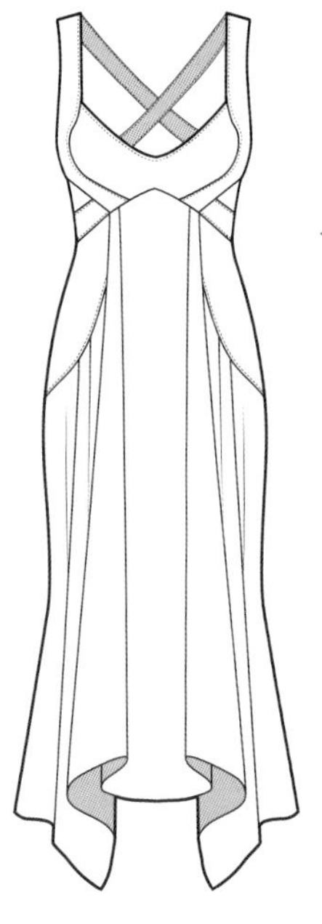

◀ 紧身礼服裙
设计重点一般是领口和面料材质，是鸡尾酒礼服常用的经典款式。

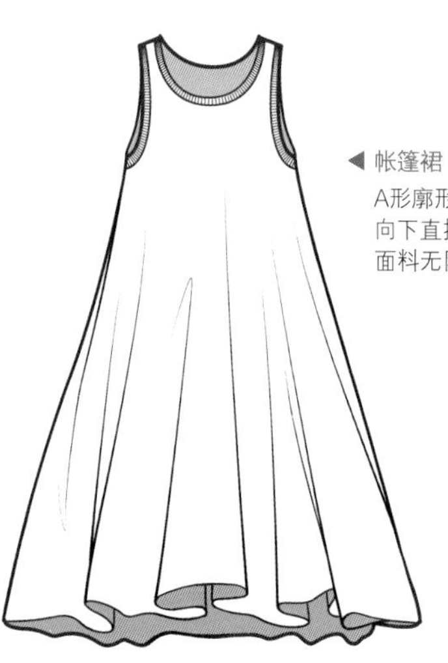

◀ 帐篷裙
A形廓形，肩线向下直接展开。面料无限制。

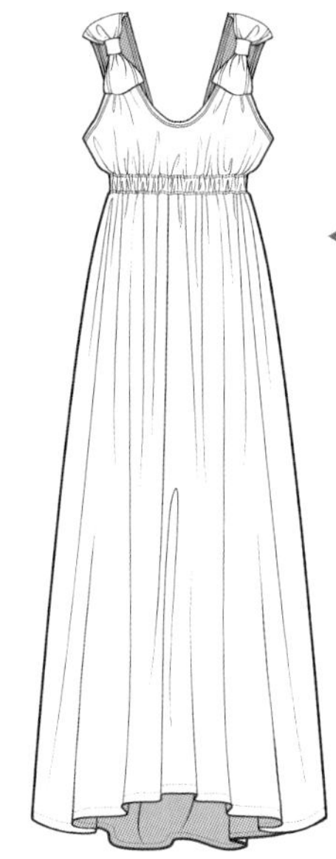

◀ 帝政裙
腰线提高到胸线下，面料柔软细腻，常形成自然下垂的细褶。

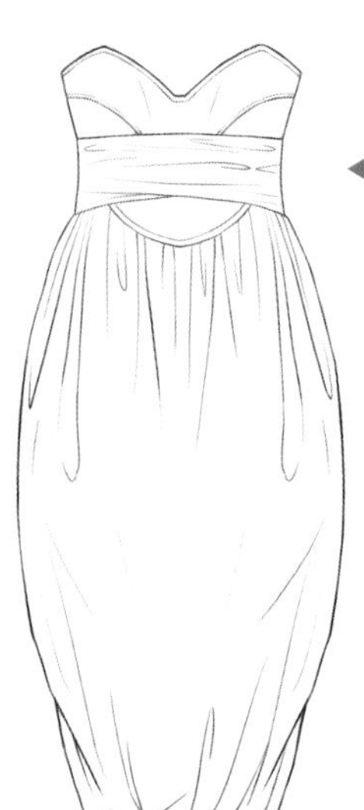

◀ 抹胸裙
无肩带，胸线至腰线一般有包裹式结构。

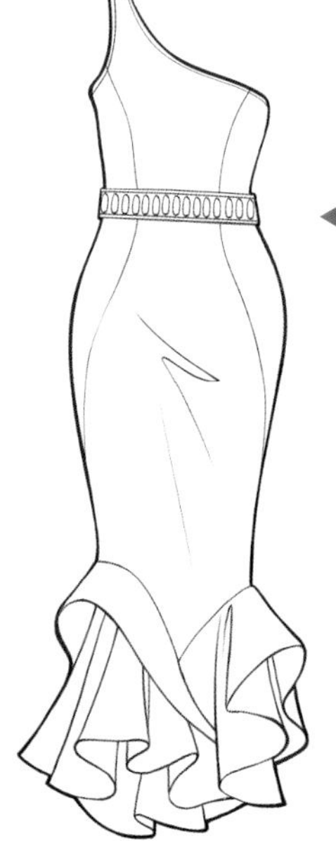

◀ 单肩裙
单肩样式，常用于礼服裙装。

◀ 绕颈连衣裙
肩线裸露，裸背、后颈有缠绕式结构。

◀ 英式连衣裙

高领、泡泡袖搭配紧袖口，长门襟搭配珍珠扣之类的细小纽扣。面料可用轻薄丝绸、棉或略厚的精纺毛料。

◀ 背心裙

无袖露肩的背心样式连衣裙。

◀ 太阳裙

收腰、裙摆宽大的样式。

◀ 围裹式连衣裙

来自20世纪70年代的经典款式，门襟交错，腰间束带结构，材质多样，从休闲装到礼服均可使用这一款式。

◀ 塔裙

源于洛可可时期的多层荷叶边礼服裙，依靠荷叶边裁剪形成上窄下宽的塔形裙摆。

◀ 吊带裙

来自20世纪70年代的性感样式，吊带悬挂，肩线裸露。

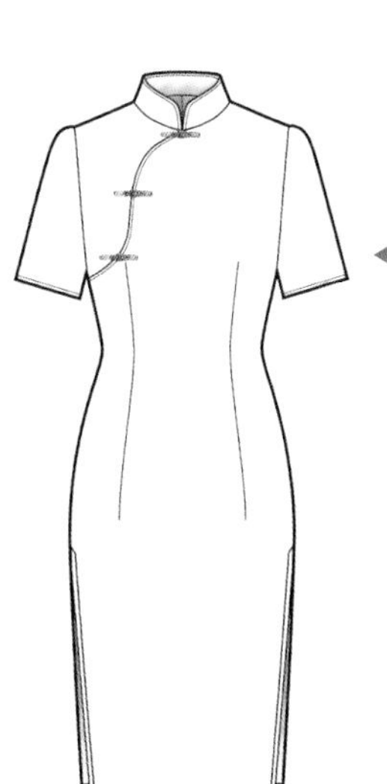

◀ 旗袍

中国传统样式，源于20世纪20年代的“改良旗袍”，立领、修身结构，侧面或后身有开衩。

◀ 衬衫裙

衬衫领样式连衣裙，裁剪类针织面料或梭织面料皆可。

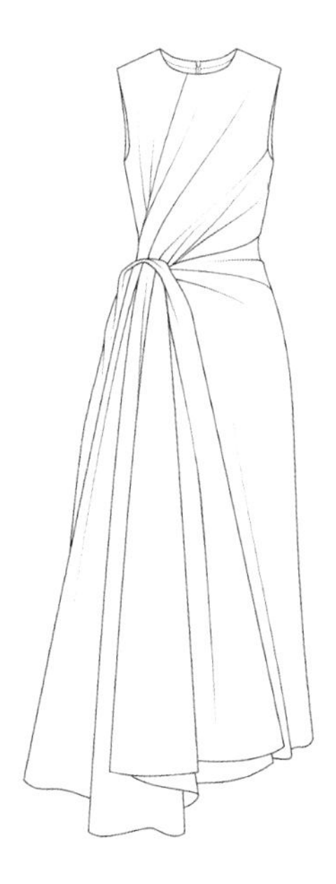

◀ 长款礼服裙

使用华贵的面料、创新型结构和复杂的工艺，用于晚宴等隆重的场合。

5 半裙

半裙作为女下装的重要单品，亦在历史中出现了许多经典款式。

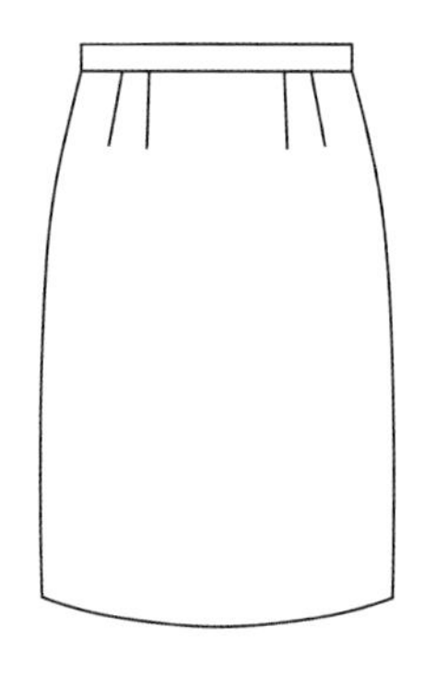

▲ 直筒裙

腰部合体，裙摆竖直的样式，一般采用略挺括的面料形成简洁廓形裙。

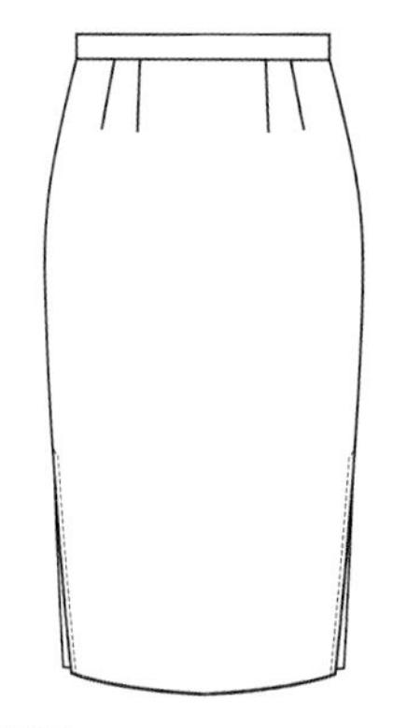

▲ 铅笔裙

裙长一般到小腿，修身样式，裙摆收紧，整体呈上宽下窄的廓形，为了便于行走，裙摆一般有开衩。

▲ A形裙

裙子从腰线自然打开，呈A形廓形。

▲ 开口裙

在直筒裙或简洁廓形裙的基础上底摆开衩。

▲ 圆裙

最典型的圆裙是使用正圆形裁片，掏空中心安装裙子腰头形成的半裙，裙摆自然下垂，褶皱丰富。

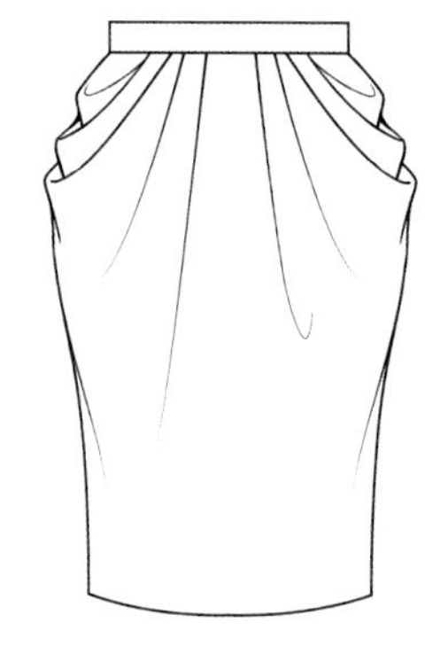

▲ 荡褶裙

腰头有立体的提拉褶皱。

▲ 八片压线裙

八片式定裙，腰部收紧，下摆展开，既突出腰身曲线，又便于行动。

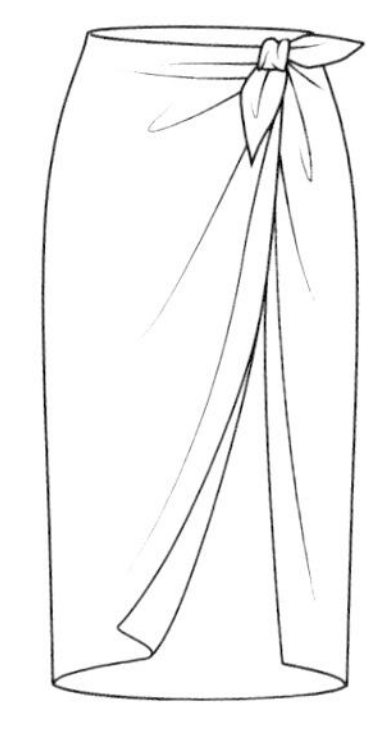

▲ 沙滩裙（围裹裙）

传统的沙滩裙是由大块轻薄的方形沙滩巾简单围裹、打结形成的，后期将这一类样式的裙子统称为沙滩裙。

▲ 搭片裙

传统的搭片裙一般由一块裙片左右搭叠而成，现在把门襟左右交叠的裙子统称为搭片裙，可用系带或纽扣固定。

▲ 戈登裙

在A形裙的基础上，通过三角形裁片增加裙摆摆幅。

▲ 荷叶边裙

源于浪漫主义时代的荷叶边装饰。

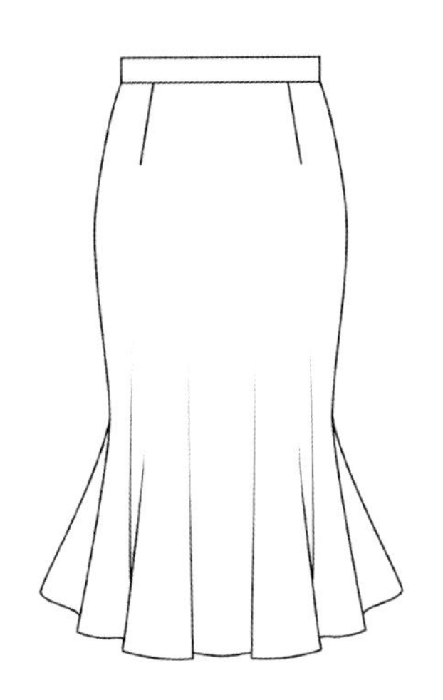

▲ 鱼尾裙
腰臀及大腿部修身，下摆处张开呈现鱼尾的形状。

▲ 压褶裙
面料厚薄不限，细密的高温定型褶，形成整齐规律的褶裥。

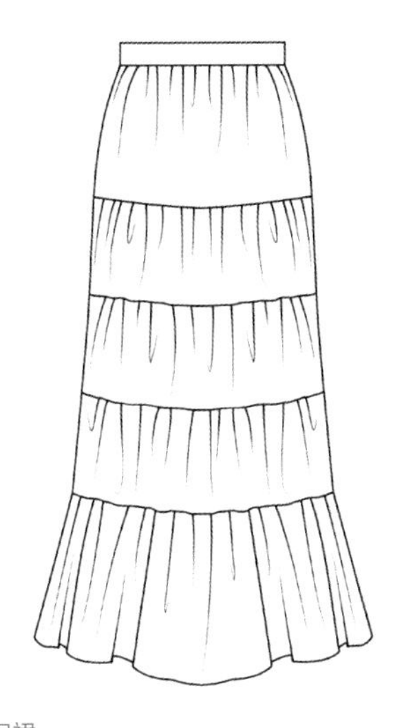

▲ 农妇裙
裙摆裁片一层一层连接，是乡村风格的典型样式。

▲ 多层裙
裙摆层叠，通过层层叠加来扩大裙摆，增加裙子的蓬松度。

▲ 网纱裙
使用多种不同硬度、材质的网纱制作裙子，形成云朵一般蓬松柔软的样式，裙长不限。

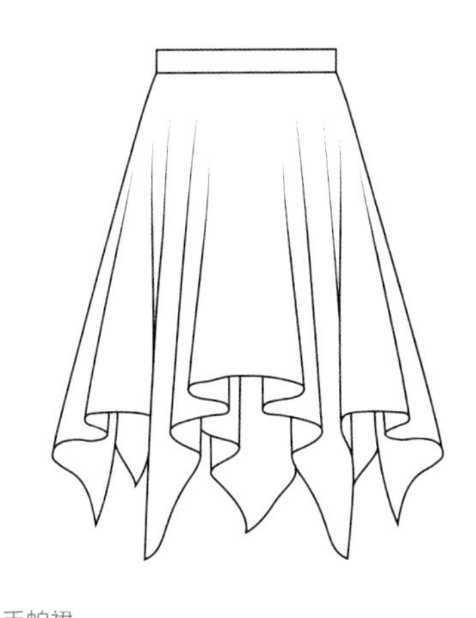

▲ 手帕裙
源于20世纪20年代的斜裁技术，斜向使用面料，形成褶皱的同时还产生了长度不规则的下摆。

▲ 喇叭裙
腰臀部修身，从大腿根处裙摆自然张开，呈现倒吊的喇叭花样式。

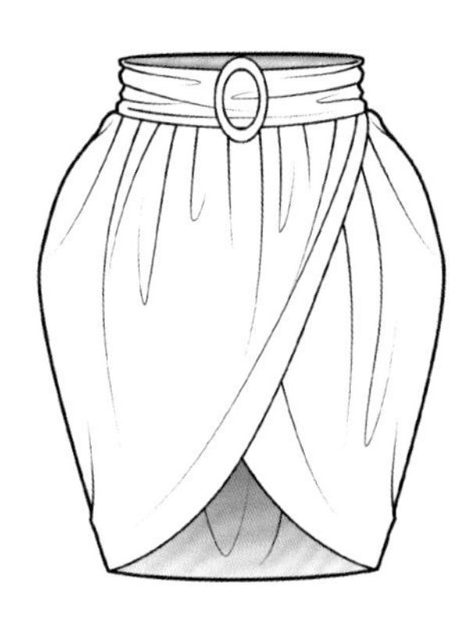

▲ 花苞裙
通过衬垫或裁剪结构使臀部膨胀、下摆收拢，呈现倒吊的郁金香样式。

▲ 纱笼
印尼等地的民族服装，围裙样式，通过长布条围裹打褶形成的长裙。

⑥ 内衣与泳装

现代泳装与内衣的历史并不太久，但是也形成了一些经典的结构与样式。与时装不同，这些样式更多的是考虑人体工程学和舒适度后形成的固定结构。

▲ 宽肩带背心
弹性良好的针织面料，柔软轻薄贴体。

▲ 吊带式内衣
吊带上装，略贴身，一般用于睡衣或较薄透上装的打底内衣。

▲ 芭比睡裙
A形样式睡裙。

▲ 吊带裙
20世纪20年代的内衣样式延续至今，可以直接替代内衣穿着，亦可作为睡衣。

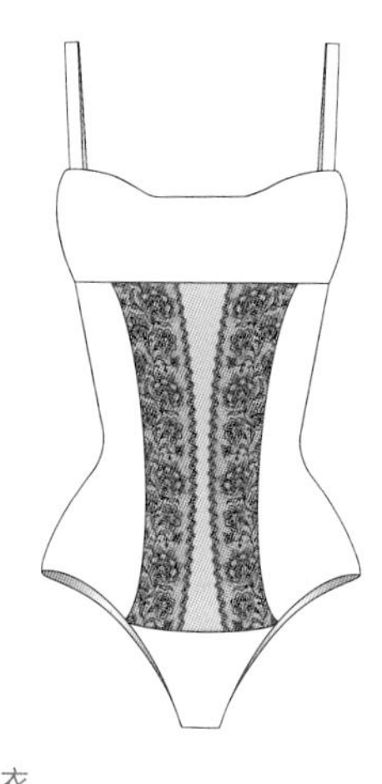

▲ 连体内衣
与连体泳衣样式类似，但多用半透明的蕾丝、绣花面料，常用于搭配礼服穿着的内衣。

▲ 连体上衣
女士连体上衣，常作为打底内衣，能形成上半身服装无褶皱的效果。

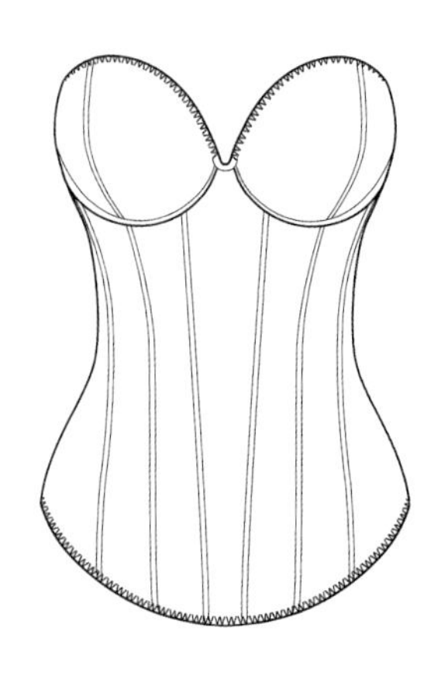

▲ 紧身胸衣
源于古典主义时期的传统样式，当代进行了材质改良，使其既有塑身效果，又不会带来太多不适。

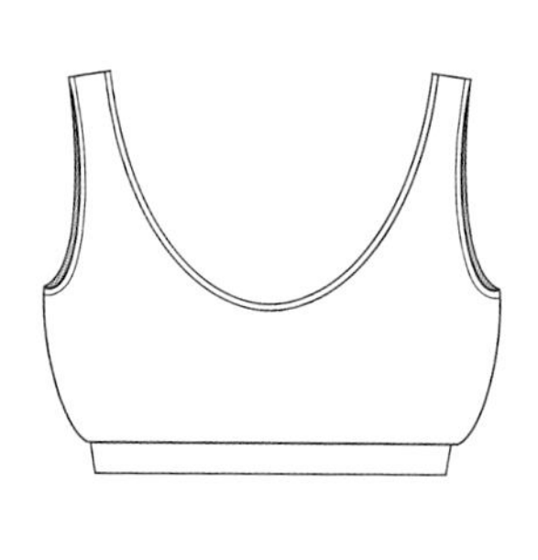

▲ 瑜伽内衣
略紧身的运动背心样式。

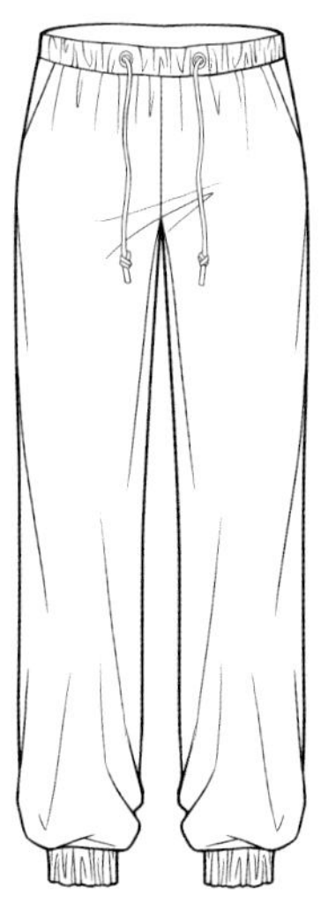

▲ 瑜伽裤
柔软的弹性面料，松紧带腰头，合体裤型，用罗纹或松紧口收拢裤脚。

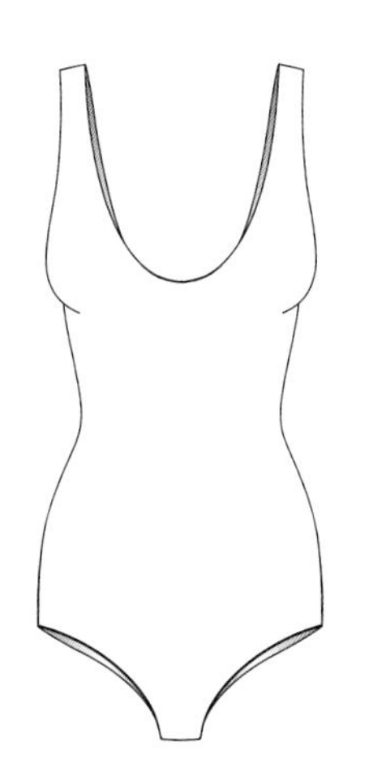

▲ 一体式泳装
弹性面料，肩带、露背样式。

▲ 比基尼
三点式泳衣，诞生于1946年的比基尼被视为女性解放的标志。

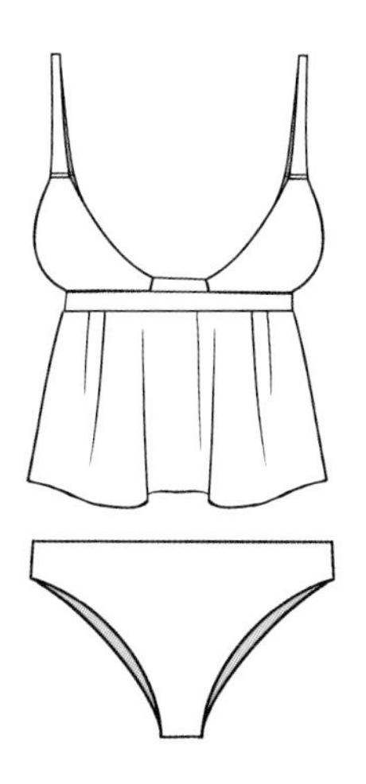

▲ 吊带背心式比基尼
无袖吊带文胸和衣摆组成短上衣，搭配比基尼短裤。

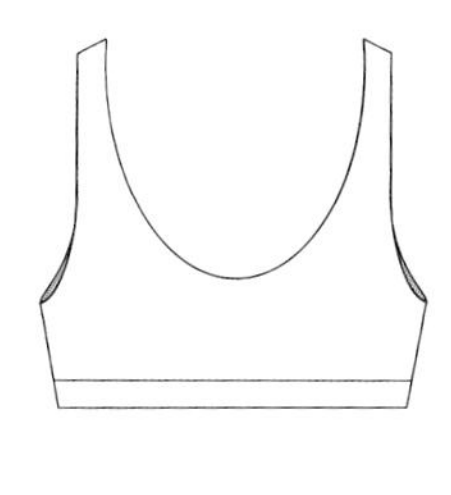

▲ 背心式比基尼
由背心式泳衣和比基尼泳裤组成，上身包裹感更强，更适于运动。

▲ 全罩杯文胸
将胸部完全包裹住的款式，使胸部不易晃动，安全感强。

▲ 3/4罩杯文胸
文胸的经典罩杯样式，具有很好的聚拢性。

▲ 1/2罩杯文胸
文胸的经典罩杯样式，利用罩杯的碗状形态来提升胸型。

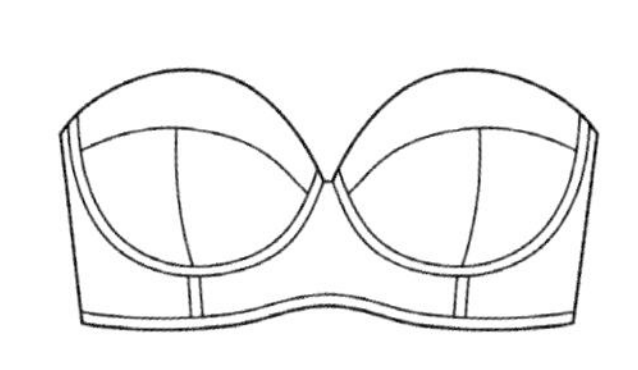

▲ 无肩带文胸
没有肩带的款式，为了保持良好的塑形性，除了使用钢圈外，还会使用鱼骨进行支撑。

▲ 平角内裤
一般采用棉、莱卡等针织面料，柔软舒适，包覆感好。

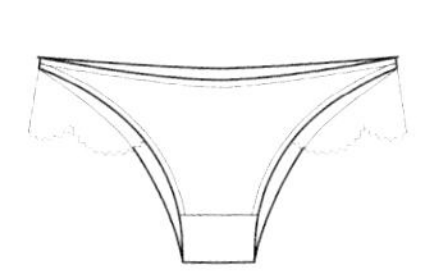

▲ 三角内裤
呈三角形廓形，弹性较大，包覆感较弱，常用蕾丝、刺绣等面料进行设计装饰。

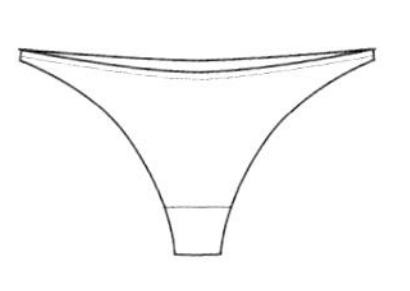

▲ 无痕裤
使用聚酯面料，无车缝滚边。

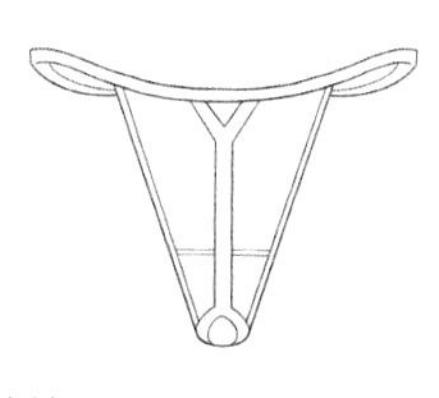

▲ 丁字裤
用于搭配穿着轻薄礼服或演艺表演类服装。

▲ 男士平角短裤（一）
弹性针织面料，腰头一般使用弹性织带。

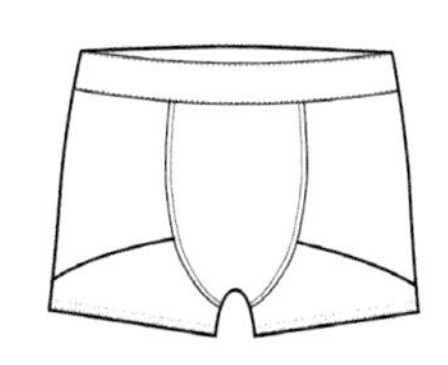

▲ 男士平角短裤（二）
裤脚有结构性裁片，裤口宽度会更舒适。

▲ 男士三角短裤
弹性针织面料，穿着服帖，对腿型也有一定的修饰作用。

▲ 男士子弹裤
有省道变形的三角裤，有囊袋设计，穿着更加舒适，是运动型内裤的代表款式之一。

02

系列设计的构建

时装系列设计的步骤和流程

2.1 如何构建成功的系列设计

成功的系列设计不仅依靠丰富的创意与良好的表现技法，更重要的是基于市场需求的多方位考量。构建一个成功的系列设计需要做好以下工作：首先，进行市场调研与市场定位；其次，设定富有吸引力的主题，考虑时装的季节性差异，进行不同强度的递进式设计，为不同的消费需求准备多样化的时装单品；最后，用配饰完善整体形象设计。

2.1.1 市场调研与市场定位

设计师与艺术家最大的区别是：艺术家与自己生活；设计师与市场生活。几乎所有的设计活动都要进行市场调研，只有知道消费者需要什么，设计师才能创造出被需求的产品。时装设计也不例外，同样需要在调研过程中了解市场、分析市场。

整个消费者市场无比庞大，即便是最知名的品牌或设计师也不能同时满足所有人的需求，针对某一市场进行设计活动就显得比较务实。根据自身最擅长的领域找准细分市场、进行准确的市场定位是商业设计迈向成功的第一步。

市场调研

市场调研可能需要设计各种调查表格、分析各种复杂数据，实际上就是了解消费者在干什么、在想什么、正在用什么、想要用什么。如果能将这些需求融入自己的设计，就是系列设计走向成功的第一步。

① 为什么系列设计要从市场调研开始

系列设计作品不能凭空而来，最卖座的设计总是紧密结合市场的。从市场调研开始能够让设计师了解自己的顾客如何接受潮流、有哪些特殊需求、希望获得哪些时尚满足。

尽管设计师熟知四大时装周的顶尖流行风暴、拥有非凡的艺术设计创意，但是系列设计需要消费者买单。因此对于设计师而言，有没有能力不是问题，能不能卖掉才是关键。

▼ 市场调研收集的资料

② 设计师需要调研什么

设计师需要调研的内容涵盖三个方面。一是市场潮流调研，这些信息能够帮助设计师永远走在潮流前方。二是目标市场的消费者调研，这是最为重要的调研内容。三是产品售后调研，这些信息能够帮助设计师摆脱不卖座的设计，创造更容易为消费者接受的作品。

▲ 市场潮流调研："东北虎"品牌高级定制作品

市场定位

通过市场定位，设计师敲定某一特定群体作为自己的目标消费者，并以此作为设计活动的依据。设计师将针对这一特定消费群体，选择特定的时装类别、特定的时装风格，最终创作出满足消费者购物需求的系列作品。

① 定位时装类别

不同的生活模式、工作环境、生活角色会让消费者形成特定的着装习惯，并且固定购买某一种或某几种类别的时装。例如家庭主妇总是购买耐穿舒适的休闲服；白领女性偏爱精致的通勤套装；热衷聚会的潮女则会选择亮眼的时装。因此，根据目标消费者的生活习惯为系列服装设定几种特定的类别，能够获得消费者的青睐。

常见的时装类别

职业装——简洁、精致的通勤装

休闲装——轻松、舒适的生活装

礼服——根据场合需求定制的特殊时装

度假装——带有异域风情的轻松时装

设计师时装——前卫创意的潮流时装

户外装——耐磨、防寒等功能性服装

内衣——塑形内衣与普通内衣

家居服——晨服、睡衣等舒适的服装

运动装——功能性运动装与休闲运动装

童装——不同年龄阶段的儿童服装

② 定位设计风格

不同的灵感能带来不同的设计风格，但并不是所有的风格都能赢得目标消费者的喜爱。通常，年轻、大胆、热爱追求潮流的消费者能够接受多变的设计风格；成熟、稳健的消费者会有相对固定的风格爱好，并在一定的范围内接受一些新鲜事物。例如以30～40岁职业女性作为目标消费群体的系列设计可以选择内敛的都市风格、禅意的东方风格或水墨印花等，但是强烈的朋克风格或夸张的波普元素可能会受到排斥。

③ 保持稳健的市场定位

尽管设计师每天致力于让系列设计推陈出新，充满变化，但是跳跃性太大的变化不但会让系列设计杂乱无章，还会让整个品牌陷入混乱。因为品牌原先的时装类别和设计风格已经形成了一定的影响力，甚至获得了一些关注度高的熟客，一旦有了过大的转变，这些顾客将很难在店铺中买到中意的服装，从而对品牌失去信心。相反，保持稳健的市场定位，加上小范围的良性调整则会让品牌顾客的忠诚度越来越高。

2.1.2 富有吸引力的主题设定

系列设计的主题会直接表现在服装的造型、色彩、图案、面料上，这些直观的视觉效果共同形成了时装的表现力，因此一个富有吸引力的主题设定在某种程度上能够让时装更加讨巧。

① 什么样的主题会拥有强烈的吸引力

时装系列的推陈出新很大程度上是设计主题的推陈出新，不同的社会环境、人文地域因素和流行文化会产生不同的热点主题。

时装的变迁可以说是社会变迁的缩影，政治经济变化、社会热点主题、新颖概念、高科技、都市次文化、生态、艺术等热门话题都能够延伸成为富有吸引力的设计主题。

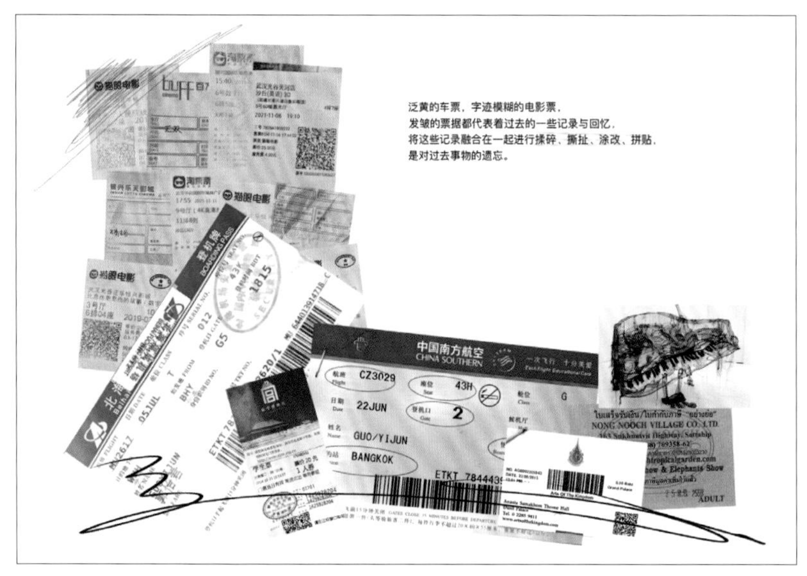

▲ "回忆"主题灵感

将各种磨损、泛黄的车票进行扫描，通过拼贴、涂鸦等方式集合，意图对"回忆"这个抽象主题进行可视化呈现。

② 色彩是捷径

试想一下，20米开外的橱窗中有一件衣服吸引到你，原因是风格、款式、面料还是色彩？显然，基于人类的视力，衣服给人的第一印象只可能是色彩。

引人注目的配色或者穿透力强的色彩能够让你的时装比别人多获得一些关注。当然，前提是不能把色彩配砸了。

▲ 引人注目的配色

③ 善用猎奇心

好奇害死猫。对于一些奇怪的事物，人们总是想要多看一眼，试图分析出它到底是什么。

将这些奇异的主题用到系列设计中，尽管有些搞怪的成分，但是仍然不失为一个好选择。尤其是在青少年装、街头时装等时装系列中，新奇搞怪的主题很适合这些好奇心旺盛的年轻人。

▲ 奇怪的事物总能引起人们的好奇心，对设计师来说也能激发灵感

4 关注社会话题

尽管时装设计看起来只是让大家穿上称心的衣服，但是在信息爆炸的今天，社会话题强大的影响力足以让容易摇摆的时尚圈受到波及。例如能源危机的影响让绿色生活主题持续升温；经济危机发生的同时时尚圈开始流行破烂样式；威廉王子大婚则让优雅宫廷风格炙手可热。

▲ 创建和体验虚拟世界的计算机仿真技术

5 紧跟潮流不会错

作为流行产业链中的一环，设计师需要创造潮流，也需要紧跟潮流。不但要关注国内外时装潮流，也要关心街头风向标。哪怕设计师设计出的服装显得创造力不足，也好过因为风格跑调而卖不出去。

▲ 潮流印花图案

6 慎用负面概念

竭力寻找灵感是每个设计师的本能，但是需要谨慎使用负面概念。人们总是喜欢乐观、向上的信息，对于颓丧、恐怖、尴尬的视觉信号会本能地排斥。热爱负面信息的消费者并不多，使用负面概念也许能够吸引少数顾客，却会丢掉更多的忠实顾客。

▲ 对负面概念的使用要谨慎，即便使用负面题材，也要表现出相应的美感和品位

2.1.3 用时装解读季节

季节不单单决定了穿衣服的厚薄程度，更决定了面料、色彩、款式和图案的流行趋势。在春季，大地色系和轻薄的面料会让人联想到气候回暖的愉悦；夏季人们会更喜欢鲜艳的色彩和海洋元素；秋天则是复古元素、薄呢外套以及果实色彩盛行的季节；冬天的服装会更加倾向于浓郁的色彩和温暖的针织、皮草面料。因为这些人性化的需求，时装自然会随着季节、气候的变化展现出不同的样貌。

▼ 时尚年度日程

秋冬时装发布（1月）：里约热内卢时装周、柏林时装周、香港时装周、米兰男装周、巴黎男装周

1月 | 2月 | 3月

秋冬时装发布（2月—3月）：纽约女装高级成衣展、巴黎女装高级成衣展、伦敦女装高级成衣展、米兰女装高级成衣展

巴黎高级定制时装发布（1月—2月）

洛杉矶时装周、日本时装周（3月）

春夏时装发布（6月）：米兰男装周、巴黎男装周

6月 | 7月 | 9月 | 10月

春夏时装发布（9月—10月）：纽约女装高级成衣展、巴黎女装高级成衣展、伦敦女装高级成衣展、米兰女装高级成衣展

巴黎高级定制时装发布（7月）

俄罗斯时装周、洛杉矶时装周（10月）

① 度假季节

各大品牌通常在当年的5月发布第二年的早春度假系列（Resort），度假季节并没有划分明确的时间，但是考虑到人们一般会选择温暖、舒适的地域度假，因此度假系列设计以轻薄的单品款式为主。

度假系列的服装通常会设计自然、舒适的单品，例如风衣、宽松衬衫、阔腿裤、长裙等。在主题的选择上，海滩、异域风格、热带风情等元素成为设计师的最爱，例如Chanel的度假系列不但选择海洋元素作为发布会主题，更是曾将发布现场搬到海边的度假胜地。

TIPS 度假季节细分

早春

服装更加轻薄，常选用丝绸、印度棉等透薄面料。

早秋

用色相较早春系列偏淡雅，裸色系和砂石色系更加适应秋季的温和日照。

▲ 度假系列设计

② 春夏季节

春夏季节一般指每年3月至9月，根据不同的地域，具体时间会有所推移。春夏季节系列时装在用色上相较秋冬季节显得更加明艳、清新，蜡笔色系、糖果色系以及妆粉色系都是不错的选择；在面料上，系列单品由春至夏越来越轻薄、短小，塔夫绸、生丝绡、雪纺、印度棉、素缎、斜纹棉、蕾丝等轻薄面料成为设计师的最爱；较为轻薄扁平的装饰手法也更为流行，例如花卉图案、波普印花。

▲ 春夏系列设计

TIPS 春夏季节细分

早春

风衣、薄毛衫、长裤以及夹克外套等防寒单品还会出现。

春季

轻薄套装、衬衫、长裤、半裙等单品会大量应用，夸张配饰在这一季节尤为亮眼。

初夏

仍旧会有部分春季末期的单品在售，但是长裙、连衣裙、短裤、T恤会成为主打产品。

盛夏

背心、热裤等清凉的单品开始流行。

---

③ 秋冬季节

秋冬季节一般指每年10月至下一年的3月，根据不同的地域，具体时间会有所推移。秋冬季节的时装偏厚重，沉稳的大地色系、果实色系以及温和的怀旧色系成为流行风向标；各种起绒、磨毛的呢料，厚重的羊毛混纺、针织面料以及填充面料充实整个季节。

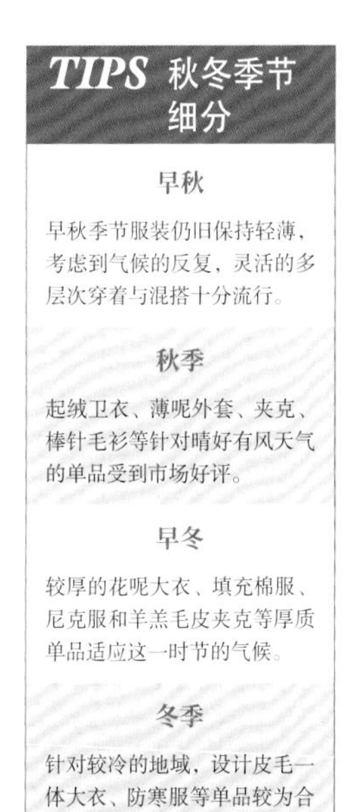

TIPS 秋冬季节细分

早秋

早秋季节服装仍旧保持轻薄，考虑到气候的反复，灵活的多层次穿着与混搭十分流行。

秋季

起绒卫衣、薄呢外套、夹克、棒针毛衫等针对晴好有风天气的单品受到市场好评。

早冬

较厚的花呢大衣、填充棉服、尼克服和羊羔毛皮夹克等厚质单品适应这一时节的气候。

冬季

针对较冷的地域，设计皮毛一体大衣、防寒服等单品较为合适，复杂气候地区则用多层搭配的系列单品应对。

▲ 秋冬系列设计

2.1.4 不同强度的递进式设计

系列设计中包括基本款、变化款和创意款，同一主题、不同层级的设计通常会应用不同的元素或不同的搭配方式，从而呈现出由简洁大众化向特色个性化递进的时尚度。

不同的设计强度

根据设计创新程度，通常将系列设计强度分为初级、中级和高级三个层级，时装的设计强度与时装的时尚度基本成正比。

① 初级设计强度

初级设计强度的服装由基本款组合搭配而成，几乎所有消费者都不会排斥。这一层级的时装简洁、实用甚至带有一些朴实，是系列设计不可或缺的组成部分。

② 中级设计强度

中级设计强度的时装会产生一些变化款式，一般会在廓形、结构样式、细节构成以及面料的二次改造上进行变化。这一层级的时装时尚度较高，也是系列设计的最大组成部分。

③ 高级设计强度

高级设计强度的时装基本由创意款组成。这一层级的服装产品数量不会太多，但是时尚度最高，往往走在潮流前端，最能够表现主题的风格特色，是T台和橱窗的好选择，也是系列设计中的代表性款式。

▲ 基本款的设计要点

基本款在廓形、款式风格上并不会有太大的变化，更多的设计变化在于面料、色彩、细节工艺以及穿着与搭配方式上。

▲ 变化款的设计要点

变化款的设计可以在基本款的基础上给予部分细节变化或搭配稍许夸张的配饰，形成较为醒目的穿着效果。

▲ 创意款的设计要点

创意款作为系列设计的亮点部分，往往最能够充分发挥设计师的创意能力。变化领型、个性袖型、特殊面料、图案印染等诸多方式都可以广泛应用，但是注意不要盲目堆砌。

为什么系列设计需要不同的设计强度

在系列中拉开设计强度是个好主意。同一个系列往往会被陈列在一起进行销售，不同的设计强度能够让这个系列吸引尽可能多的消费者。时尚感触相对保守的消费者通常不喜欢过多的设计与创作，第一层级——基本款，拥有更多的经典元素，很容易让消费者感到熟悉，进而愿意接纳带有这些元素的作品；流行的追随者往往喜欢第二层级——变化款，在经典款的基础上添加一些变化与创意，不太夸张但又能呈现独特的巧思；前卫时尚人士则更青睐第三层级——创意款，这些极为夸张、排他性极强的设计能够保证时尚人士呈现独一无二的风格特征，充分体现着装者的个性。

通过设计强度分级，同一系列能够最大程度地满足更多消费者的需求，让整个系列既拥有看点也拥有卖点。

TIPS 比例与数量

基本款占比大

一般情况下大众成衣品牌基本款占比大。

设计款占比大

高街品牌、高级成衣、设计师品牌会将设计款作为占比最大的系列板块。

创意款占比大

高级定制和部分强调创作的设计师时装（如山本耀司、马丁·马吉拉）会更重视创意款的开发数量。

① 满足多样化的顾客需求

基本款在性价比和顾客接受度上的表现最好；变化款能够充分赶上潮流；创意款则是潮流先锋们的必备要素。

② 满足多样化的设计表现

作为设计师，仅仅能够驾驭一种设计方法是不够的，更重要的是在创意与质朴之间游刃有余、收放自如。

▼ 同一系列依次递增的设计强度

基本款

以经典款式为核心，结合系列设计灵感，这就是基本款的设计要点。例如基本款衬衫结合蕾丝面料、简洁的三粒扣西装搭配同色H形西裤，仅仅在衬衫面料和裤脚上做微妙的变化就能让人耳目一新。

变化款

同样简单的箱形外套，在门襟和面料上加强设计，搭配荷叶领衬衫就具备了明星街拍的风范。

创意款

面料上开始出现更多的手工刺绣、珠片和水晶装饰，搭配透叠穿法、披肩领和更复杂的首饰，就能形成足够吸睛且创新性非常强的样式。

2.1.5 多样化的单品组合

快节奏的生活有时让逛街成为一件奢侈的事，购物清单上可能有周一上班的衬衫、周二餐会用的套裙、周五闺蜜聚会需要的鸡尾酒短裙以及周日遛狗想穿的毛衫牛仔裤。如果同一家店出售的单品能满足购物者的所有需求，并且拥有协调的系列风格，就能让购物变成一件轻松且高效的事情。系列设计的多样化单品组合的最终目的就是为了实现这种快捷的"一站式"购物。

系列设计的经典款式构成——"六种样式"

在设计师的创意世界里，款式千变万化，连体裤、T恤衫、连帽衣等样式数不胜数，但是对于成熟的系列设计而言，并不是所有的款式都必须出现，精炼而必备的"六种样式"能够让顾客既不会陷入品类繁多造成的选择困难，也不会在系列设计中找不到自己缺少的那件单品。

① 三种可选的外套

西装、夹克与风衣，这三种外套既足够时尚，又能够让人在微寒的天气保持风度。

② T恤与针织衫

这两种针织服装非常舒适，风格跨度也非常广，是设计师最爱的休闲单品。例如同样的棉布T恤，设计成宽松款式再加上夸张的印花就能表现街头风格；用修身款式加上精致勾边则能表现出自然的森林风格。

③ 衬衫与上衣

衬衫早已不是男士专属，风格各异的女式衬衫完全能够玩转时尚；各种不同面料、花色、长度、工艺的上衣更是能够展现设计的魅力。

④ 裤子

裤装绝对是下装必备单品，包括很多样式：连体裤、牛仔裤、阔腿裤、马裤、紧身裤、七分裤、热裤、巴拿马短裤……

⑤ 连衣裙

近代女装的形制基本都受到男装的影响，连衣裙是女装唯一保留下来的传统款式，也是展现各种女性魅力的完美款式。

⑥ 半裙

半裙是不可缺少的单品，能够与西装、衬衫、针织衫等上装灵活搭配，并形成不同的风格。

如何设计丰富多样的单品

设计并不需要绞尽脑汁编造新花样，对于成熟的商业系列设计而言，精致的细节变化更能体现设计师的驾驭能力。

① 上装设计重点

——领口、袖口、门襟

领口、袖口、门襟是上装设计的三大重点，稍稍改变材质、修改角度、加个滚边或是增加一些工艺明线就能显示出设计的巧妙。

② 裤装设计重点

——腰头与裤脚

裤装的廓形变化空间其实并不太大，过多的变化会让穿着者有被束缚的感觉，因此，将设计重点放在腰头与裤脚这些细节上会产生更多的创意。

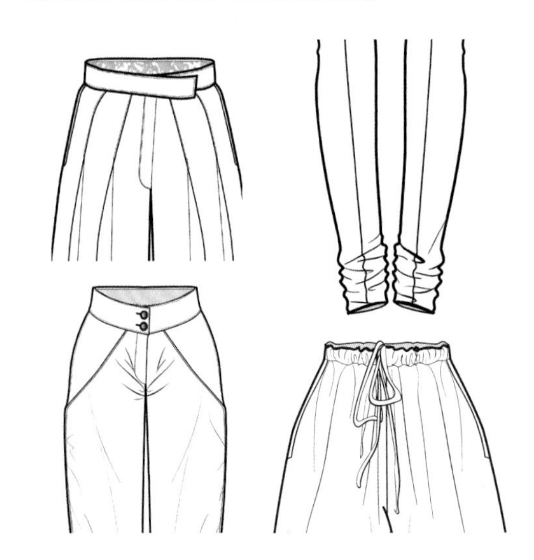

3 裙装设计重点

——腰头与廓形

腰头几乎是所有下装的设计重点，对半裙来说也不例外。另外，裙装与裤装不同，其廓形本身就很丰富，通过裁剪与衬垫能够展现出更多的样式，因此廓形可以说是裙装设计的重中之重。

4 针织时装设计重点

——花型的使用

裁剪类时装的设计从选择面料开始，而针织时装的设计先从纱线开始，再到编织面料，最终完成时装。丰富的针法、花式纱线、钩针技术等让针织时装的花型设计成为关注的焦点。

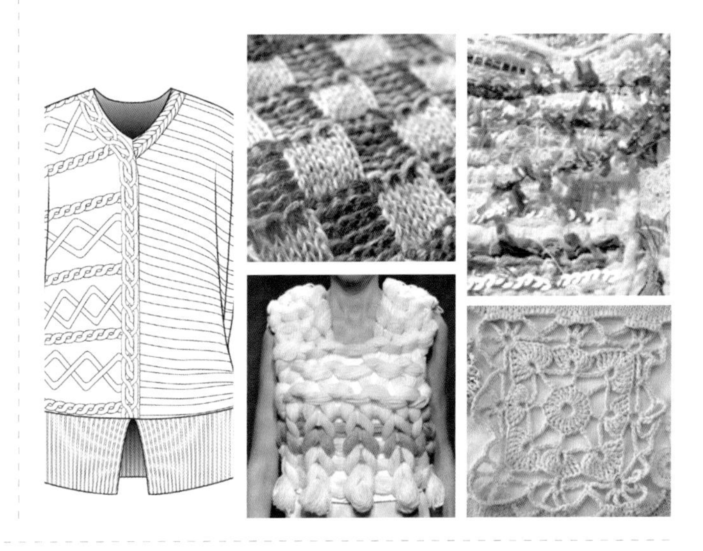

成功的系列款式设计需要什么

系列设计是由诸多款式构成的，但并不是单纯将若干款式组合在一起就能够称之为系列，作为同一系列的款式至少要满足以下两个要求：

1 丰富的可替换性

所谓可替换性是指单品的种类一致但是风格不同，可以满足不同消费者的需求。例如图中的单品衬衫，既有经典的翼领礼服式衬衫，也有平面构成式的拼接设计款，还有门襟采用搭扣的休闲款和无领款式。这些衬衫风格各异，充分满足了系列设计对可替换性的要求。

▲ 衬衫款式在领口和门襟处做出设计变化，形成丰富的产品线

2 灵活的可搭配性

系列设计的另一个要求是款式之间具有灵活的可搭配性。简而言之，就是同一系列的外套、裤装、裙装等单品即使随意搭配，也能展现协调的感觉。

▲ 可混搭的系列款式设计

2.1.6 用配饰完善系列设计

系列设计不仅包括服装，还包括单鞋、长靴、手套、墨镜、发饰、手镯、项链、腰带等配饰。在混搭大行其道的当下，这些抢眼的配饰不但能为主题系列增色，也会被诸多顾客当作潮流单品买下。

系列配饰设计的三大要素

系列配饰设计与单纯的配饰设计不同。在单纯的配饰设计中，配饰本身就是设计的主角，而系列配饰设计更多的是用配饰来完善服装、表现主题。

如果设计师希望将顾客的注意力完全放在时装上，那么他们会摒弃过多的配饰，只采用基本的鞋子、背包、腰带等，且这些配饰也会以低调的造型和色彩出现。

如果设计师希望配饰能够成为设计亮点并且帮助时装表现主题，那么就需要配饰与整体造型以及主题搭配协调，具体表现为：配饰色彩与服装的协调、配饰风格与服装的协调，以及配饰本身的主次关系协调这三个要素。

① 色彩协调

配饰与时装在色彩上要做到协调，可以遵循两个原则：

一是两者顺色或撞色。顺色是让配饰的主色与时装保持同样的色调，这种方法是最容易产生协调感的；撞色是让配饰与时装的色相产生极大的反差，例如红与绿，这种方法容易让配饰成为时装的亮点。

二是配饰使用中性色，例如米色、灰色、黑白色、透明色等。这种搭配方式容易让时装成为关注焦点，配饰只起到点缀和完善的作用。

▶ 丰富的色彩如何使设计更协调

② 符合主题风格

系列设计中，不仅要依靠时装来表现主题风格，配饰同样也能起到作用，尤其是可以将一些夸张、难以在时装上实现的主题风格元素使用到手袋、发饰、鞋子、腰带等配饰上，这样不但能够丰富主题层次，更能展现设计师多方位的设计能力。

▲ 非洲主题系列设计

③ 配饰的主次关系

在设计配饰的过程中，设计师需要事先决定哪些配饰在整体造型中重点表现、哪些配饰作为辅助角色。而后在造型、体积或是色彩图案上加强需要重点表现的配饰的张力，减弱其他配饰的存在感，才能形成良好的主次关系，避免整体造型产生眼花缭乱的感觉。

▲ 重点配饰与辅助配饰

设计配饰与创作效果图同步进行

先设计服装后补充配饰是一个设计方法上的误区，系列设计必须保证整体造型的风格、色彩、搭配统一且协调，因此设计师在创作草图之初就要将各种配饰考虑在内。

在绘制草图时要将配饰与时装作为一个整体，突出一到两个重点、弱化其他环节以避免设计累赘臃肿。另外还要将所有的细节工艺、配饰工艺考虑周全，这样才能形成完善的系列设计。

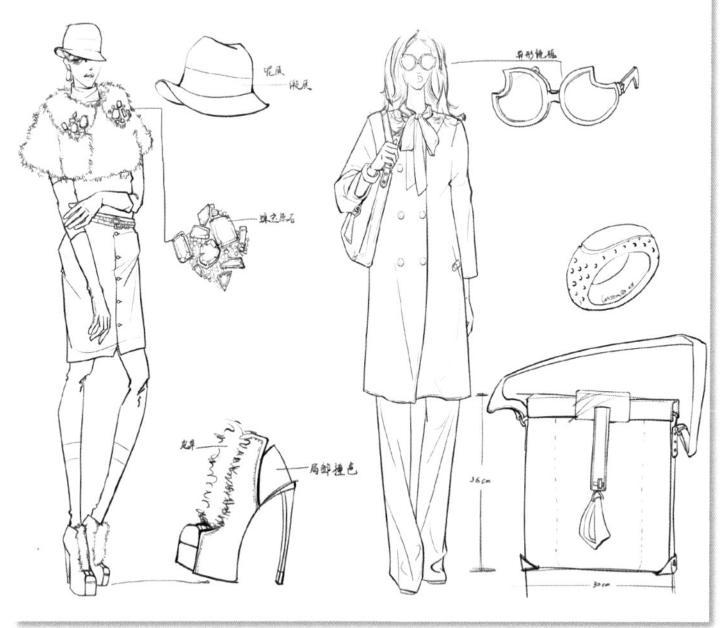

2.2 如何形成系列感

将零散的创意串联在一起形成完整的系列感并不是一件深奥的、难以捉摸的事，只要涉及设计方法，就总是有章可循的。作为一个系列设计作品，至少要符合两个特征：一是系列设计中用到的图像元素要紧密围绕同一个主题；二是所有的色彩、图案、款式乃至发型、妆容、配件等细节都要符合系统化特征。做到这两点的作品，才能称之为成熟的系列设计。

2.2.1 紧密围绕主题

主题是系列设计的灵感源泉，作为系列设计作品的灵感，主题绝不是简单的一句空话或者抽象的情感，而是需要提炼出色彩、图示语言、视觉符号等具象概念，系列设计必须紧密围绕主题来进行创意延伸。

① 选定主题

主题的雏形可能是一句诗词、一位漂亮的明星或是一幅街边的涂鸦，这些雏形能够带来创作灵感。但是要将这些散碎的灵感变成系列设计的创作依托，则需要进一步的细化——将灵感具象细化为富有代表性的图形元素。

核心元素 ▶
核心元素的反复使用一方面能够增加系列内部所有单品的适配度，另一方面也能为顾客提供充分的选择余地，体现系列设计的重要价值。

▲“回溯”系列设计
复古元素、丝绒面料、闪光材质和法式刺绣成为系列的核心元素，整个系列的设计都将围绕这些元素展开，共同呈现华丽复古的整体风格。

② 重复与强调

一个系列设计可能会有五套或是更多套时装，如果每套服装分别使用不同的元素，整个系列最终会显得杂乱无章。

因此，为了强调系列设计的主题，将核心元素重复组合后使用在时装上是个不错的选择。巧妙的重复和变化能够很好地强调主题，从而让顾客更好地理解这一设计理念。

❶ 寻找核心元素。

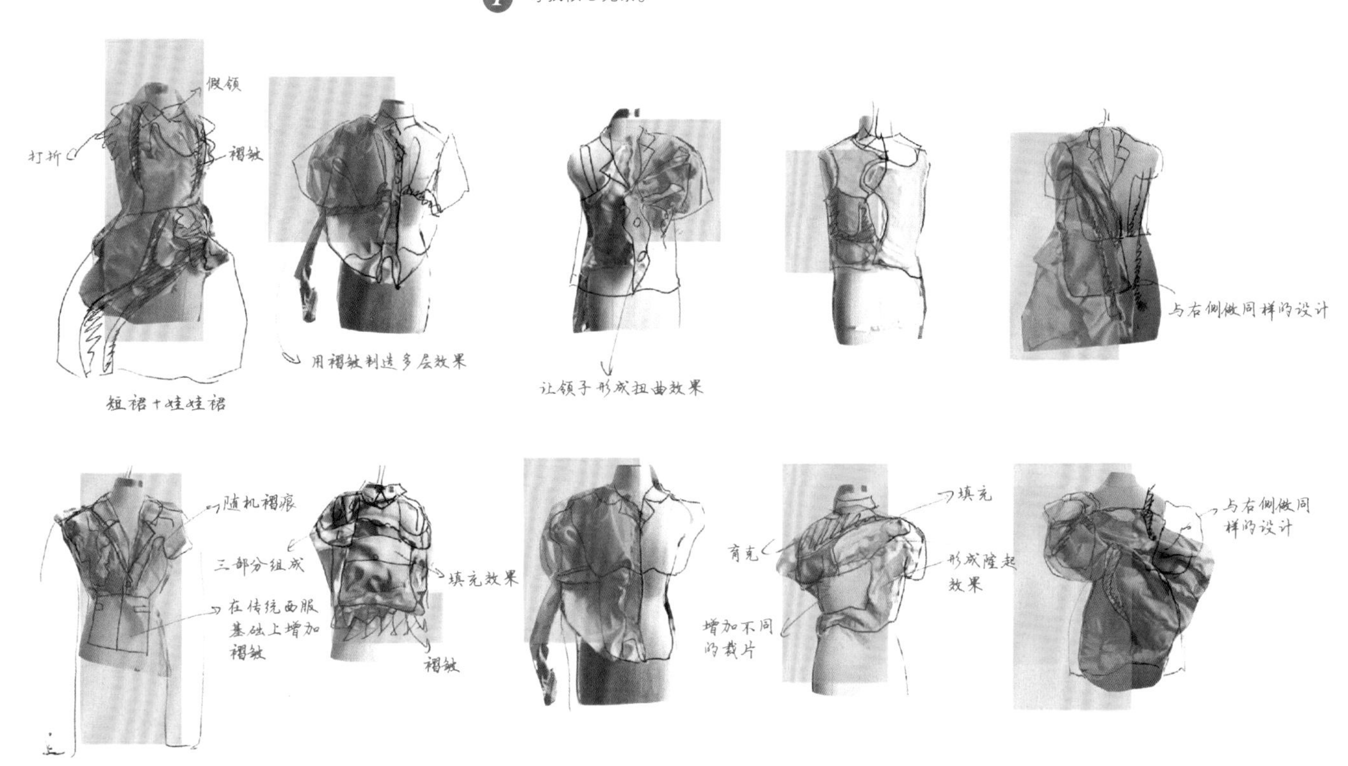

❷ 在对象上反复使用同一元素进行不同的设计表达，可以考虑更换使用元素的位置、调整元素的大小比例、重复使用元素的手法等，其最终目的是充分发挥创造力和想象力，尽力将创意的使用方式做到极致。这样一方面能够深度挖掘灵感创意，另一方面更便于形成作品的系列感。

▲ 案例："THE MEN" 创意系列设计，作者：邓绣元

2.2.2 用四大设计要素体现系列感

时装设计的四大设计要素分别是：色彩、面料、细节、工艺。无论是系列设计还是单品设计，这四大要素都是设计师需要考量的重点。一套成熟的系列设计在这四个方面应该是主次分明、层次清晰的，而不是毫无头绪、杂乱无章的。

① 系统化的色彩

所谓系统化的色彩就是系列设计的色彩应用要主次分明。一个系列一般会采用一两个主打色彩、两三个辅助色彩以及若干搭配协调色彩。其中主色在使用面积、部位上均占主要地位，辅助色彩不宜面积过大而导致抢色，协调色彩则常使用中性色给予衬托。

② 系统化的面料

面料同样要区分主次。主打面料的使用应该较多，同时主打面料的色彩应该与主打色统一。例如“闺房”系列大量使用透薄面料，包括镂空面料、超薄针织面料、印花欧根纱、蕾丝面料等，这些肌理与材质完全不同的薄型面料相互搭配，形成丰富的层次。

▼“闺房”商业系列设计

③ 系统化的细节

除了色彩与面料之外，时装作为人们近距离接触的产品，细节也同样重要。在同一个系列中，可以有意识地重复使用几种细节特征以保持设计手法的一致。例如“闺房”系列中的四套服装重复使用镂空、荷叶边、透叠边等细节，显得十分统一。

④ 系统化的工艺

时装的工艺尽管比较细微，但同样是设计的要点之一，明线工艺、绗缝工艺等装饰工艺更是设计的重点手法。因此在系列设计中，统一工艺手法能够让系列时装显得更加精致。

2.2.3 款式设计系列化

在熟悉款式结构基础并能够熟练设计款式后，就可以开始尝试进行系列化设计了。

系列化设计由具有统一风格特征的多种款式单品构成，并针对同类消费群体进行多种款式组合。同一主题的系列设计，要求款式之间可以灵活搭配、互相替换，从而产生系列感。有一些简单的技术性手段可以帮助初学者学习如何体现系列感。

应用细节进行系列化设计

运用同样的细节元素，让整个系列设计的每一套时装都拥有一些共同点，可以体现系列感。应用细节进行系列化设计首先要了解同样细节元素的不同表现风格，然后选定符合主题要求的表现风格，再应用选定的细节元素及其表现风格拓展系列设计。

① 确定细节元素

同样的细节元素可以有不同的风格特征，例如同样是拉链元素，不同的材质、大小就能展现不同的设计风格。

▼ 拉链细节

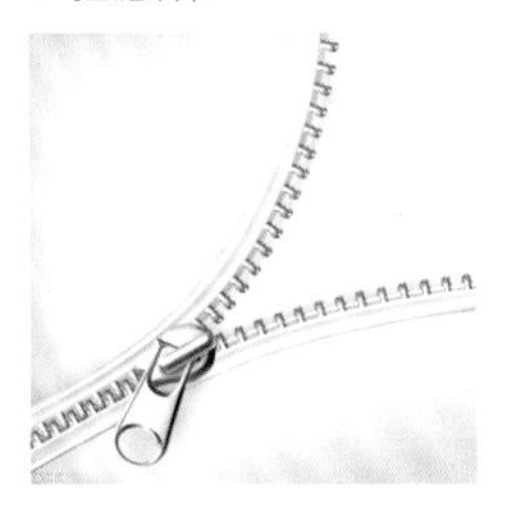

普通拉链头样式、大小适中的拉链齿，让这款简洁的拉链适用于各种风格。

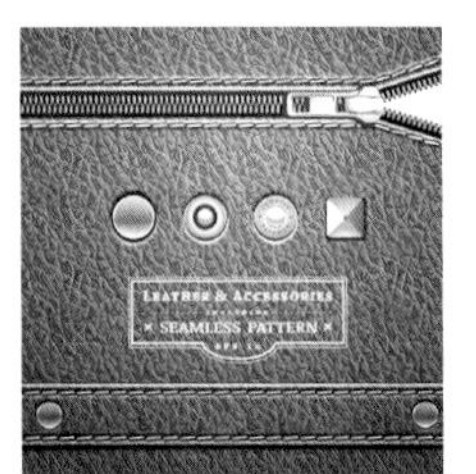

拉链齿细小的金属拉链适用于英式风格的系列设计。

较大的金属拉链齿，拉链头装饰皮革绑带，适用于较粗放的牛仔风格、乡村风格等。

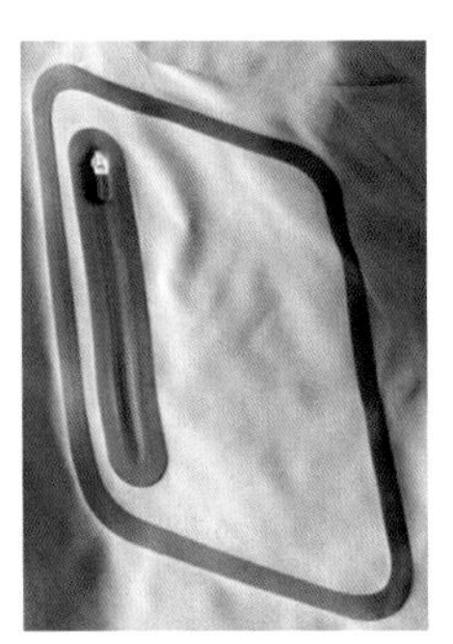

塑料材质的隐形拉链搭配同色的细小拉链头，适用于轻松的运动风格。

② 拓展系列设计

根据主题风格选择拉链齿较粗的金属拉链元素作为系列设计的重点细节，以表现街头机车风格。

▲ 鹿皮夹克
将拉链元素集中应用在门襟、左右胸袋上。

▲ 短款薄呢大衣
同样在门襟处使用长拉链，另外在左右胸盖布上和腰线位置增加拉链口袋。

▲ 拉绒针织夹克
采用较厚的拉绒针织布，除了门襟之外，在胸袋、左右斜插袋处使用拉链齿较细的金属拉链，再将这种明装拉链运用在袖身与袖口，形成装饰效果。

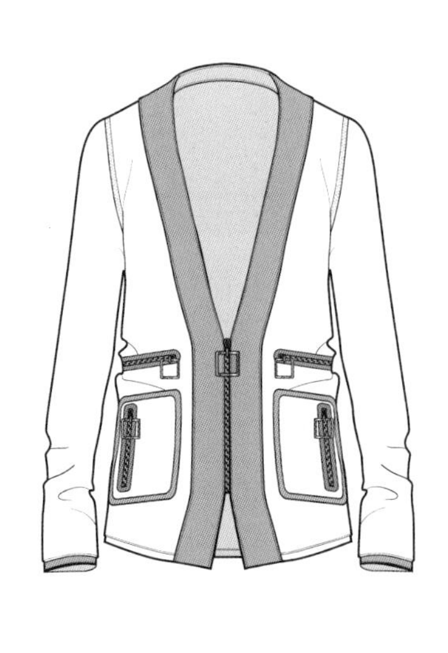

▲ 羊毛针织衫
常见针织衫的门襟一般使用纽扣，这件开衫根据系列化要求，用金属拉链来替代纽扣，形成新颖的样式。
由于拉链需要很好地固定在服装上，而羊毛织物过于柔软，因此在门襟处拼接了梭织面料，以保证工艺要求。

▼ 系列设计表现

应用风格进行系列化设计

风格作为主题的重要特征，是系列化设计最常见的表现形式。对于设计师来说，风格并不是虚无飘渺的概念，而是通过代表性特征展现出的一种表象。因此，设计师需要先确定代表风格特征的元素，然后将这些元素应用到系列设计中。

① 确定代表风格特征的元素

时装流行的风格往往来自既有的概念，例如哥特风格、军装风格、洛可可风格、太空风格、怀旧风格等，设计师可以从这些既有概念中提炼出代表其风格特征的元素。

秋冬流行趋势

街头新自我

▲ 代表涂鸦风格特征的元素

② 根据代表性风格元素进行系列拓展

找准代表性风格元素后，就可以进行系列款式设计了。注意在设计过程中合理应用设计原理、美学构成和流行趋势，避免把风格化的系列设计变成角色扮演。

▼ 涂鸦风格系列设计

03

系列设计的表现

清晰传达设计创意的绘画技法

3.1 时装款式图的绘制与表现

在商业设计中，款式图往往比时装画的使用效率更高，因为平面款式图能够明确表现服装的结构线条、缝纫工艺以及细节结构，而时装画更多的是为了展示穿着方式与风格，要想进一步深化细节制作成衣，就必须依靠款式图。

时装系列设计作为时装商业设计的重要环节，不仅包括主题灵感和时装画，还需要大量的款式图。时装款式图一方面可以严谨地表现时装画中服装款式的结构造型，另一方面可以为主题系列提供更多的可选样式。

3.1.1 什么是时装款式图

时装款式图是为后期服装制版、缝制做详细说明的图纸，是商业系列设计的重要组成部分。

标准的款式图要标明服装款式结构、缝合工艺（用示意图+文字说明的方法表示）、服装各部位的精准比例。一般款式的服装要提供正面、背面的平面款式图，有些内部构造复杂的服装还要提供衬里款式图或是某些复杂结构的拆分款式图。

时装款式图从用途上可以分为两类：一类是结构分析型款式图；另一类是面料、色彩、图案示意型款式图。

① 结构分析型款式图

商业设计中，如果预期的成品面料与色彩比较单一，但结构特征十分重要，一般会选择用结构分析型款式图来表达。

▲ 结构分析型款式图是商业系列设计的常用模式，一般会配备相应的面辅料说明及工艺说明。

② 面料、色彩、图案示意型款式图

商业设计中，很多款式设计有复杂的图案、色彩或材质肌理的搭配，此时应该使用面料、色彩和图案示意型款式图。在绘制此类款式图时，图案、色彩的使用位置、比例都要尽量精确地呈现出来。

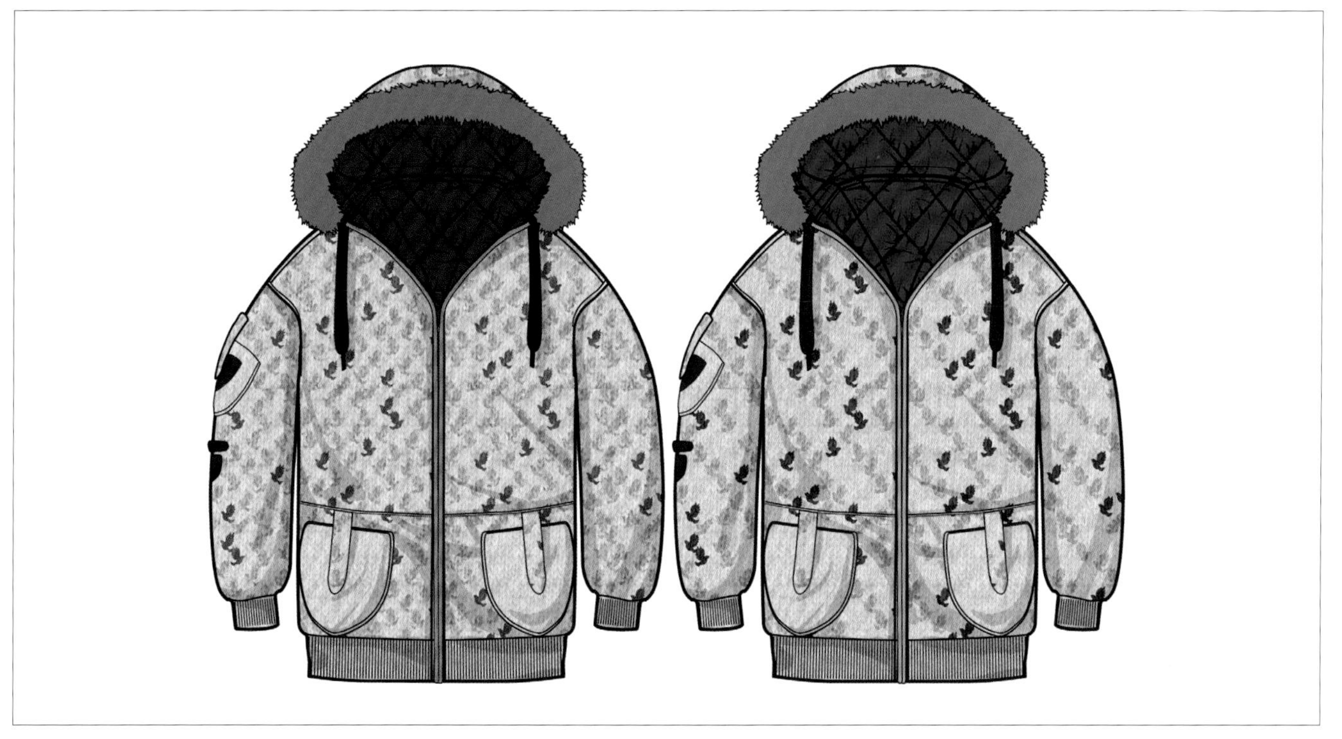

▲ 在侧重图案与色彩的商业设计领域（例如运动装、潮牌、街头时尚品牌），很多设计师选择使用面料、色彩、图案示意型款式图模式，这类款式图可以直接替代效果图。款式图能够明确地标示色彩搭配、图案设计，为接续的制版和样衣工作提供重要的参考依据。

▲ 在商业设计中，设计师一般会为同一个款式提供多个配色方案。

3.1.2 为什么系列设计需要款式图

款式图可以说是系列设计中必不可少的环节，如果说效果图、灵感图是为了整体的视觉性而存在的，那么款式图就是系列设计的核心竞争力，哪怕一张也不能随便删除。

① 系列设计中款式图的作用

时装画表现系列设计的风格与概念，款式图展现具体款式的设计要点、设计方法和细节说明。

② 设计多品类款式

如果一个时装系列仅仅依靠连衣裙和西装两种单品组成，就会显得十分单调且缺乏实用性。因此，在设计款式时，需要涉及各类单品。一个时装系列至少要包括三四件外套、衬衫与上装、T恤与针织衫、两三款裤装、两三件半裙、一两件连衣裙。

③ 款式的可替换性

同样的款式之间要能够互相替换，这会带来更多的穿着搭配方式，因此款式的设计在功能上要有共性。但是过于雷同的款式没有存在的必要，所以款式的设计也需要有相对独特的亮点。

◀ 完整的系列设计构成

④ 体现系列性

同一主题下的款式设计需要体现一定的系列性，例如运用同种风格的款式细节、风格细节或是运用同种面料制作。

⑤ 体现季节性

系列设计除了通过面料的厚薄和色彩体现季节性之外，还可以通过款式细节来表现季节倾向，例如袖子的长度、袖口的防寒细节、腋下运用排汗面料等。

⑥ 标注文字说明面料、色彩以及设计要点

款式图的表现一般以简洁明了的图示方法为主，因此需要配合面料小样、色彩示意以及文字说明来详细阐述设计要点。

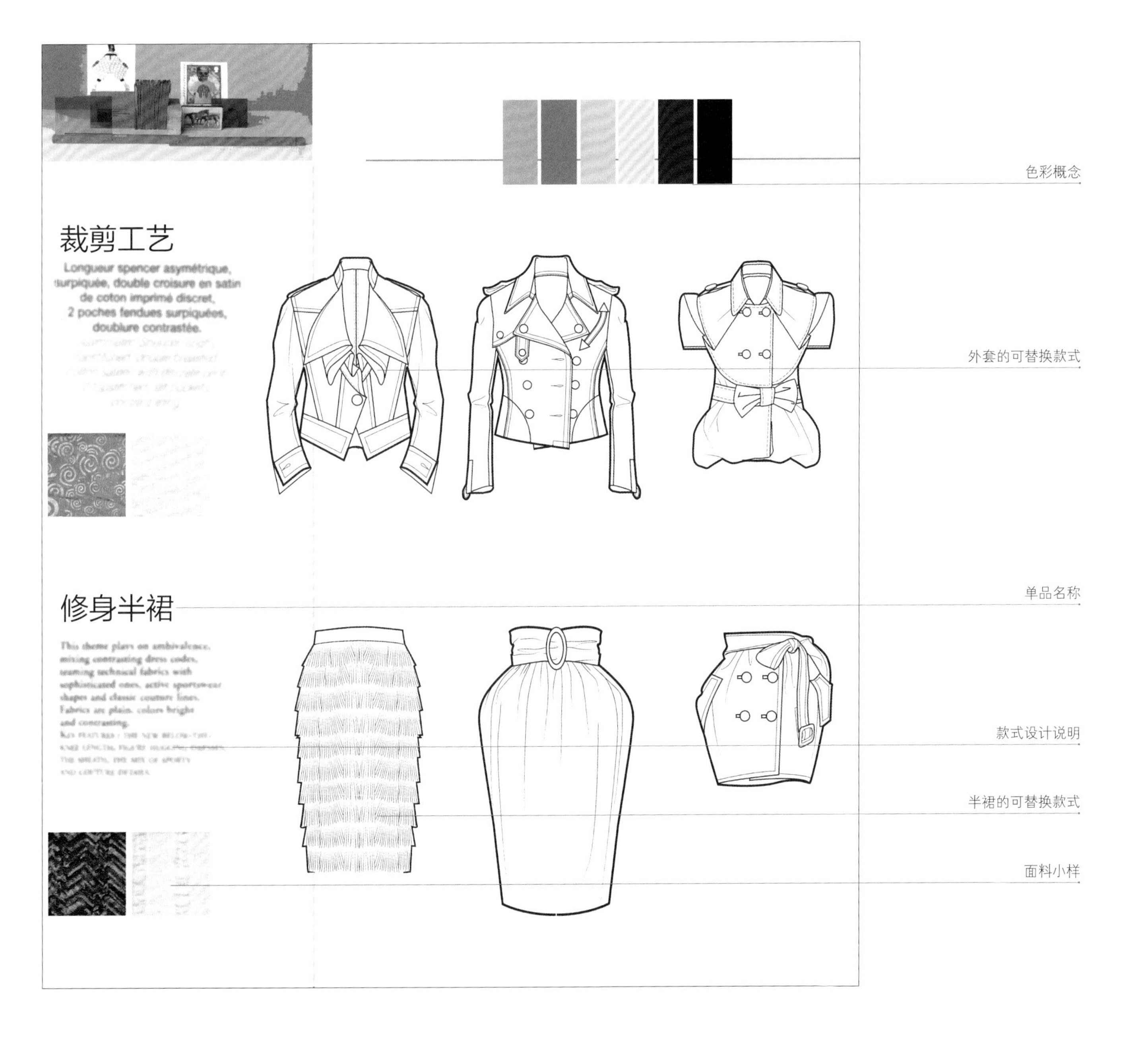

3.1.3 款式图手绘表现技法详解

款式图手绘表现有多种技法可选，例如单线平面图技法、单线立体效果图技法、色彩表现技法、面料拼贴法等，在商业设计中多采用最简单的单线平面图技法。这种技法简单易学、结构清晰、绘制简洁快速，是结构分析型款式图最常用的技法。使用这一技法需要做到两点，一是学会用线条表现各种结构细节；二是款式图必须左右对称、比例均衡。

单线平面图技法只用线条表现服装的平面效果，排除色彩与面料的干扰，能够最大限度地体现结构造型，精致的线条、准确的结构、详尽的细节是其最大的优势。

款式图需要尽可能地表现左右对称、结构精准的服装平面效果，画面歪斜、袖子一长一短、口袋高低不同的款式图容易产生歧义。

为了更好地表现服装结构，手绘款式图一般需要三种不同粗细的线条：最粗的是外轮廓线；略细一些的是面料接缝、省道、门襟、滚边、口袋等结构线；最细的是虚线表现的缝纫线迹、实线表现的罗纹等特殊面料示意以及拉链、纽扣等小配件。

▲ 参考图片

手绘款式图夹克正面表现步骤

1 绘制纵横两条直线，在画纸上锁定夹克的位置。

2 根据夹克的比例，画出肩线、领线、中线、下摆的位置，形成长方形框架，这一步骤要求抓准夹克的长宽比例。

3 根据款式勾勒服装的大致轮廓，这一步骤可以借助带刻度的直尺找准左右位置，以保证款式图的对称效果。

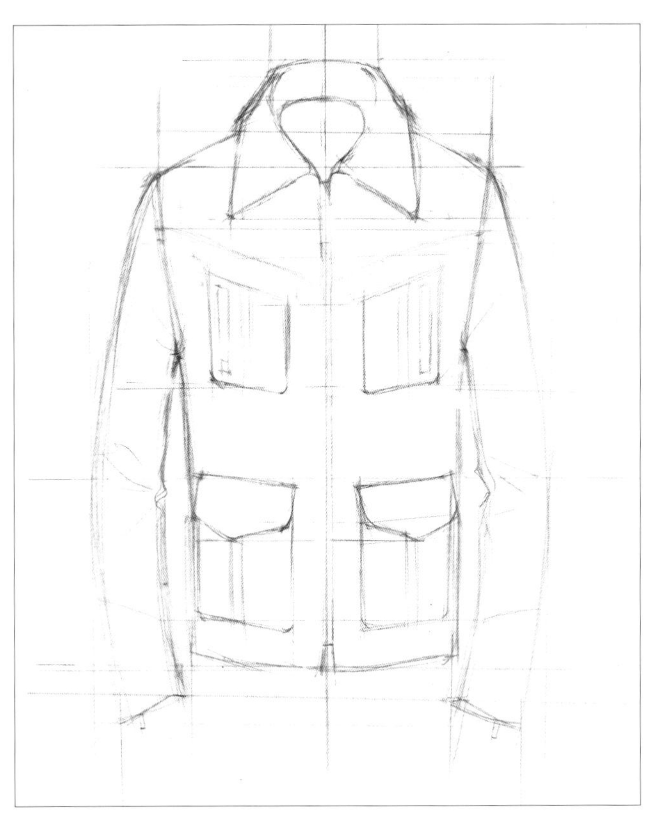

4 绘制破缝、口袋等细节结构线，不但需要找准位置、比例，还要注意结构样式。
另外要注意，所有的圆角，例如领角、衣摆角、圆角口袋等，都需要先绘制直角作为参照，再绘制圆角。

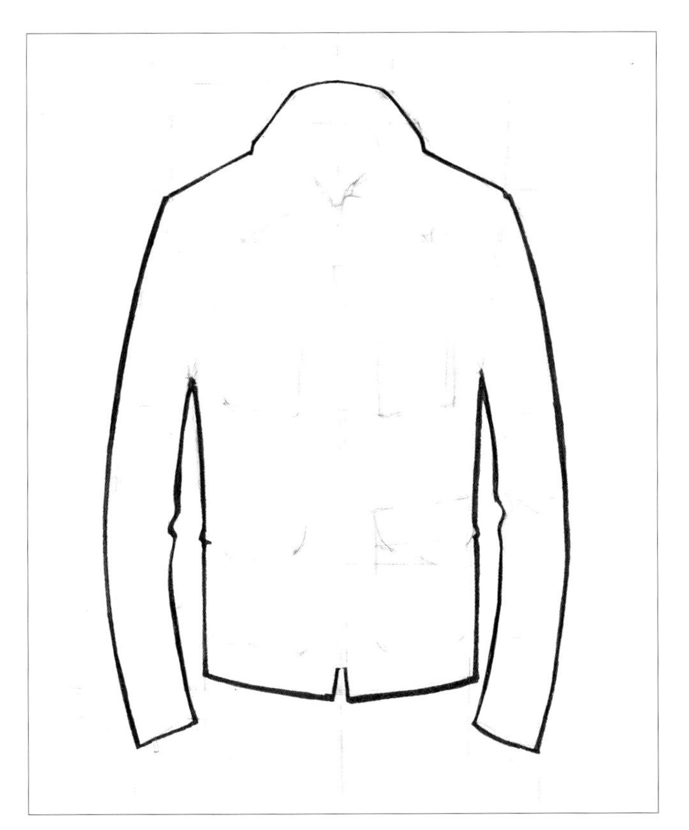

5 擦掉多余的铅灰，保留一点痕迹即可。
用较粗的扁嘴钢笔勾勒外轮廓线，注意口袋盖突出的细节。

6 用0.3mm勾线笔勾勒结构线，中缝拉链等较长的直线部位可以借助直尺绘制。

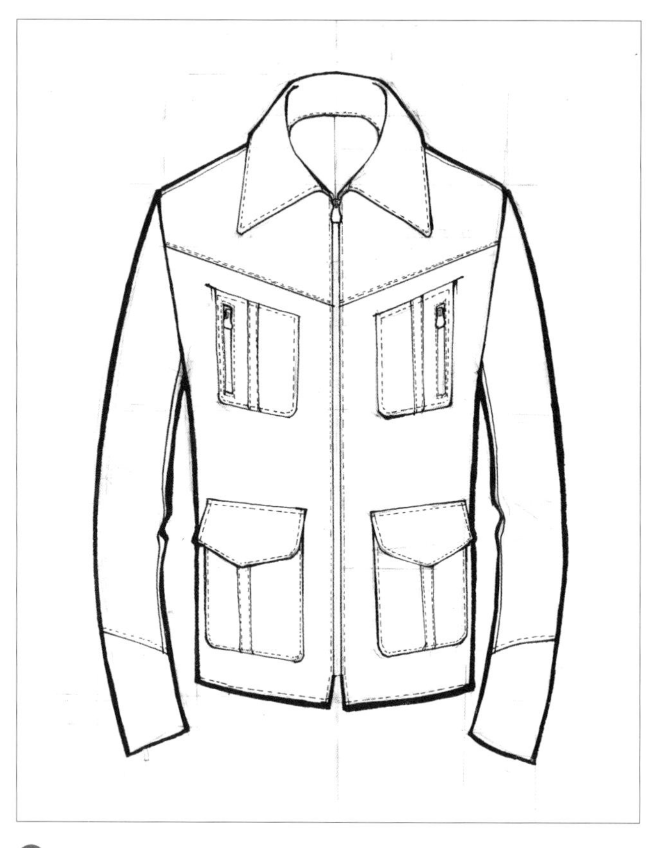

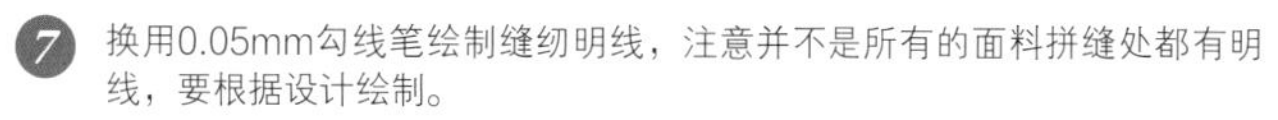

7 换用0.05mm勾线笔绘制缝纫明线，注意并不是所有的面料拼缝处都有明线，要根据设计绘制。

8 绘制拉链等配件，并在肘弯、腋下等处添加简洁的示意性褶皱。

▼ 细节示意方法

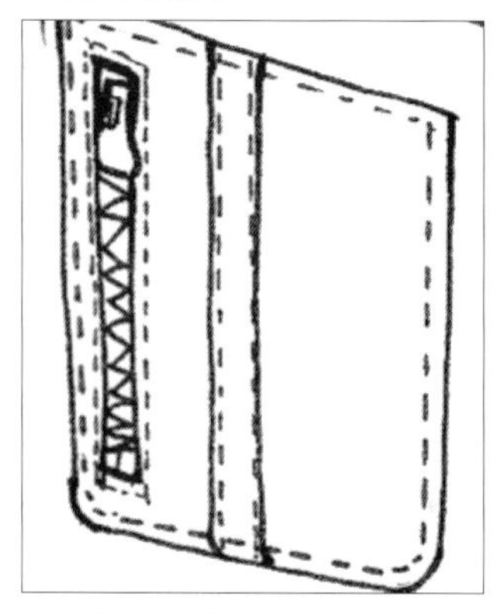

用Z字折线表现拉链，不要忘记绘制拉链头和拉链尾。

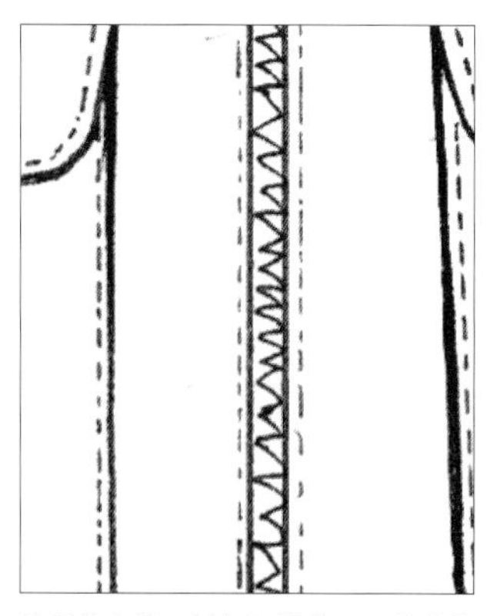

较长的直线，例如门襟线、口袋边线等，可以用直尺绘制。

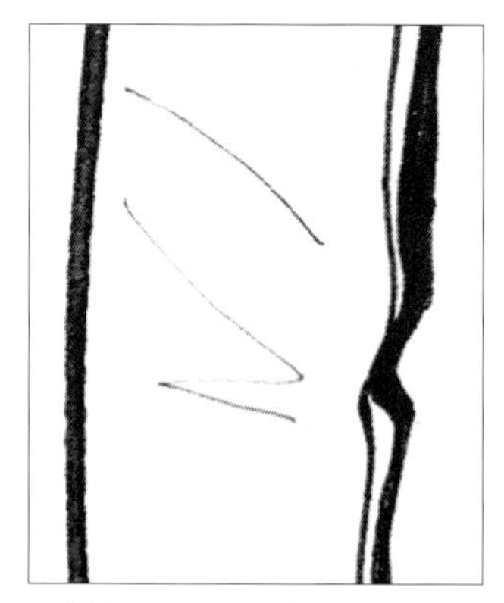

示意性褶皱不要画太多，简单的两道折线即可。

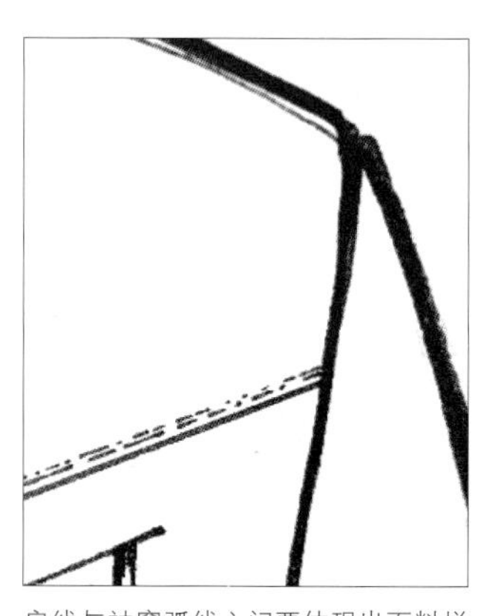

肩线与袖窿弧线之间要体现出面料拼缝的厚度感。

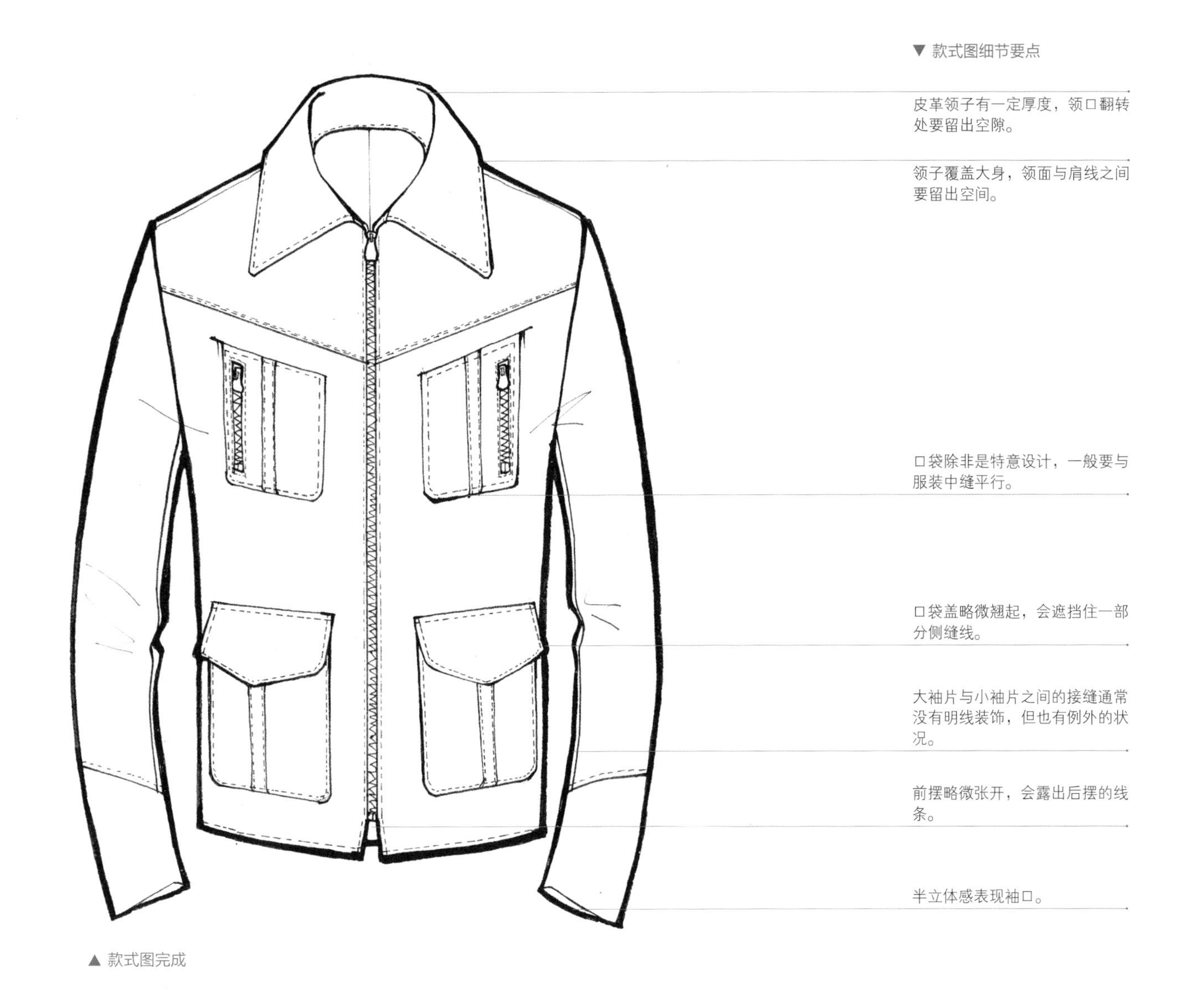

▲ 款式图完成

手绘款式图夹克背面表现步骤

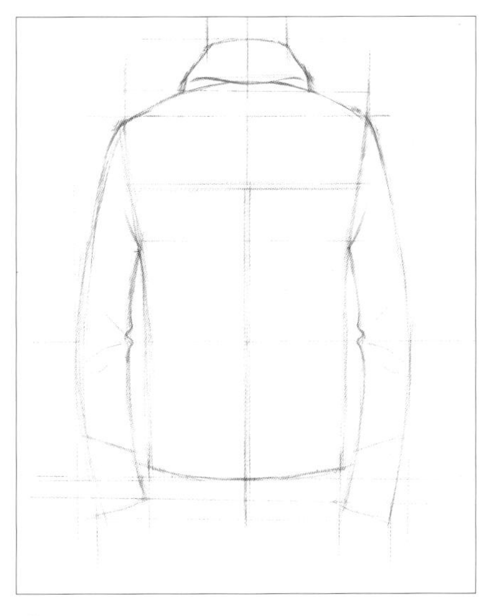

1. 绘制长方形框架，大部分款式的正背面可以使用同样的长宽比例。
2. 明确服装的款式特征，注意要和正面保持一致。
3. 用不同型号的勾线笔整理线稿，明确款式和工艺的细节。

3.1.4 款式图电脑表现技法详解

基于款式图严谨的特性，很多设计师喜欢用电脑软件绘制款式图。电脑绘制的款式图能够让服装的左右片结构完全对称，还能轻松拥有流畅圆顺的线条、丰富的色彩与真实的面料表现。在现代商业设计中，这种快捷、简便且容易修改的表现技法受到大量设计师的青睐。

电脑款式图常用工具

矢量绘图软件特有的精准与细微控制方面的优势，用于处理商业制图是非常合适的。

Adobe Illustrator

Adobe Photoshop

鼠标

扫描仪

WACOM 手写板

输入工具

一般情况下，建议用扫描或拍照输入服装的轮廓草稿，这一步骤主要是用于大致定位及规划草稿，并不需要太高的精度。

矢量软件

常用软件：Adobe Illustrator。矢量软件绘制的图像线条圆顺、没有噪点，而且可以无限制放大或缩小。

位图软件

如需填充材质肌理、制作特殊效果，建议用矢量软件绘制前期线稿，用位图软件（Adobe Photoshop）绘制后期效果。

结构分析型款式图电脑表现技法

结构分析型款式图是第一种常用电脑表现技法绘制的款式图，着重强调准确的比例、精致的线条和完善的细节。电脑绘制结构分析型款式图一般使用矢量绘图软件，这一类电脑软件不但能够绘制出圆顺、流畅的线条，还能够运用不同的工具协助设计师更加高效地工作。

1 绘制草图并扫描

简单绘制服装的轮廓草稿，将草稿扫描并导入电脑。

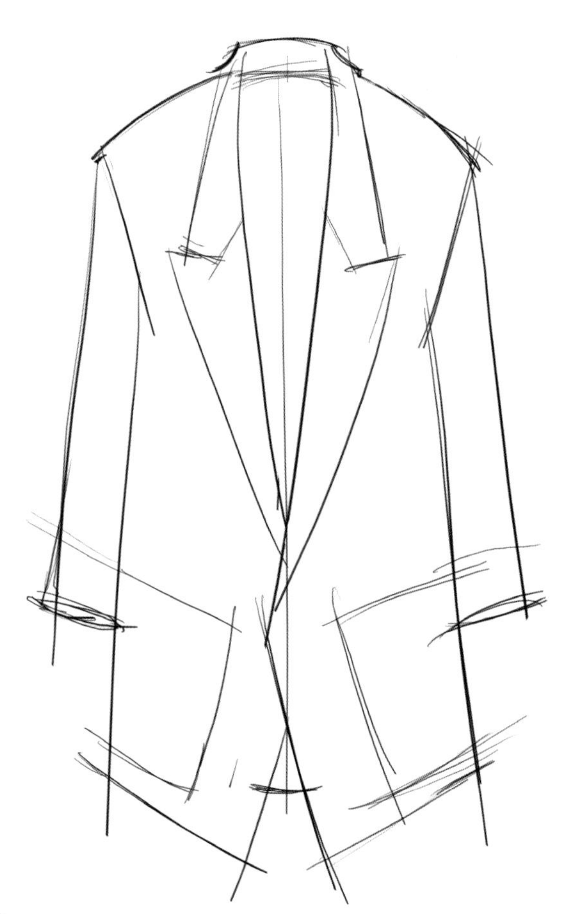

▶ 手绘西装款式图草稿

2 新建AI文档并置入草稿

通过这一步骤将草稿置入AI文档，作为后期绘图的参考。

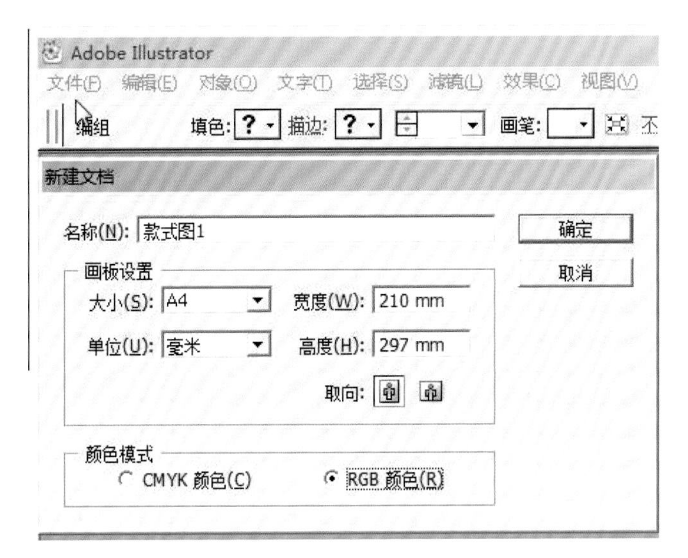

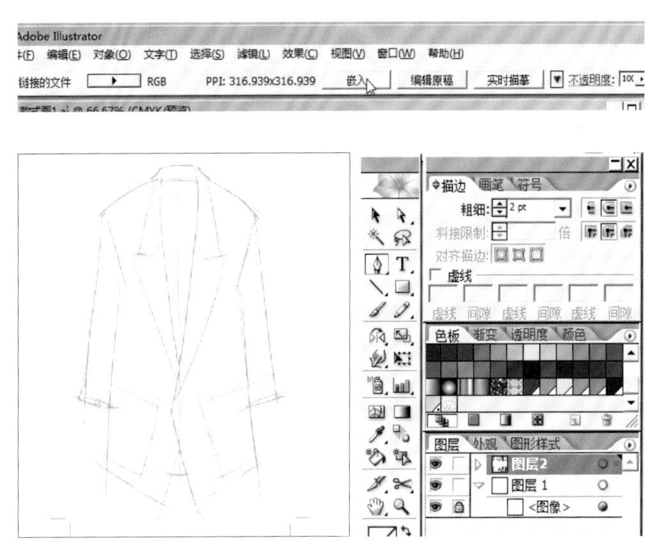

❶ 新建文档，将画板设置为A4大小，注意其他选项设置。

❷ 直接从文件夹中将扫描的草图拖入新建的文档。调整位置与大小，可以将属性栏上的不透明度选项调低，以免后期作画时草稿色彩太深，影响工作。设置完毕，可以单击嵌入按钮，将草稿置入AI文档。
最后在图层面板中找到刚刚置入的草稿图像，勾选左边的锁定按钮。

3 运用钢笔工具按照线稿绘制矢量线条

Adobe Illustrator矢量软件绘制款式图最常用的工具是绘制线条的钢笔工具，因此，学会应用这种工具基本就能够应对时装款式图的绘制。

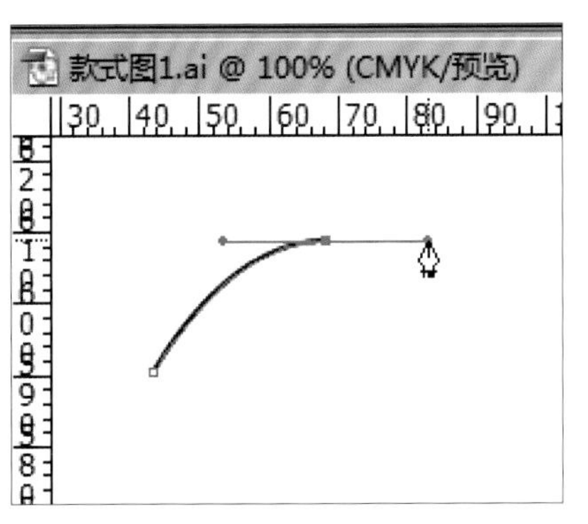

❶ 绘制矢量线条并不是依靠控制鼠标，而是调节图中的控制杆。
具体操作过程：首先单击创建初始锚点，然后在需要的部位单击第二个锚点并拖移鼠标拉出控制杆，这时两点之间就会形成圆顺的弧线。

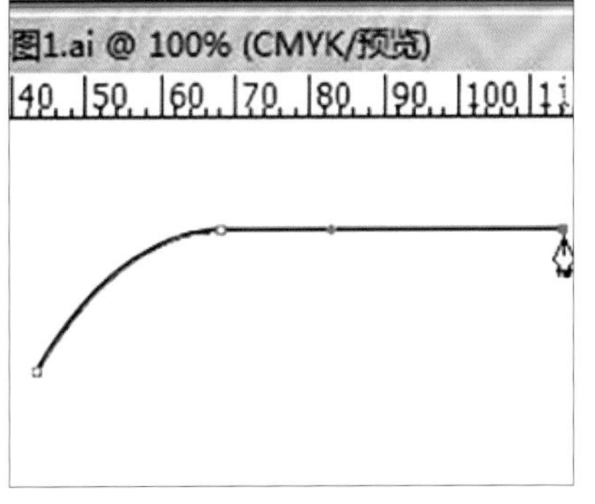

❷ 想要绘制直线更加简单，直接点击创建锚点，不拖移控制杆即可。如果想要绘制横平竖直的线条，可以按住键盘上的Shift键不放，同时单击创建锚点。

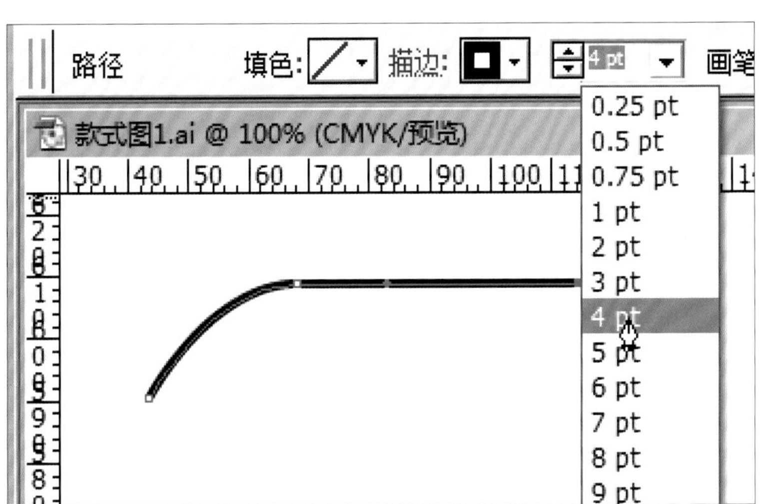

❸ 绘制好的线条可以随时调整粗细，在窗口上方的钢笔工具属性栏中，有描边粗细的选项。首先用选择工具选中线条，再在描边粗细的下拉列表中选择想要的粗细值即可。

4 根据草图绘制服装右侧的结构线条

运用钢笔工具，以服装前中心线为界，按照草图绘制服装右侧的结构线条。

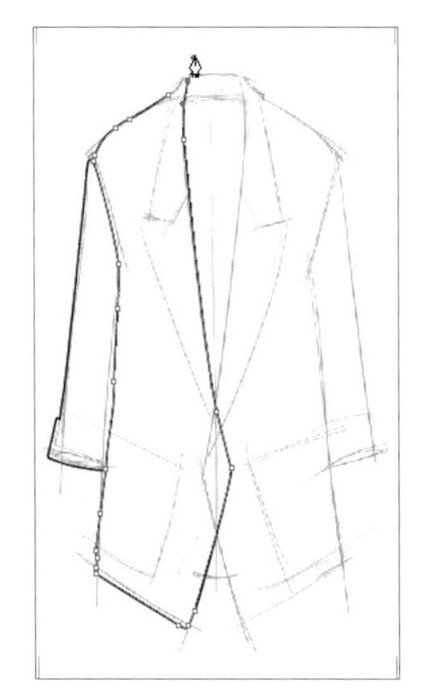

1 用钢笔工具，选择2pt的描边粗细绘制服装右侧的整个外轮廓。选择钢笔绘制时，当终点靠近起始锚点时，光标会自动出现一个小圈，此时点击就会形成一个闭合的区间。

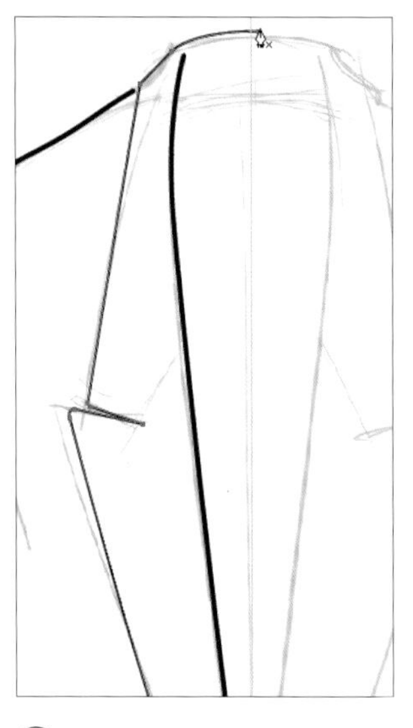

2 用钢笔工具，选择1pt的描边粗细绘制驳领轮廓。

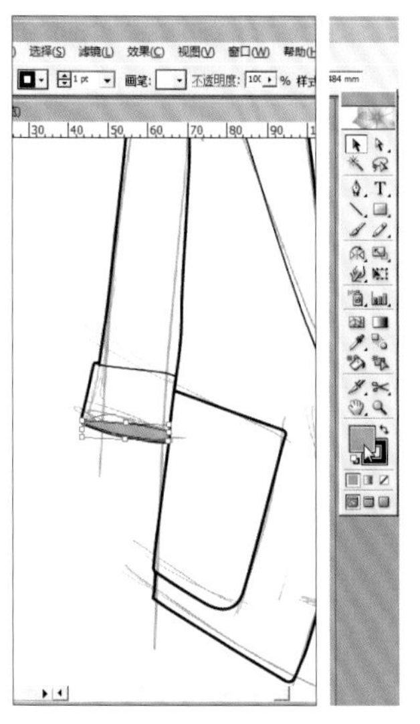

3 用钢笔工具绘制袖口。在工具栏下端有两个色彩选项，实心的方形图标是“填色”选项，空心的是“描边”选项，单击其中一个就会显示在上方，双击则打开“拾色器”对话框以供选择色彩。例如图中的设置是灰色填充、黑色描边。

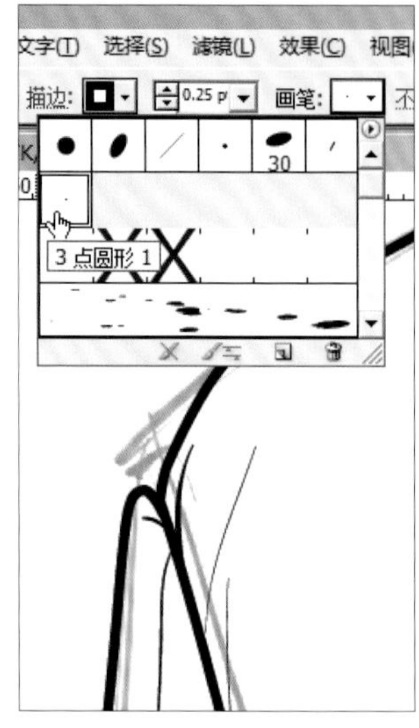

4 用画笔工具绘制肩部衣褶。选择画笔工具，在属性栏中点开笔尖形状的下拉列表，选择最细的圆笔尖，然后用鼠标单击并拖移就能够绘制线条，软件会自动将画笔绘制出的弯折线条修复圆顺。

5 运用钢笔工具绘制缝纫线

在结构分析型款式图中，一般采用较粗的实线表现外轮廓以及面料的接缝、拼接结构，而较细的虚线则用来表现制作服装形成的缝纫明线。

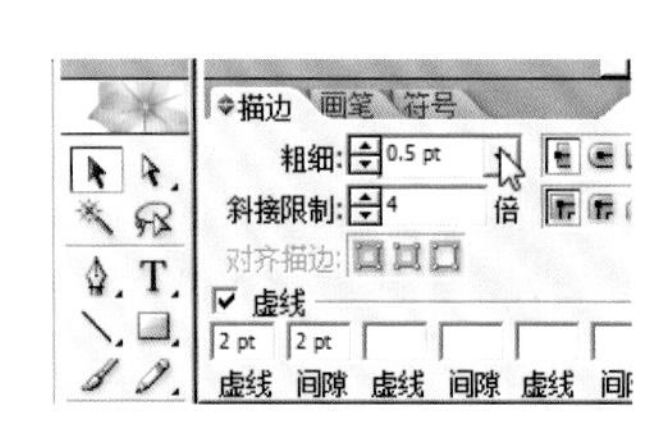

1 设置虚线。打开描边面板，设置描边粗细为0.5pt，勾选虚线选框，并在第一个和第二个选框中设置“虚线”和“间隙”数值同为2pt，这样就能形成最简单的等距虚线。

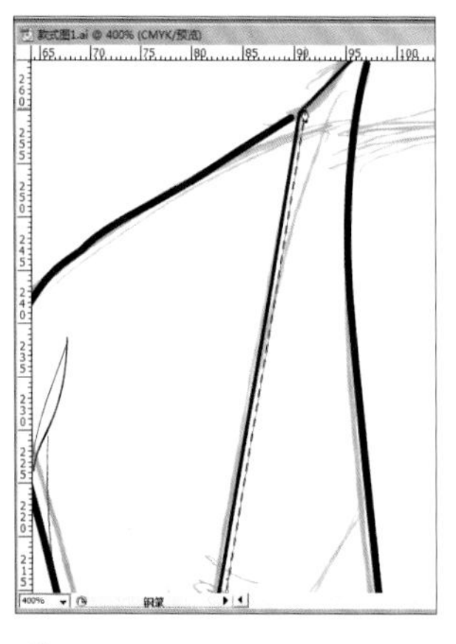

2 绘制驳领的滚边车缝线。注意只有在面料的边缘、接缝处才有可能产生车缝明线。

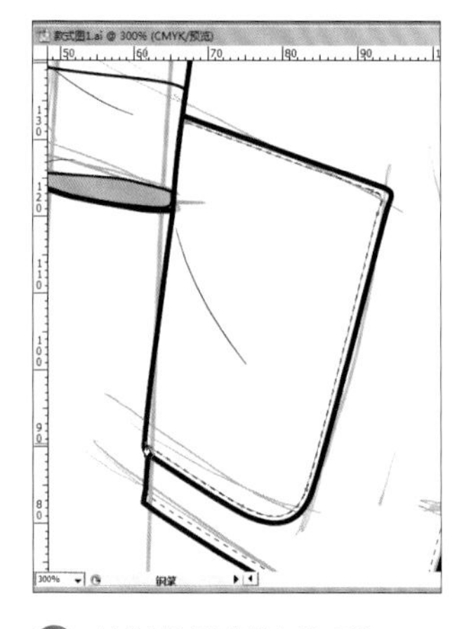

3 继续绘制贴袋的车缝明线。

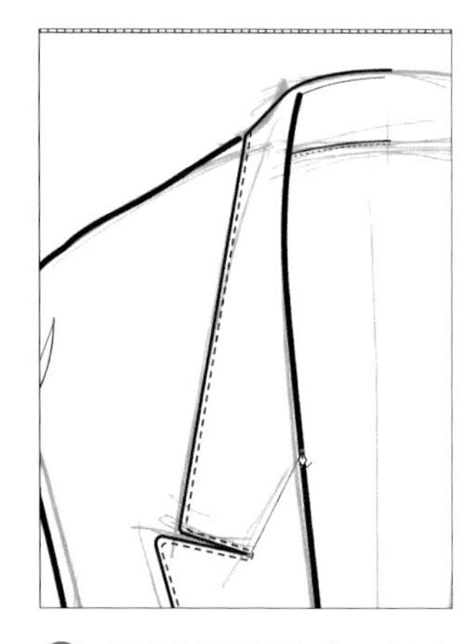

4 绘制驳头的接缝细节，注意这里的接缝没有车缝明线，因此只用一根较细的实线来表示细节部位的面料衔接。

6 运用镜像工具创建服装左侧的线条

镜像工具能够将绘制完毕的服装右侧线条完全复制到左侧，这就让款式图左右绝对对称，但是服装门襟部位并不是左右对称的，而是互相叠压的，因此需要进一步调整细节才能形成完整的款式图。

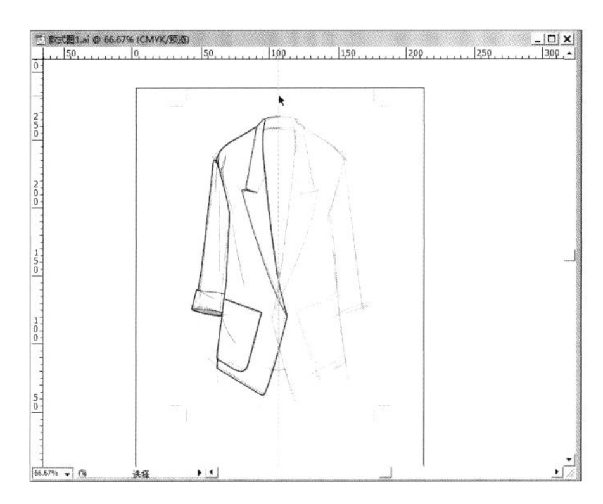

1 从窗口最左边的标尺中拖拽出一根参考线，然后将参考线拖拽到服装的前中心线处。

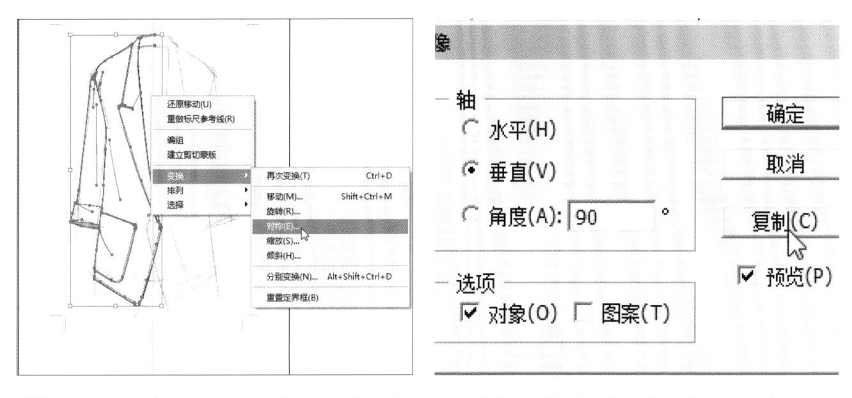

2 用选择工具框选所有线条，并点击鼠标右键，选择“变换-对称”选项打开镜像对话框，选择“垂直对称”并单击“复制”按钮。

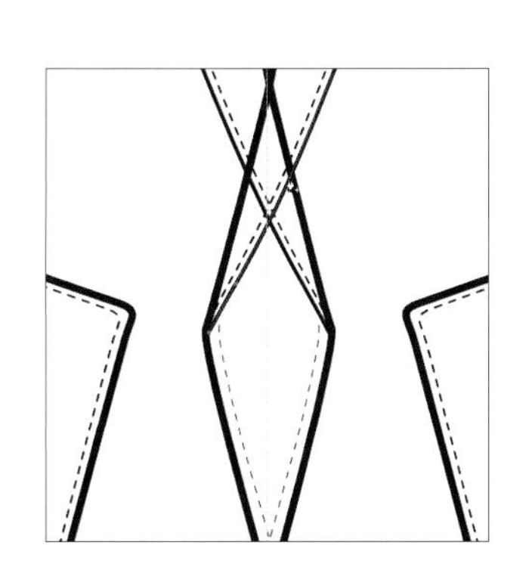

3 此时形成了对称的左衣片线条，按住键盘上的“→”键，让左衣片在中心线处与右衣片重叠。

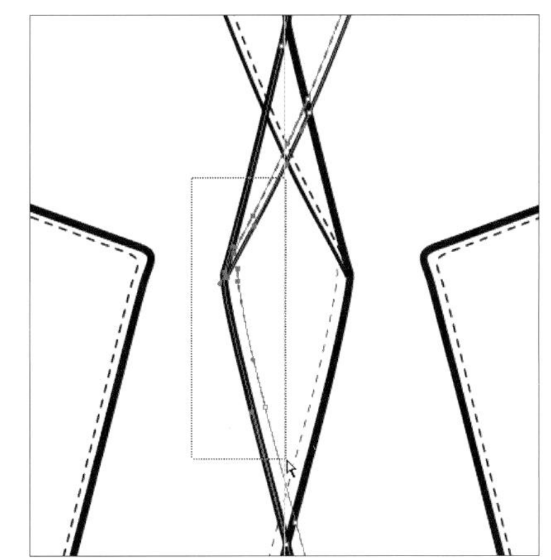

4 用选择工具选中重叠处的左衣片线条，换用钢笔工具放置在左右衣片交叠处，等光标变成带+号的钢笔时单击即可添加锚点。用这一方法为所有交叠处的左衣片线条添加锚点。
用直接选择工具选中左衣片应该被遮挡住的部分，并依次按“Delete”键删除，此时就会形成右衣片叠压左衣片的效果。

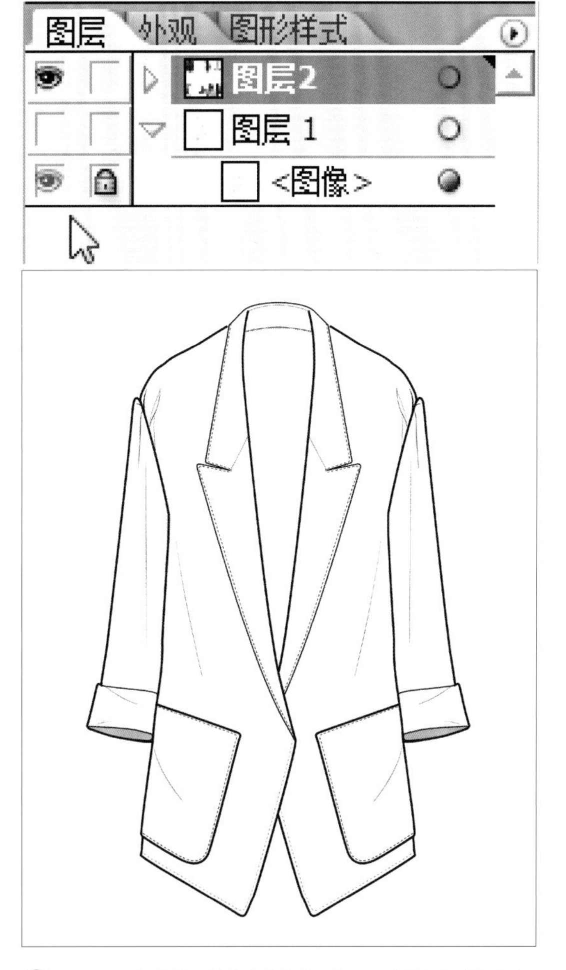

5 在图层面板中找到被锁定的草稿图像，取消锁定并删除草稿。

7 完善线稿

绘制纽扣、后摆、内衬等细节，完善线稿。

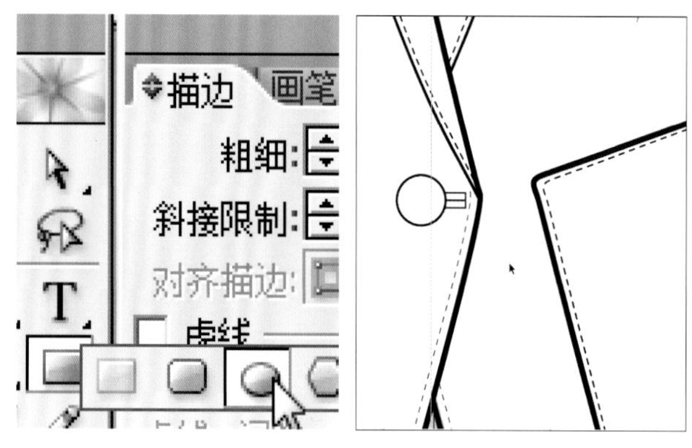

1 长按矩形工具按钮，找到椭圆工具，单击选中该工具。
用椭圆工具在纽扣位置单击并拖曳，可以绘制出圆形纽扣样式。如果按住“Shift”键的同时拖曳绘制，则可以绘制出正圆形。

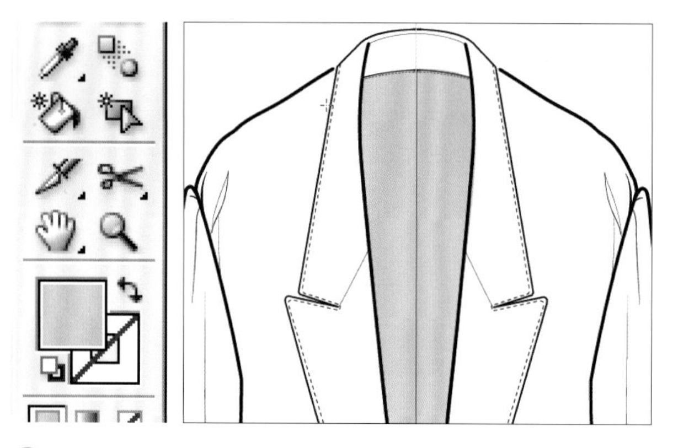

2 选择钢笔工具，先单击空心的“描边”图标，再点击右下方的“无”按钮，然后单击“填色”图标并选择浅灰色。这样就能够绘制只有色块而没有描边的部位，例如服装的里布。反之则可以绘制只有描边没有色块的样式。

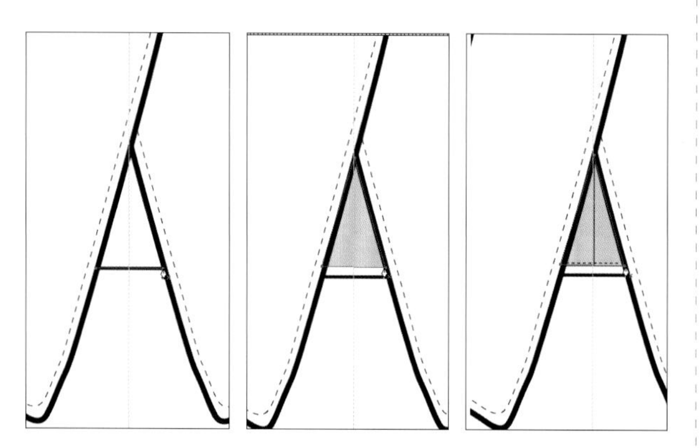

3 绘制后摆。
运用钢笔工具依次绘制轮廓线、里布色彩以及车缝线。

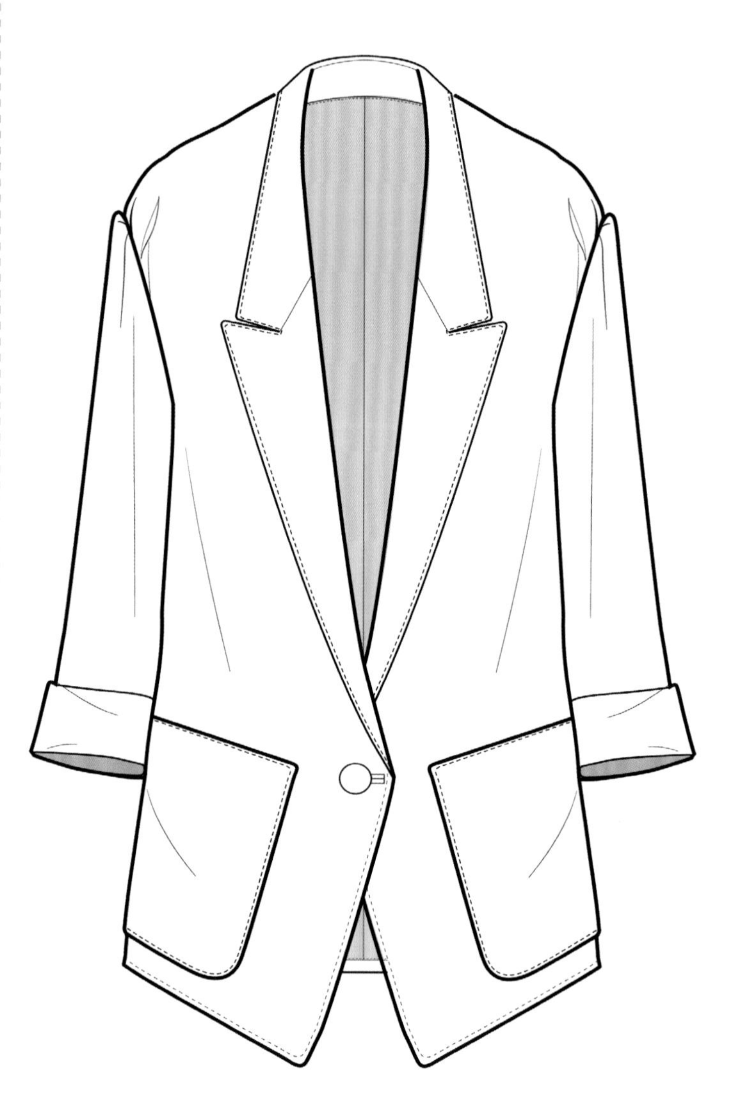

▲ 款式图完成

面料示意型款式图电脑表现技法

面料示意型款式图是第二种常用电脑表现技法绘制的款式图，在某些商业设计中几乎可以取代时装画。这种平面款式图具有严谨的结构线条，只需要在矢量软件绘制的线稿基础上运用位图软件填充面料，并用手写笔或鼠标绘制一些明暗变化即可完成。

该技法重点表现面料肌理，最后还会加上一些简单的褶皱明暗以表现质感。面料示意型款式图可以采用灰度图像模式，只提供面料搭配和应用的建议，不涉及色彩。这类款式图也常用于流行趋势预测。

1 绘制线稿

用Adobe Illustrator绘制夹克线稿。

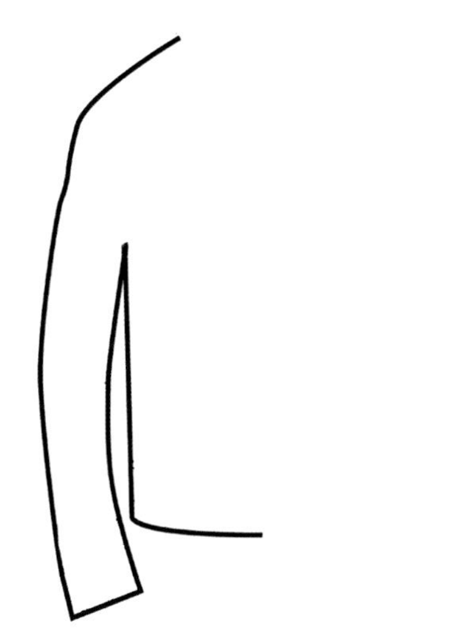

❶ 选择钢笔工具，用2pt描边粗细的线条绘制右侧衣片外轮廓。

❷ 换用1pt描边粗细的线条绘制袖子的分割线与扣襻细节。

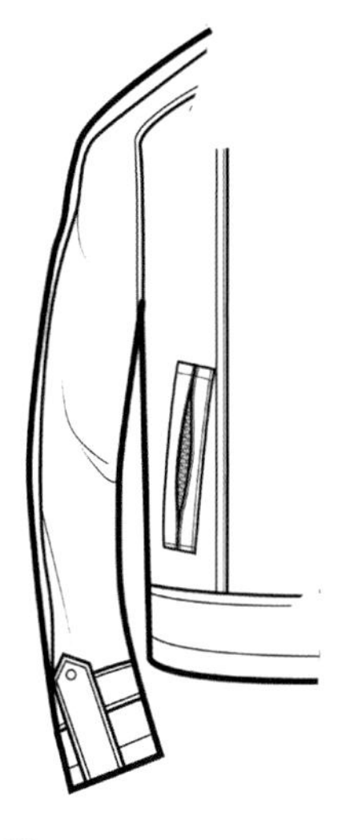

❸ 绘制夹克衣身的省道分割线、拉链口袋以及底摆拼缝线。

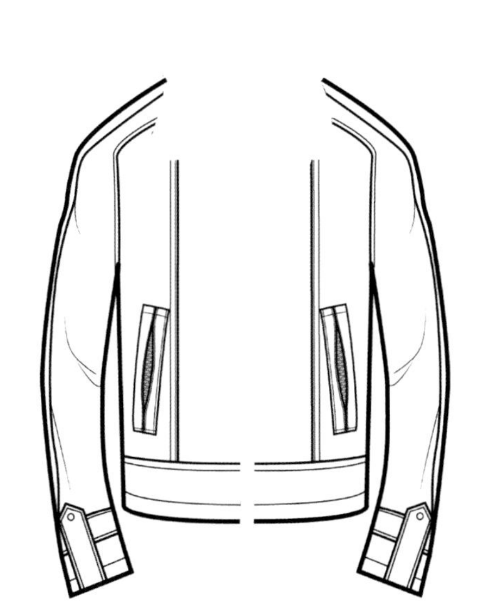

❹ 运用镜像工具复制右片，形成左片。

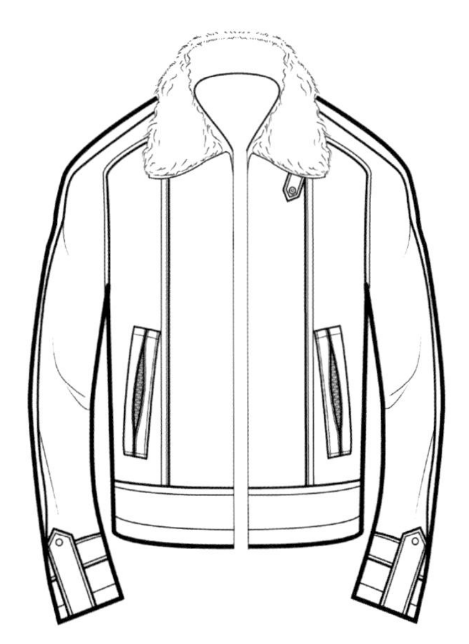

❺ 绘制毛领样式以及门襟拉链的外轮廓。

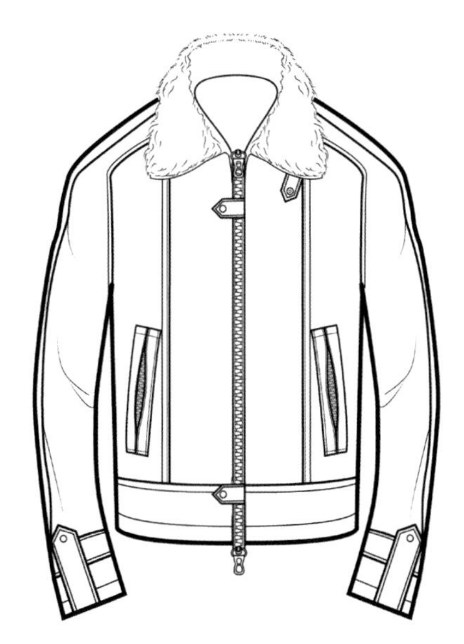

❻ 细致刻画拉链头和拉链齿。可以用简单填色表现拉链齿，也可以如图所示，制作一个二方连续图案画笔来绘制拉链齿。

② 新建Photoshop文档并将线稿置入

方法一：将Adobe Illustrator中的线稿图片用“选择工具”选中，按快捷键“Ctrl+C”复制。打开Photoshop软件，新建A4文档，按快捷键“Ctrl+V”粘贴，会弹出粘贴对话框，选择“像素”单击确定，就能够将完整的矢量线稿置入Photoshop文档。具体参见3.2.3章节的案例。

方法二：在Adobe Illustrator中，执行“文件-导出”命令，将绘制好的款式线稿存储为JPEG格式。打开Photoshop软件，新建A4文档，找到刚保存的线稿，用鼠标拖入Photoshop软件，置入为“线稿”图层，并将图层混合模式设置为“正片叠底”。

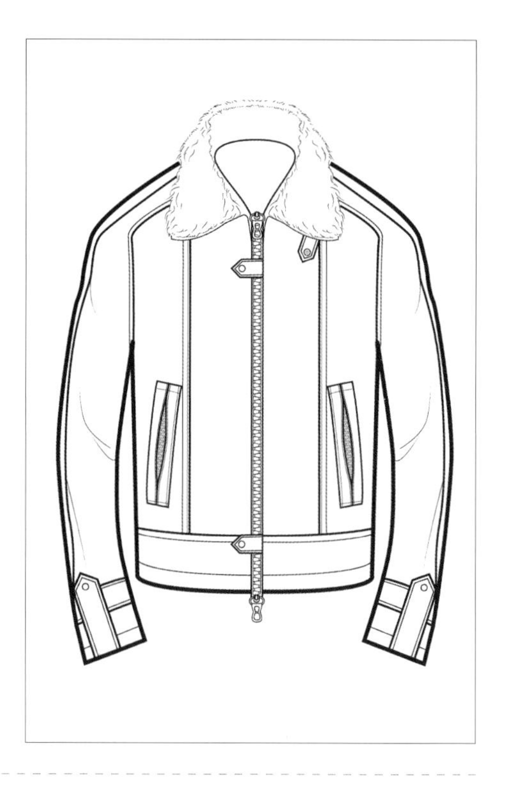

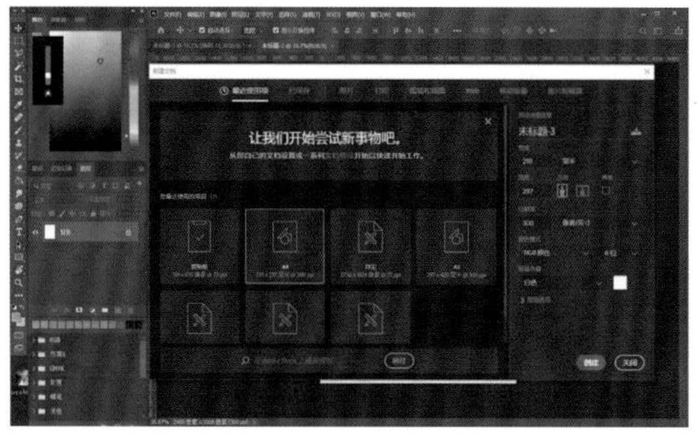

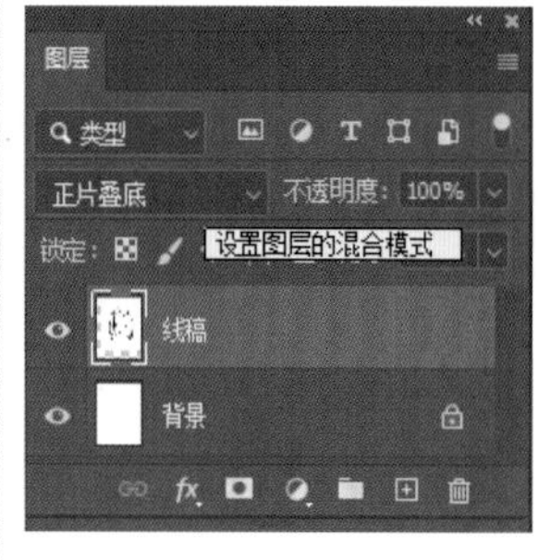

③ 制作面料素材

想要将循环图案的面料应用到线稿中，首先要将面料制作成Photoshop的图案。

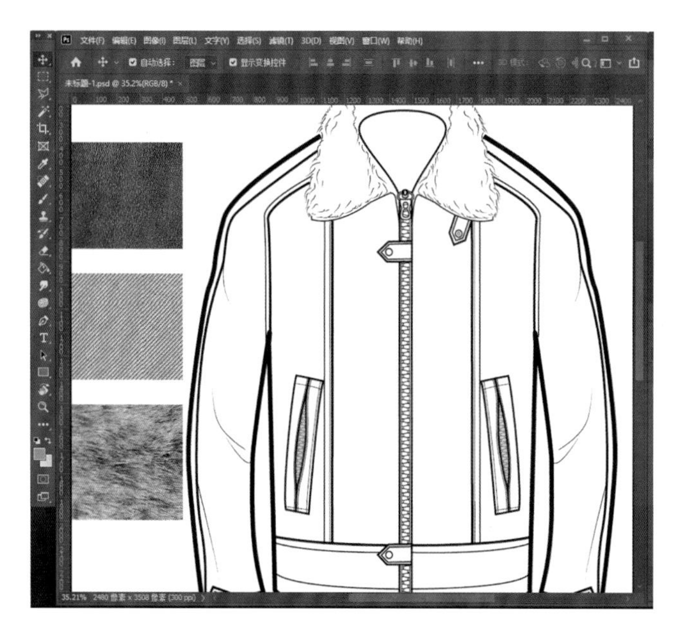

❶ 缩放面料到适合的大小。
将扫描的面料文件拖入文档。

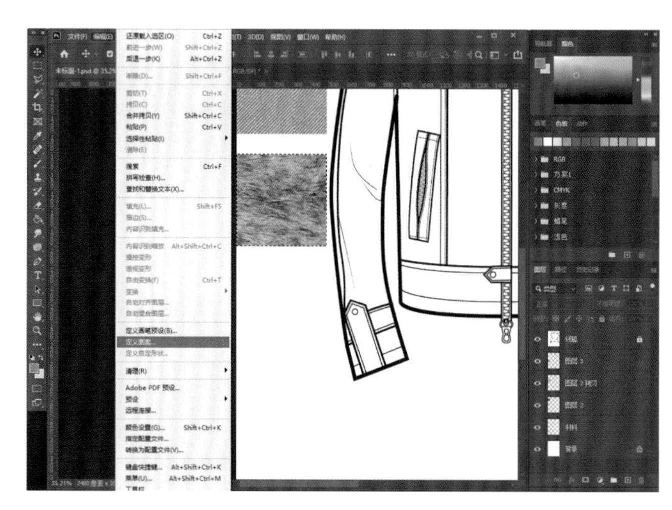

❷ 用矩形选框工具选中图案，执行“编辑-定义图案”命令，将调整好的面料设置为Photoshop的图案。

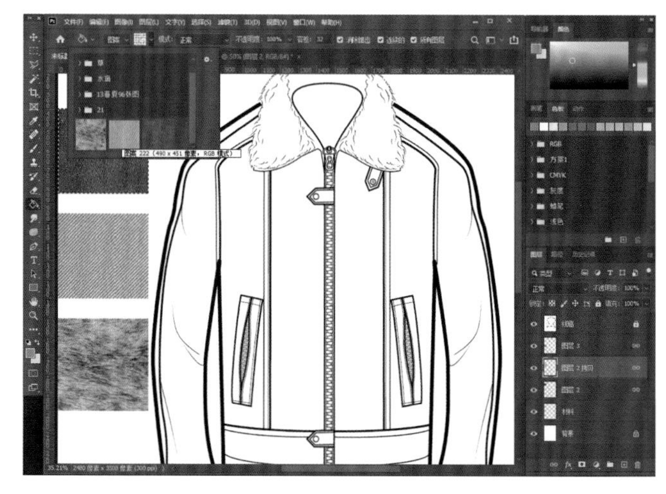

❸ 选择油漆桶工具，在上方的属性栏中选择填充图案下拉列表，可以在右边的图案库中找到刚刚制作好的面料素材。

④ 依次填充肌理

新建图层，根据设计依次填充材料肌理。最好每填充一种新的材料就新建一个图层。填充细节部分时，可以放大画纸，方便操作。

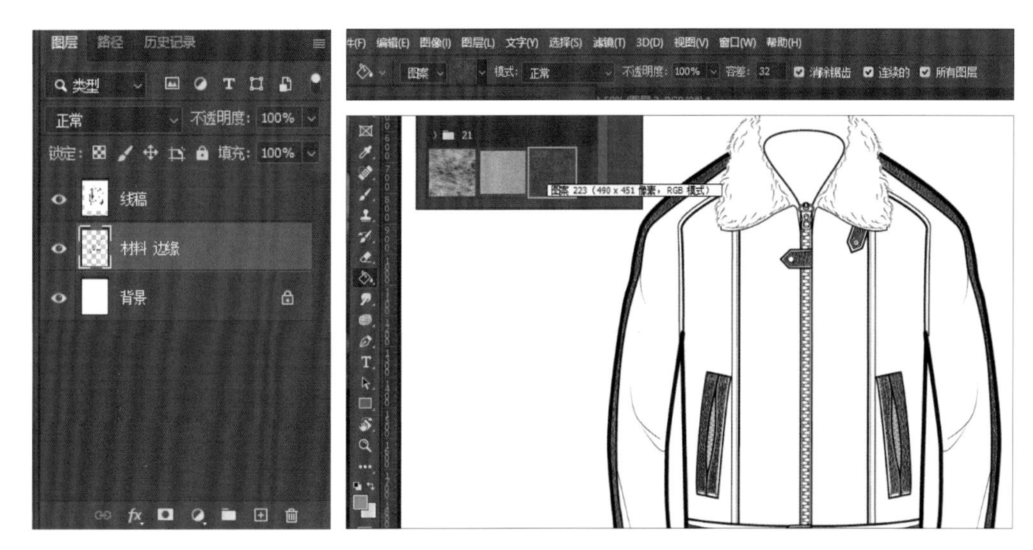

❶ 新建“材料 边缘”图层放置在“线稿”图层下，选择皮革材质用油漆桶工具进行填充，注意油漆桶工具的选项设置。

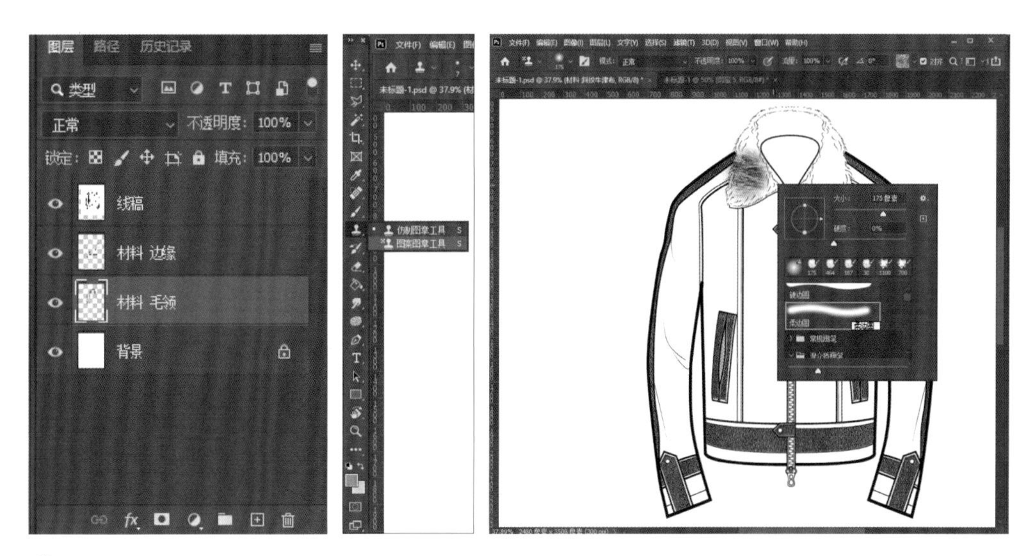

❷ 新建“材料 毛领”图层放置在“线稿”图层下，考虑到毛领边缘需要形成柔和的绒毛质感，一方面在绘制轮廓线时要表现出材质感，另一方面在填充肌理时也要使用“边缘模糊”的效果予以匹配。
选择“图案图章”工具，选择预先制作的皮毛肌理图案，选择“边缘模糊”的画笔，绘制毛领部分。

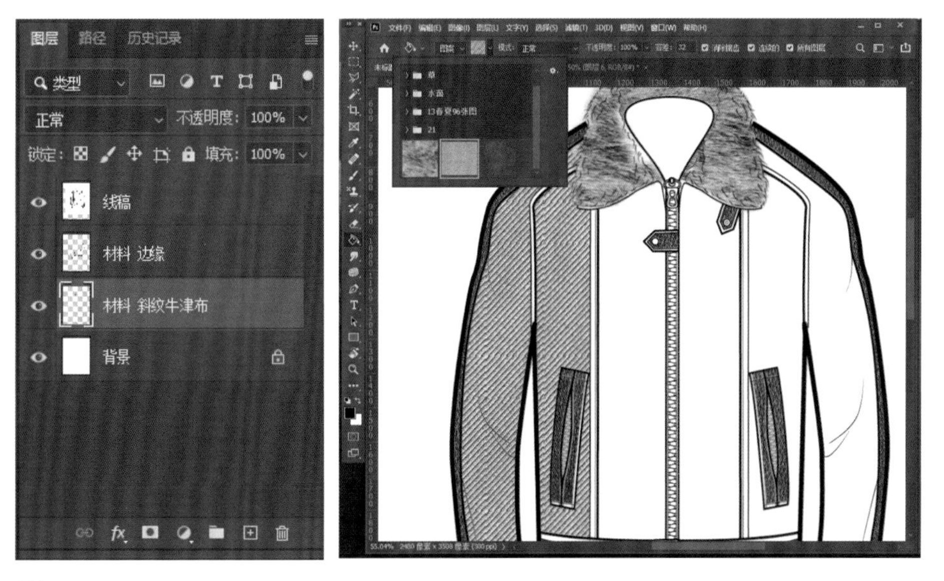

❸ 新建“材料 斜纹牛津布”图层放置在“线稿”图层下，使用油漆桶工具继续进行图案填充，选择预先制作的斜纹面料图案，依次填充所需部位。

5 绘制褶皱

绘制褶皱并不是为了体现面料的肌理、厚薄与材质特征，仅仅是为了丰富画面感，可以用简略的手法表现。

❶ 新建“面料暗部”图层放置在“线稿”图层下，并将图层混合模式设置为“线性加深”。

❷ 用多边形套索工具选中一小块区域，再用油漆桶工具填充10%灰色，就能够形成肘弯的褶皱样式了。
要注意，褶皱不用太多，尤其是在图案丰富的款式图中，因为过多的褶皱会影响图案的表现。

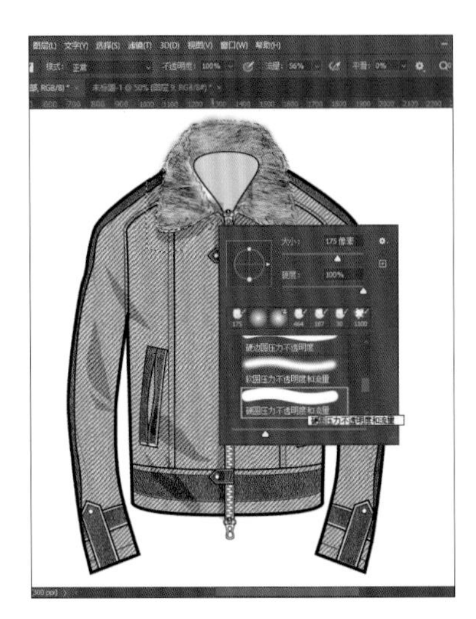

❸ 绘制毛领下方的阴影。可以用多边形套索工具选中略大一些的区域，选择“硬圆压力不透明度和流量”笔刷来绘制，形成有渐变感的投影效果。

▼ 完成稿的图层排序

TIPS 当前技法适用的范畴

· 流行趋势研发款式
· 新面料款式研究
· 设计师团队内部款式分析

▲ 款式图完成

色彩、图案示意型款式图电脑表现技法

色彩、图案示意型款式图是第三种常用电脑表现技法绘制的款式图。这种技法重点表现款式的色彩分割、图案设计，对面料肌理以及褶皱明暗等细节基本不予详述，其应用范围较广，既能表现复杂色彩，也能很好地表现面料图案。

本案例是将手绘线稿或Adobe Illustrator软件绘制的线稿置入Photoshop软件，进行填充着色并添加图案。如果只是单纯地绘制图案示意型款式图，可以直接使用Adobe Illustrator软件。

1 绘制线稿

运用Adobe Illustrator绘制结构分析型款式图。

2 新建Photoshop文档并将线稿导入

在Adobe Illustrator中，执行“文件-导出”命令，将绘制好的款式线稿存储为JPEG格式。打开Photoshop软件，新建A4文档，找到刚保存的线稿，用鼠标拖入Photoshop软件，置入为“线稿”图层，并将图层混合模式设置为“正片叠底”。

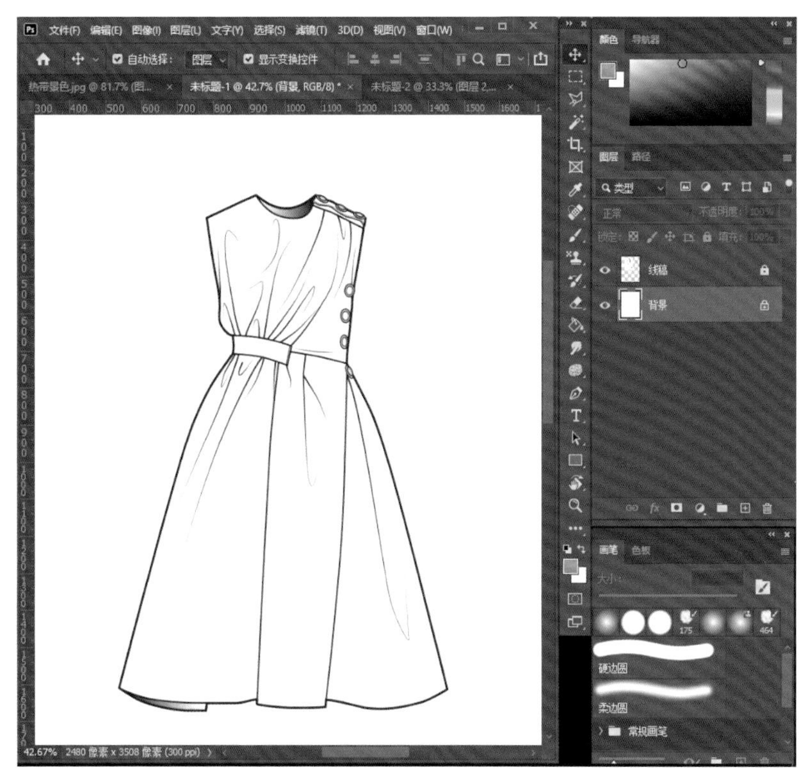

3 制作图案

准备图案文件。一般情况下，图案文件可以用Adobe Illustrator绘制，也可以在Photoshop中用尺寸较大、分辨率在300dpi以上的画纸绘制，当然，手绘也是可行的，不过同样要选择较大的画纸。例如本案例中用于裙摆的图案，在Photoshop中可以使用A2大小的画纸，手绘则可以使用4K大小的画纸。

使用电脑软件绘图时，建议将图片存储为透明底色的PNG格式。

4 填充色块

新建不同的图层，用油漆桶工具填充色彩。

1 新建图层，放置在“线稿”图层下。依次给裙子和配件着色，建议为每一个色彩新建一个图层，这样能够为修改、换色提供便利。

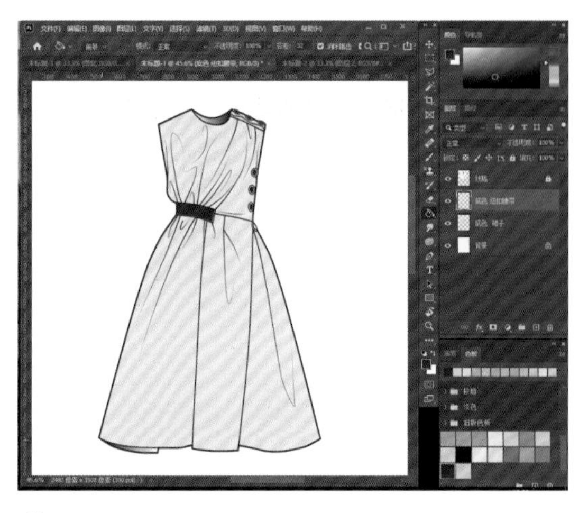

2 在色板中选择色彩，用油漆桶工具单击需要填色的部位并填充色彩。
填色前，油漆桶工具要在属性栏上勾选“所有图层”及“连续的”选项。

5 添加图案

添加“图案”图层，放置在“线稿”图层下、“底色”图层上。

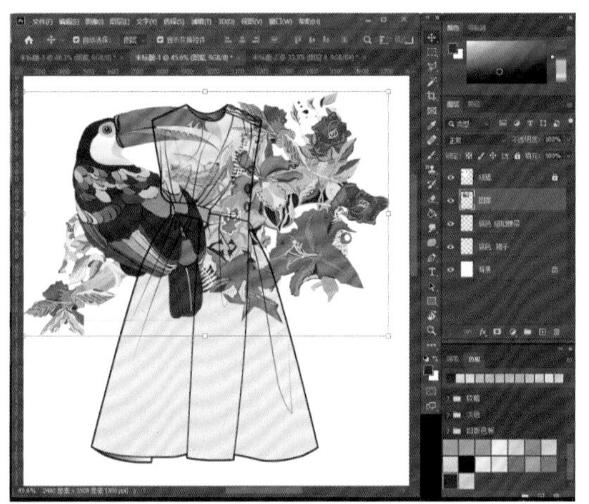

1 将制作好的图案置入款式图文档，生成“图案”图层，放置在“线稿”图层下。

2 将图案缩放到合适的大小，用选择工具移动图案到合适的位置。

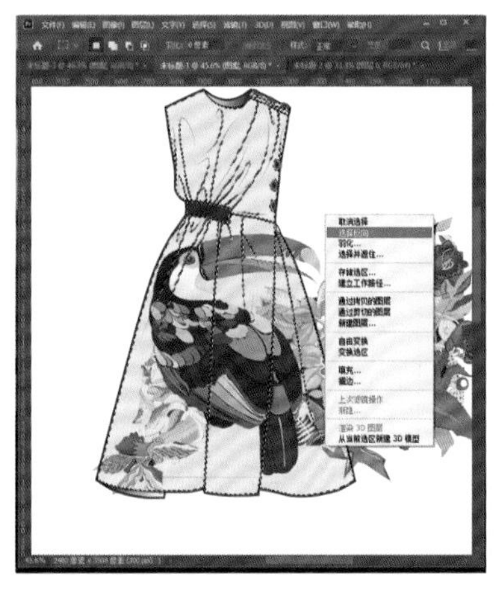

3 用魔棒工具选中“底色”图层建立选区，然后单击鼠标右键打开快捷菜单，执行“选择反向”命令，调换选区范围。

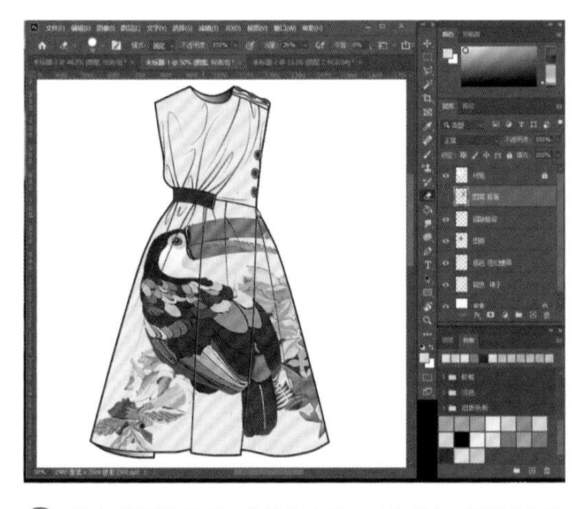

4 选中“图案”图层，按快捷键“Ctrl+X”剪切，再按快捷键“Ctrl+V”粘贴，选区中的对象会自动分离到一个新的图层上，将新图层命名为“图案 背面”，关闭图层缩略图前的可视化按钮（眼睛图标按钮），暂时将这一图层隐藏，留到绘制该款式背面时再使用。

6 绘制褶皱

绘制褶皱并不是为了逼真地体现面料的肌理、厚薄与材质特征，仅仅是为了丰富画面感，可以用简略的手法表现。

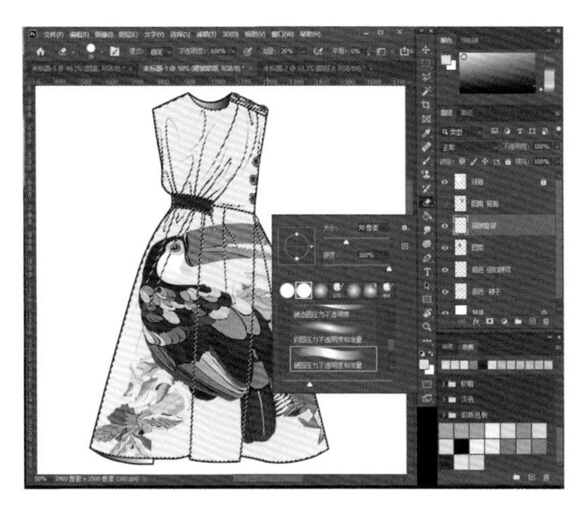

1 新建“褶皱暗部”图层放置在“线稿”图层下，并将图层混合模式设置为“线性加深”。将“底色”图层内容载入选区，在选区中进行绘制。选择有流量和不透明度变化的笔刷来绘制褶皱。

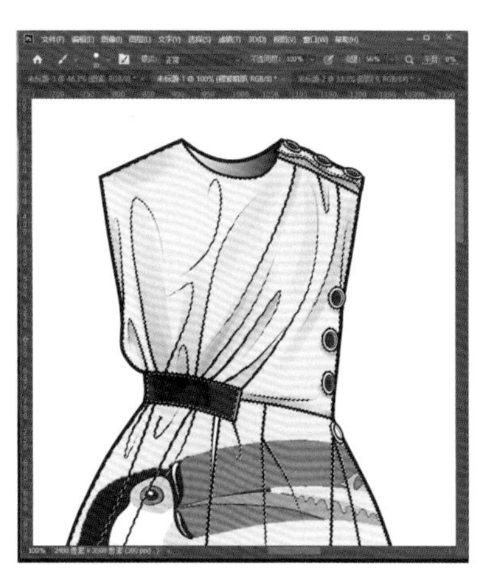

2 依次为腰部褶皱、纽扣和结构线绘制阴影。

3 裙摆褶皱面积较大，建议用多边形套索工具选中阴影区域后，再将笔刷调大进行绘制。

▼ 完成稿的图层排序

TIPS 当前技法适用的范畴

- 商业产品开发
- 图案与纺织品设计

▲ 款式图完成

3.1.5 款式图细节结构表现方法

单线平面款式图既不同于效果图的简约概括，也不可能像照片一样真实精确。因此，设计师在绘制时应更多地考虑如何用示意性的线条表现各种细节结构特征，使款式图尽可能的简洁、精准，以便与观看者进行视觉化的沟通。

① 面料厚度表现

用线条表现面料的厚度是绘制款式图时需要重点强调的细节。按照一般规律，越厚实的面料转折处越圆润，褶皱越稀少、挺括，边角越柔和，面料拼缝处会形成凹陷；薄的面料则与之相反。

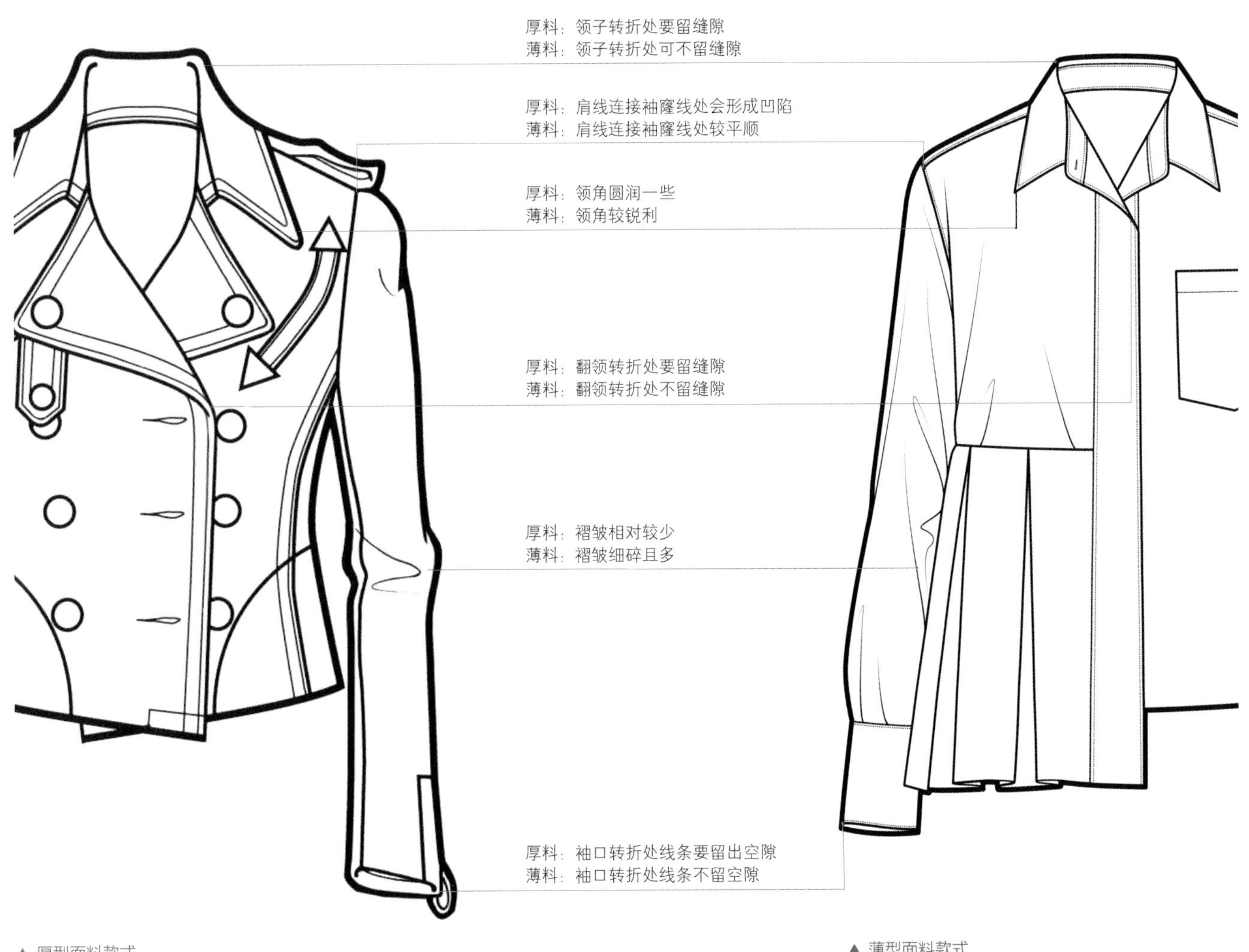

▲ 厚型面料款式　　▲ 薄型面料款式

2 褶皱表现

在款式图中，褶皱表现不需要完全写实，只要根据褶皱规律绘制出褶皱的基本形态和大致走向即可。

▲ 捏褶　▲ 荷叶边　▲ 抽褶　▲ 定型褶（百褶、箱褶）

3 工艺细节表现

款式图的工艺细节包括结构线、缝纫线以及时装上的各种配件辅料，例如纽扣、滚边、罗纹、皮筋缩缝、腰带等。

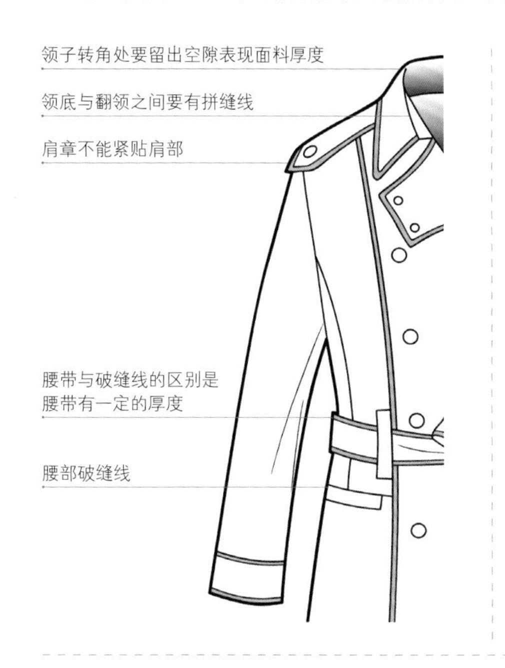

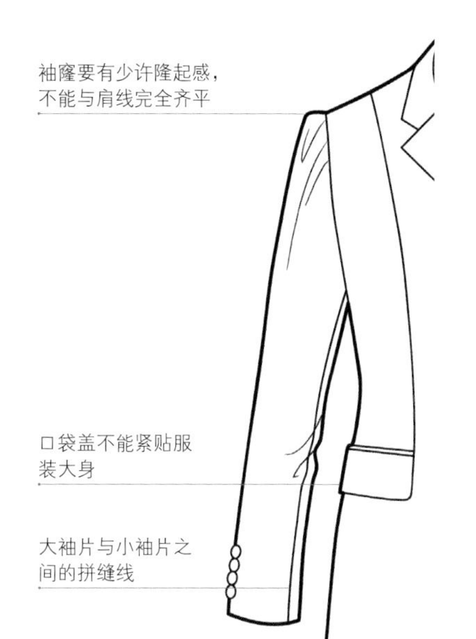

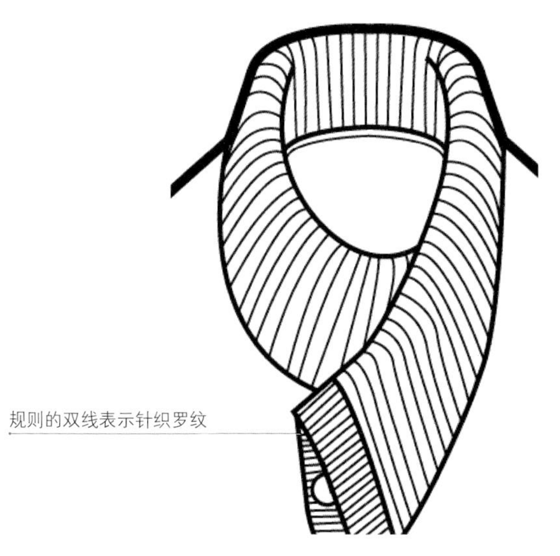

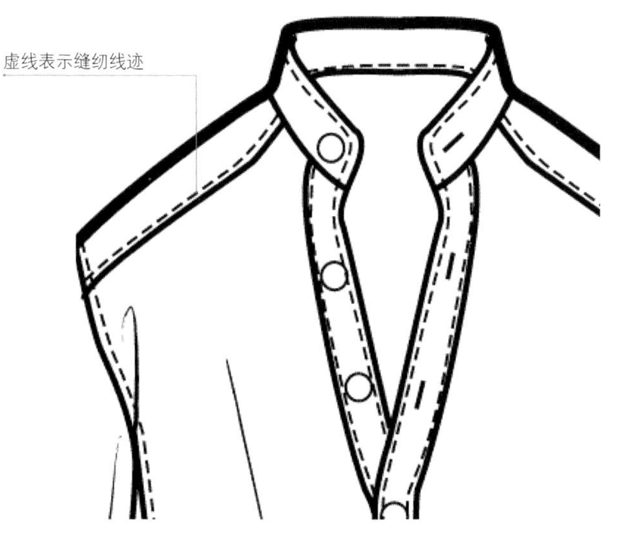

3.2 时装效果图的绘制与表现

作为一名设计师，效果图的绘制与表现是最基础的能力之一。设计师最终的工作是将创意与想法物化成以系列为单位的时装，整个过程要从效果图的绘制与表现开始。基于这个目的，效果图的绘制与表现可以分为三个阶段：一、用规范的图示语言表达想象中的服装穿着效果，包括面料材质、光影、模特形象等；二、绘制技术熟练起来，开始产生一定的偏重，整个画面有主有次，层次分明；三、逐渐形成个人风格，效果图不但能表现穿着效果，更带有一定的艺术感，形成设计师的个人风格，进而转化成为名片一般的存在。

3.2.1 什么是时装效果图

能够在时装设计实现之前，用绘制的方式预先表现出成品大概构成样式的图片，可以称为效果图。效果图是一切设计活动的开端，只有在效果图阶段获得认可的设计才有可能最终实现良好的成品。

在时装设计中，效果图一般根据用途被分为三类：商业效果图、创意表现效果图和时装插画。

① 商业效果图

商业效果图的商业意义高于艺术创作意义，通常用于标书、流行趋势预测报告、设计交流报告等方面，要求在款式的颜色、材质、结构、比例等方面与制作完成的时装尽可能一致。

从使用目的上来看，商业效果图又可以被分为两类。

一类是直接绘制款式的成衣效果图。这类效果图为了节约时间，更多的是集中注意力解决设计问题，只绘制单品款式。其针对的观众一般是版师、工艺师及设计师团队。

另一类是关注整体搭配的穿着方式效果图。这类效果图一般精益求精，在保证图像表达的准确度之外，还要求其有很好的完成度，包括模特妆容、配饰、服装的穿着效果、面料的光影感等。这类效果图一般会出现在流行趋势预测报告或是商业标书中。由于观看对象的高标准、严要求，这类商业效果图必须具备非常好的观感。

▲ 用于系列产品开发的商业效果图

一般只绘制单品款式效果，且会标注精准的染色色卡、图案设计、尺寸规格和套色配比等。

（作者：赵晓霞、刘婧怡、王慧等）

用于商业标书的商业效果图 ▶

一般重视整体版式效果的设计，其要求的重点在于：图案设计、色彩设计要标注清楚色号，面料尽量使用实物展示，要绘制穿搭效果、标注细节工艺。这种绘制+标注的形式能够更加精准地表明设计师的想法。

这类作品的观看对象是甲方等非专业人士，因此要尽可能地展现作品的可实现性。

用于流行趋势预测的商业效果图 ▶

对画面效果的要求比较高，人物绘制效果、服装的肌理质感乃至配饰等细节既要有可观赏性，又要有精准的效果表达。设计师应尽可能形成一定的个人风格以增加图纸的观赏性和艺术性，同时要标注效果图中使用的面料小样（一般是实物照片）、图案设计、细节、配饰参考等，这样不仅能更好地呈现效果预期，也能够增强设计作品的说服力。

这类作品的观看对象一般是项目甲方、设计师及项目团队工作人员等。

② 创意表现效果图

这一类作品的艺术性介于商业效果图和时装画之间，既能够表达设计师的创意灵感，又拥有一定的审美性、趣味性。作品的目的一方面是为了对未来即将形成的设计作品进行前瞻性描绘，另一方面也是为了符合创意作品的风格。这种效果图本身就有强烈的艺术感和排他性，其观看对象一般是创意设计大赛的评审、高等院校入学面试官、专业媒体等。

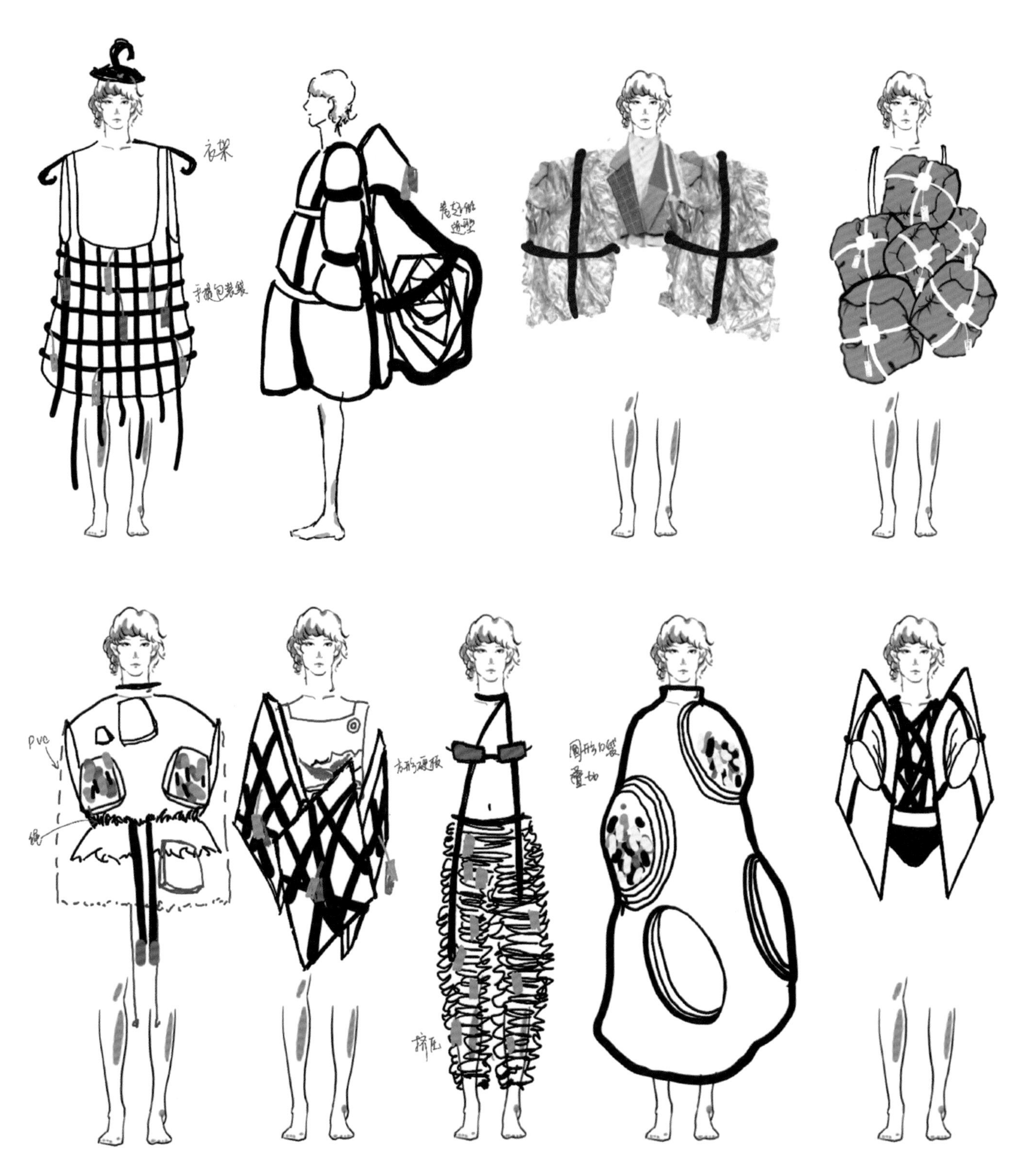

▲ 衡玉格创意设计作品

③ 时装插画

时装插画可以说是脱离服装设计产业的独立的插画艺术作品，其本身就是具有一定美感的艺术作品。

时装插画的主题、绘制技法、工具材料均无限制。画家在创作过程中可能会面临具体的项目要求，例如出版物约稿或品牌要求的固定主题插画创作，但这一类要求仍然有非常大的创作空间留给作者。

▲ 电脑时装插画（Photoshop软件与手绘板，企业约稿）

▲ 水彩时装插画（出版物约稿）

▲ 水彩时装插画（封面创作）

▲ 水墨时装插画（封面创作）

3.2.2 效果图手绘表现技法详解

手绘表现技法十分丰富，根据着色工具的不同可以分为水彩技法、水粉技法、马克笔技法、彩色铅笔技法等。在绘制效果图时，这些技法可以根据需要综合使用，其中最为常用、最具表现力的是水彩综合技法，一般以水彩颜料为主，根据需要添加马克笔、彩色铅笔、水粉等工具，以丰富画面效果。

系列设计时装画的手绘表现技法与单张时装画的手绘表现技法大致相同，因此，学习系列设计时装画的手绘表现首先需要学习单张时装画的手绘着色基础技法。在本章节，手绘着色基础技法选择水彩作为主要工具，简单分为8个步骤，根据步骤逐步完成绘制，并有效利用画纸的干湿度来表现丰富的画面效果。

① 绘制线稿

在水彩技法中，线稿既可以运用铅笔也可以运用钢笔、勾线笔来绘制，但是要注意：使用铅笔时尽量选择碳粉较少的H类笔芯，避免过多的碳粉污染颜色；使用钢笔时则要选用不溶于水的油性墨水，以保证后期使用水彩着色时线条不会晕染模糊。

② 绘制人体肤色与发色

运用水彩绘制人体肤色切忌调色过多。很多品牌的水彩颜料中会有一支专门的“肉色”，在简单的时装效果图中用这种颜色表现肤色即可，有特殊肤色要求的效果图例外。

1 用清水画笔调和少量“肉色”湿润需要绘制的部位，待稍干后，用画笔调和略多的“肉色”加重面部背光处。此时颜色会较自然地晕染开。

2 用两支画笔分别调和橘色和红色待用，注意画笔要含水丰富。用橘色画笔覆盖头发，留出高光，再迅速用红色画笔在发顶、发梢等处叠色，此时由于水分充足，色彩会交融在一起。

3 用较干的00号画笔直接调和深红、大红，不用加水，绘制眉眼、嘴唇的色彩。

4 为了表现利落的线条，可以不用毛笔，换用0.3mm的深红色马克笔勾勒出头发的丝缕效果。

③ 绘制主色

时装画着色一般先从主色开始，再到辅助色彩，然后添加面料肌理，最后画配饰。这种方法既简单明了，又能让初学者清晰地了解效果图的绘制顺序。

在着色过程中尽量不要想到哪里画到哪里，这样容易打乱绘制节奏，也容易顾此失彼。

但是，顺序毕竟只是参考，当某种面料需要一气呵成才能表现时，就需要调整顺序。例如用撒盐技法或吹墨技法表现肌理，就必须在最初着色时，趁水分未干快速进行。

❶ 调和饱和的红色绘制大衣色彩，注意在袖子边缘、肩头以及衣片的边缘处留白，然后调和略浅的紫红色迅速晕染肩部、衣摆，让色彩融合，以表现较冷的天光带来的面料色彩变化。

❷ 趁画纸湿润，加深袖子内侧、衣摆等处的色彩，形成较自然的色彩晕染，以表现服装的立体感。

④ 绘制辅色

绘制深蓝色休闲裤与浅绿色T恤的底色。

❶ 调和深蓝色绘制休闲裤的底色。注意：画笔的色彩与水分要饱和，以便在画纸上留下颜色与水渍的沉淀，形成微妙的肌理；在裤子中缝、褶皱处留白，在较深的暗部则让水彩色多留一些，待其干后会形成略深的效果。

❷ 用草绿色调和大量清水，形成浅绿色，绘制T恤的底色。考虑到T恤的重点在图案上，底色只需大体覆盖即可。

⑤ 添加图案与肌理

这一步将基本完成时装的绘制，包括面料肌理的添加，图案、里布等补充细节的绘制。

▼ 参考图案

❶ 设计T恤图案为镜像对称样式，内容以水果为主。先寻找一些水果主题的参考图案，再进行绘制。图案表现不用过于精致，主要表现色彩与整体印象。

❷ 用000号画笔直接蘸较干的蓝黑色颜料绘制十字交叉的纹理，表现梭织面料的质感。

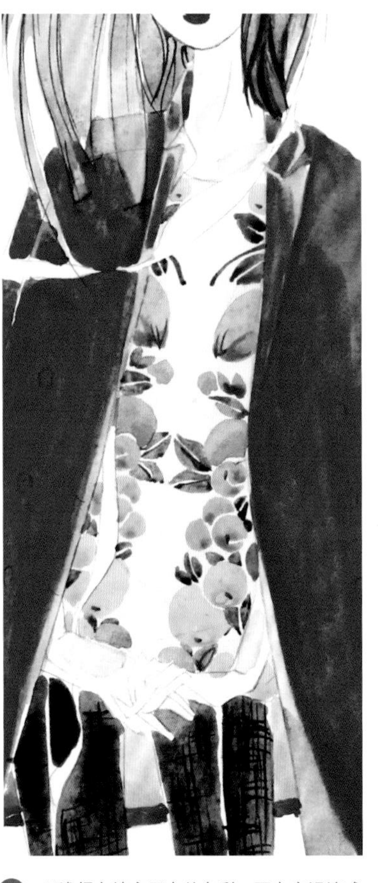

❸ 用浅橘色填充里布的色彩，要有意识地减弱这种辅助色的强度，以免抢镜。

⑥ 绘制配饰色彩

调和浅灰色绘制丝巾。

调和与大衣相同的红色和橘色绘制鞋子色彩，这样能够更好地体现出整体时装以红色作为主打色。

注意在亮色交接处以及高光部分留白，以体现皮革的锃亮质感。

7 绘制衣纹明暗

时装画的色彩与肌理已全部画完，现在只需要统一加上明暗变化即可。首先，在大衣的领子下方、袖子内侧、衣片褶皱等背光部位画深红色笔触，并用小描笔调和深红色画肩部育克缝纫线和纽扣等细节。其次，在裤子的中缝左侧、膝盖、裤脚等处略微强调黑蓝色以增强立体感。鞋子则用深红色加深背光处的色彩，并大体表现出鞋子的款式分割线。

另外，由于T恤的图案十分丰富，可以不用画褶皱阴影。

8 适当强调轮廓线条，完成效果图

到第7步，可以说已经完成了时装画的创作。想要精益求精的话，可以用钢笔勾勒、强调部分线条结构，例如边缘轮廓线、褶皱线条、省道线等，这种深色的勾边可以让画面更加精致。

但是勾边切忌僵硬，一定要注意虚实变化，不要将所有的轮廓都生硬地勾勒一圈。

3.2.3 效果图电脑表现技法详解

效果图的电脑着色有多种方法，总的来说，其优势在于方便快捷、易于更改，劣势在于缺乏手绘的艺术感。但随着商业需求和电脑技术的进步，效果图的电脑表现越来越普遍，技法也越来越丰富，逐渐成为商业领域的主流形式。

电脑着色基础工具

Photoshop软件有着强大的图像编辑功能，而时装画着色只需要使用其中几种简单工具即可。使用Photoshop软件绘制的时装画能够真实地表现时装的面料以及配色，尽管与手绘作品相比缺乏一定的生动性，但是绘制过程简单迅速、工具应用方便快捷，是商业设计的重要表现手段。

① 基于电脑的软件与手绘板

Photoshop软件在时装效果图的绘制中有三个非常实用的功能：载入多种笔刷；自定义图案（制作面料贴图）；制作四方连续等图案（设计图案）。

手绘板是电脑绘图不可或缺的工具，首选WACOM公司的数位板，其压感灵敏，非常适合辅助电脑进行效果图创作。

除此之外，Sai或Painter都是电脑绘图的可选软件，配合手绘板，可以呈现仿真的水彩笔触、油画笔触等。其色彩拾取系统也非常便捷，更适合创作艺术性较强的作品，例如时装插画。

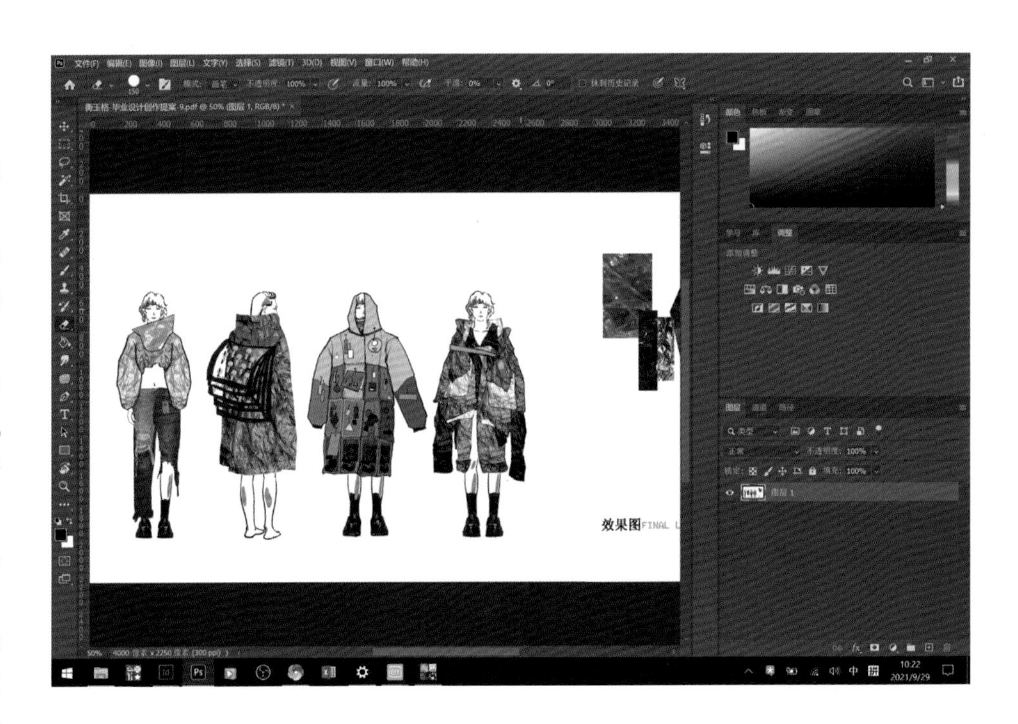

② 基于iPad的软件与数位笔

iPad轻薄便携，配套的压感笔基本可以达到专业绘图的标准，软件界面较为简洁，笔刷也有多种选择。但限于屏幕尺寸，iPad更适合进行创意记录，较大尺幅的作品仍旧建议用电脑配合手绘板进行。

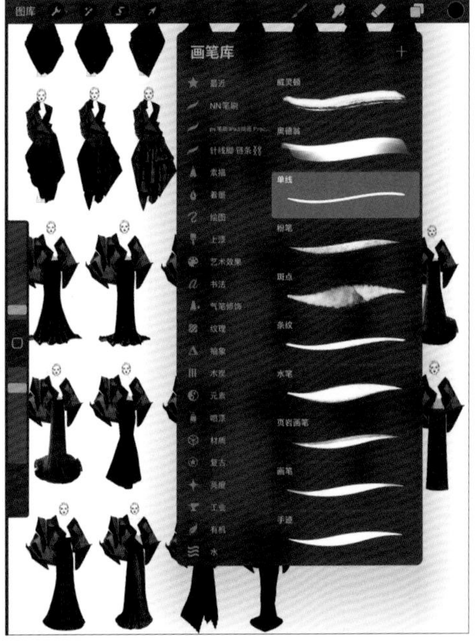

电脑着色技法一：色彩填充表现

学习色彩填充技法是使用Photoshop绘图的良好开端，在较为单纯的色彩之下，学习者更容易熟悉效果图的表现形式以及笔触、衣纹的表达规律。

1 线稿处理

为电脑时装画准备线稿，最简单的方式是将手绘完毕的精细线稿通过扫描的方式输入电脑。这就出现了两个重点：

其一，手绘的线稿必须尽量是封闭的区间，严谨的钢笔线稿比铅笔草稿的扫描效果更清晰，也更容易进行后期处理。

其二，线稿扫描时尽量使用“灰度”或“黑白”二值，扫描后还要在Photoshop中进行进一步的处理。

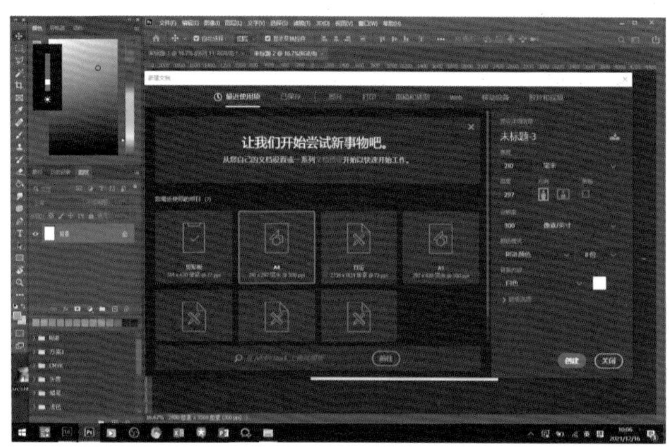

1 新建A4文档，注意尺寸和分辨率的设置。
用“灰度”模式扫描线稿并在Photoshop中打开，用移动工具将线稿拖入新建的A4文档。

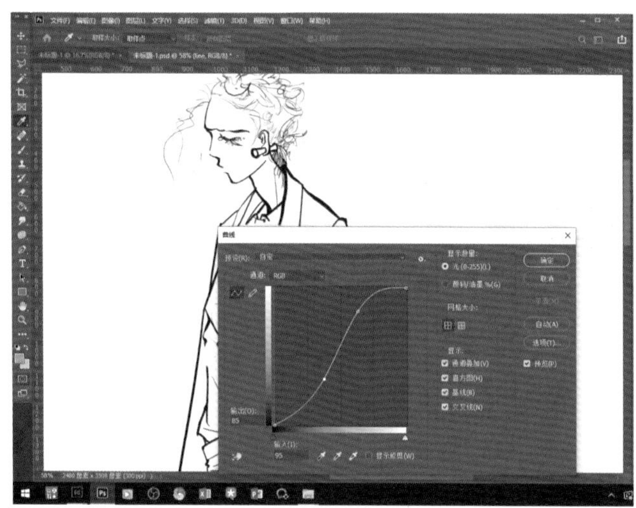

2 执行“图像-调整-曲线”命令，打开“曲线”对话框，小心调整曲线角度，拉大画面对比度，使原本灰蒙蒙的画纸黑白分明。调整到觉得合适就可以单击确定按钮。

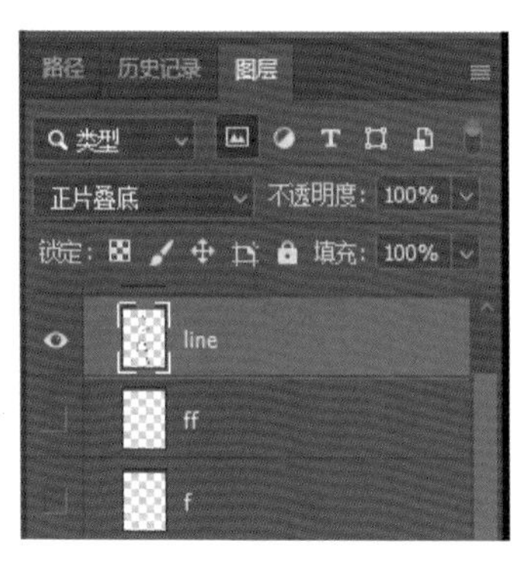

3 选择魔术棒工具，将容差调整到1。单击线稿空白处，如果选区零散就说明曲线调整不成功，需要重来；如果形成比较完整的选区就说明曲线调整成功。
调整成功后，用魔术棒工具点击线稿空白处建立选区，按Delete键，去掉多余的白底，并将完成的图层放置在最顶端，设置图层混合模式为“正片叠底”。

2 绘制人体色彩

这是着色的第一个步骤，运用油漆桶、选区、画笔这三种工具来完成。在电脑时装画中，人体色彩是用来辅助表现时装的，绘制可以简单一些。

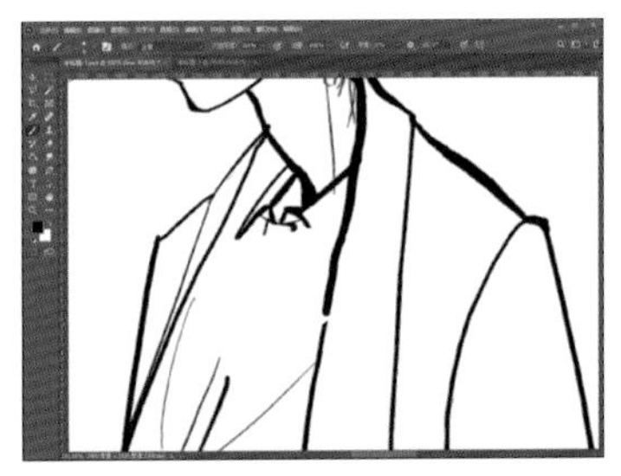

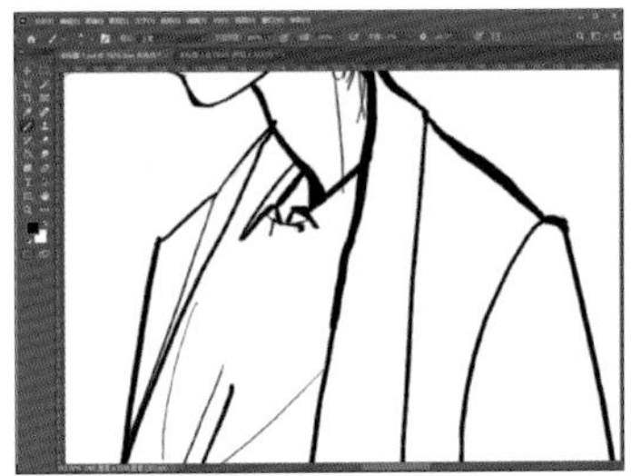

1 调整线稿未封闭的区域，可以用画笔工具将缺口补齐。

2 新建“肤色”图层，将其放置在“线稿”图层之下。
设置前景色为较浅的肤色，用油漆桶工具填充脸部等皮肤裸露的部位。填色前，油漆桶工具要在属性栏上勾选“所有图层”及“连续的”选项。

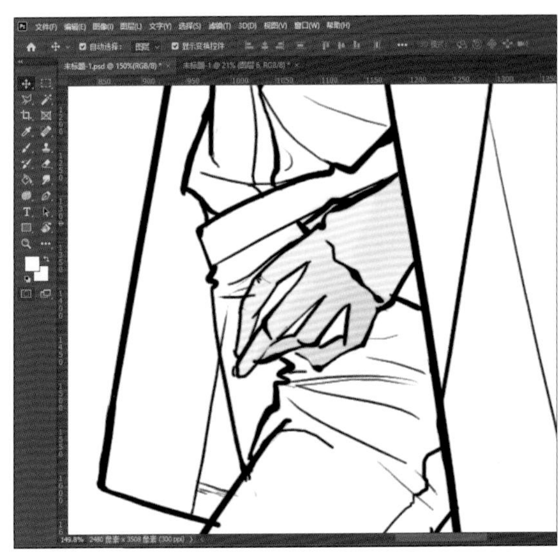

3 按住键盘上的Ctrl键，同时鼠标单击“肤色”图层缩览图，将上一步骤填充的肤色载入选区。
使用有模糊边缘的画笔工具，选择较深的肤色绘制人体暗部色彩，此时只能在选区内部上色。
用相同的方法绘制头发色彩。

3 绘制底色

绘制服装基本色彩是制作效果图的重要步骤之一，绘制底色时要注意形成良好的绘图习惯，一边绘制一边保存取色信息。

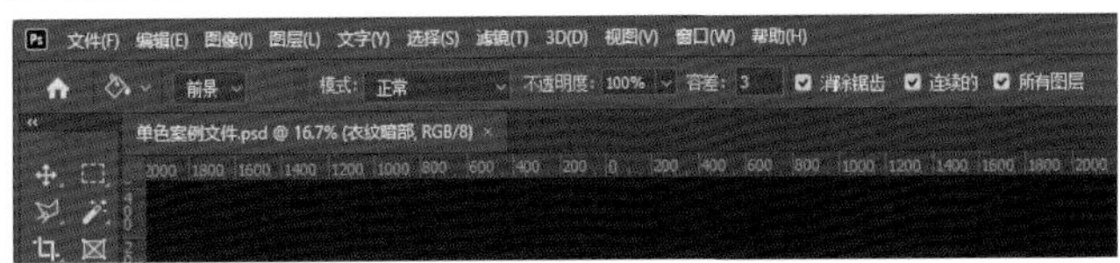

1 选择色彩后新建色板，保存取色信息。
新建“底色”图层，并在此图层上用油漆桶工具填色，此时轮廓线条要形成封闭区域，窗口上方的属性栏选项中，油漆桶工具要勾选“所有图层”及“连续的”选项。

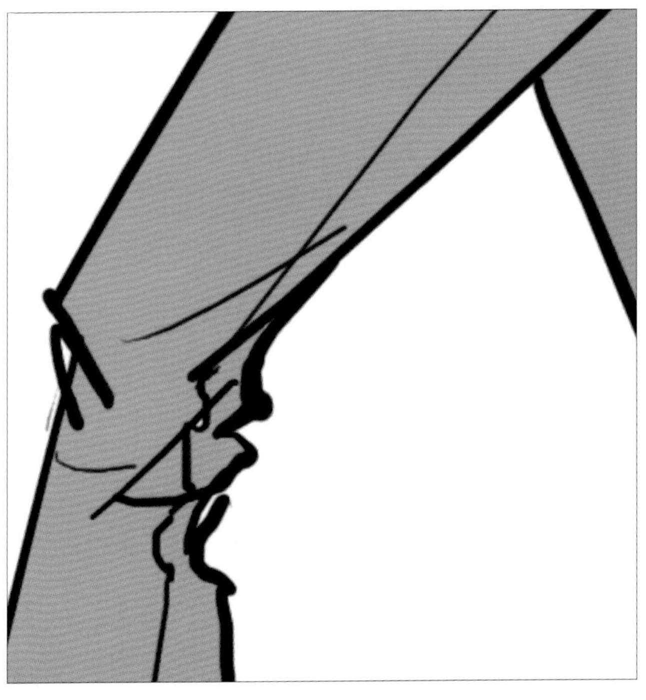

2 用油漆桶工具填色后，部分线条褶皱密集的地方可能因为形成封闭区域而无法被填充色彩，可以用画笔工具补充完整。

④ 填充第二底色

新建“配饰线稿”图层，绘制完领口饰品的线稿后，再新建“底色 内搭”图层，放置在“线稿”图层与“肤色”图层之间，运用油漆桶工具，单击需要填充的部位，完成内搭的底色填充。

⑤ 绘制褶皱明暗

简单绘制衣纹明暗，不需要刻画过多的立体感，表现出轻松的画面感即可，这样显得更加自然。

❶ 新建“衣纹暗部”图层，放置在“线稿”图层之下，并设置图层混合模式为“线性加深”。
用多边形套索工具选中需要绘制的区域，应用边缘模糊的画笔，选择30%灰色，简单涂抹衣纹的暗部即可。

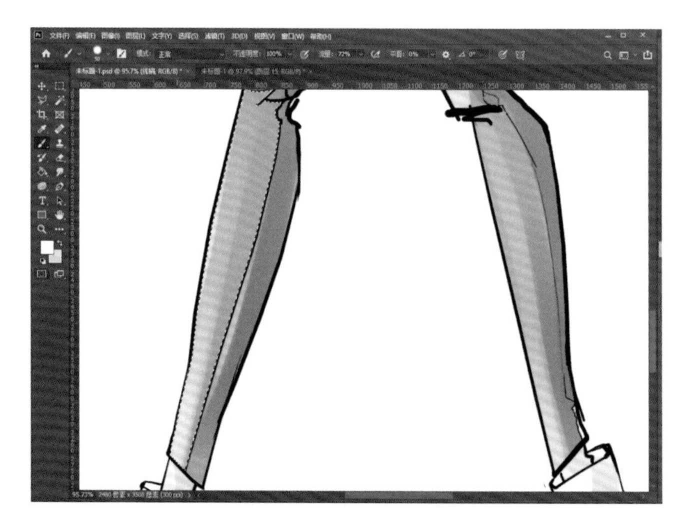

❷ 新建“衣纹亮面”图层，放置在“线稿”图层与“衣纹暗部”图层之间，将图层混合模式设置为“线性减淡”。
先将需要绘制亮光的部位用魔术棒工具（或多边形套索工具）选中，然后应用边缘模糊的画笔工具，选择15%灰色，快速涂抹，形成高光。

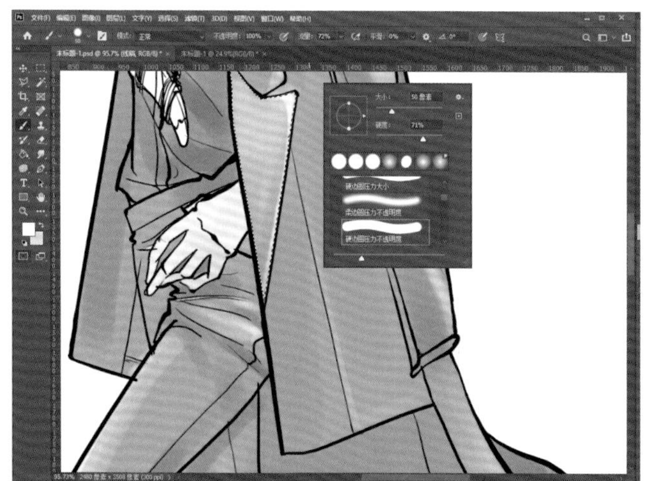

❸ 针对这一类光泽感较好的面料，可以适当在布料边缘、结构线边缘处绘制一些细致的高光，一方面形成面料质感，另一方面可以表达面料厚度。
继续用笔刷在“衣纹亮面”图层上进行绘制，选择更浅的色彩，如5%灰色。

6 绘制配饰

与绘制时装相同，绘制配饰时先制作配饰所需图案，再根据需要依次填充。针对质感较鲜明的配饰，例如珠宝、眼镜等，需要根据不同的质感进行制作。

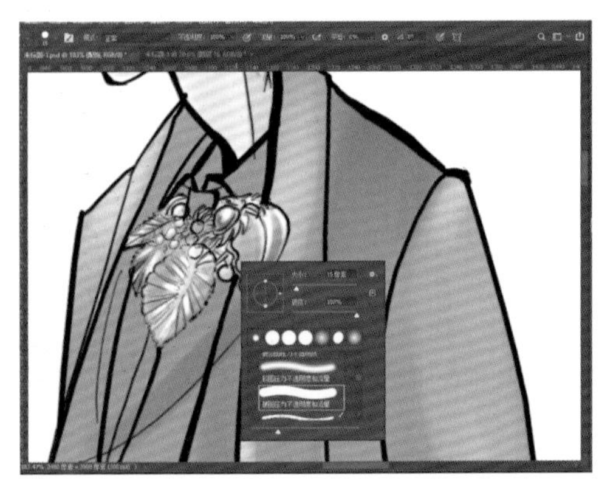

1 新建“配饰”图层。简单绘制底色，留出银质高光。

2 用油漆桶工具填充鞋子底色，用魔术棒工具选中黑色部分，用10%灰色的笔刷在“衣纹亮面”图层绘制鞋尖高光。
用同样的方法将鞋底、鞋跟的亮面绘制妥当。

◀ 完成稿的图层排序

▲ 效果图完成稿

电脑着色技法二：肌理与面料表现

能够使用软件熟练地表达效果图的肌理与面料，基本上就可以应付绝大多数的图纸绘制需求了。在本章节中，使用Photoshop软件搭配手写板（灵敏度高的专业鼠标也可以）进行绘图，绘制步骤可以简单分为线稿处理、绘制人体色彩、制作图案、填充主打色彩及面料、填充辅助色彩及面料、表现衣纹明暗效果、绘制配饰等。初学者使用Photoshop软件绘图尤其需要注意线稿处理、创建图层和制作图案这三个部分。

1 线稿处理

新建A4文档，新建“线稿”图层。在Photoshop软件中，可以直接用数位板配合手绘效果笔刷绘制线稿。数位板直接绘制的线稿细腻精准，并且可以放大画面绘制细节，也容易修改，因此成为应用非常广泛的线稿输入方式。

2 绘制人体色彩

这是着色的第一个步骤，基本只运用油漆桶工具、选区工具、画笔工具这三种工具。在电脑时装画中，人体色彩是用来辅助表现时装的，因此要根据时装的色彩选择肤色、发色和妆容色彩。

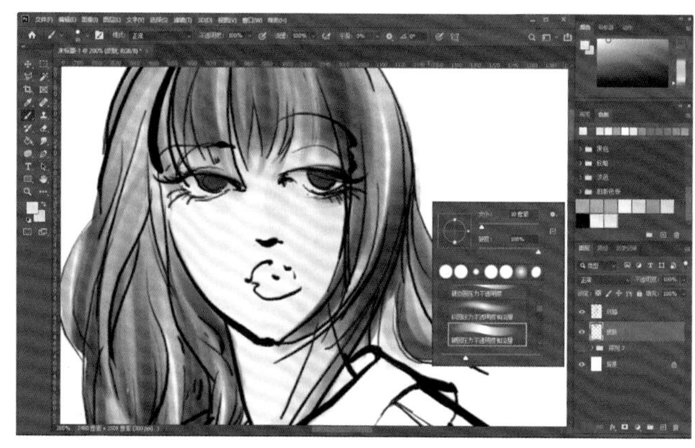

1 新建“皮肤”图层，将其放置在“线稿”图层之下。设置前景色为较浅的肤色，用油漆桶工具填充脸部等皮肤裸露的部位。

▼ 肤色

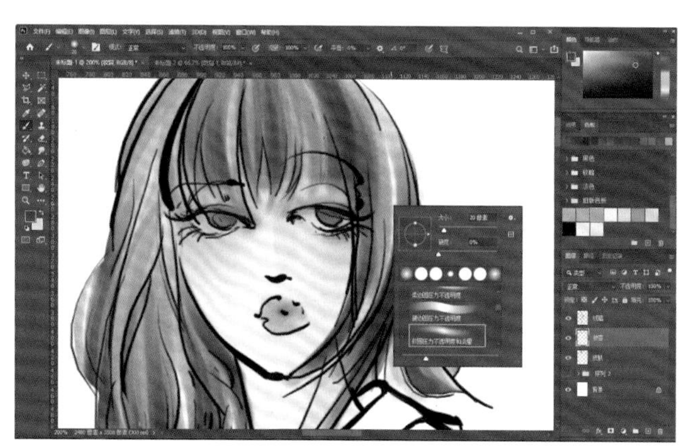

2 按住键盘上的Ctrl键，同时用鼠标单击“皮肤”图层缩览图，将上一步骤填充的肤色载入选区。使用有模糊边缘的画笔工具，选择较深的肤色绘制人体暗部色彩，此时只能在选区内部上色。用相同的方法绘制头发色彩。用较浅的粉色绘制嘴唇、眼影色彩，再用同样的粉色在头发上略微扫两笔，形成颜色的呼应。

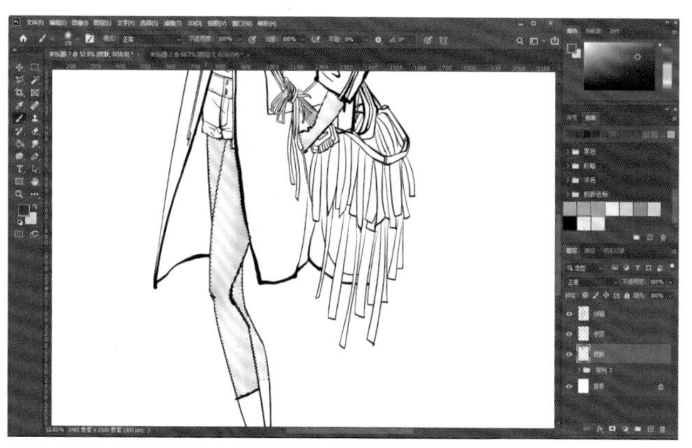

3 将“皮肤”图层载入选区，用浅粉色在膝盖等处刷上较浅的粉色，这样能够使皮肤微微泛红，增加气色。

③ 制作图案

制作图案是绘制电脑时装画最重要的步骤之一。将所需面料用扫描或拍照的方式导入电脑，制作成Photoshop图案。这样不但能够完成当前时装画的创作，还能将其作为素材保存起来反复使用。

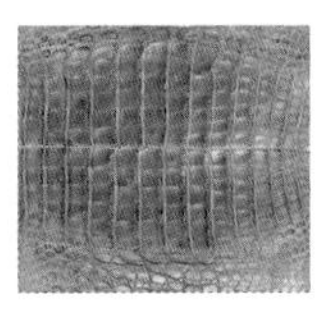
◀ 面料肌理

❶ 在Photoshop中打开所需面料，用移动工具将其拖入画稿文件。
注意：移动工具如图中所示，需要勾选属性栏中的两个扩展选项。

❷ 将"面料"图层放置在"线稿"图层下方，选择移动工具，拖移图片边缘的定界框将面料放到合适的位置，根据需要放大图片，以便让面料纹理的大小适合线稿。

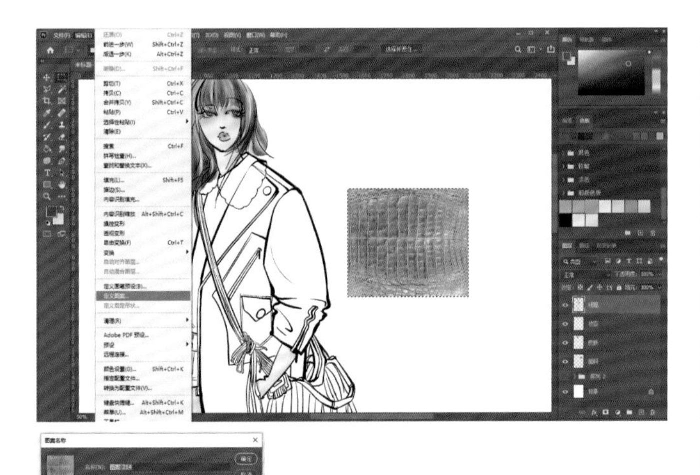

❸ 当面料纹理调整到合适大小时，按Enter键确定。用矩形选框工具在面料图层上选中面料素材。
执行"编辑-定义图案"命令，待"图案名称"对话框出现后单击"确定"按钮，图案制作完成。

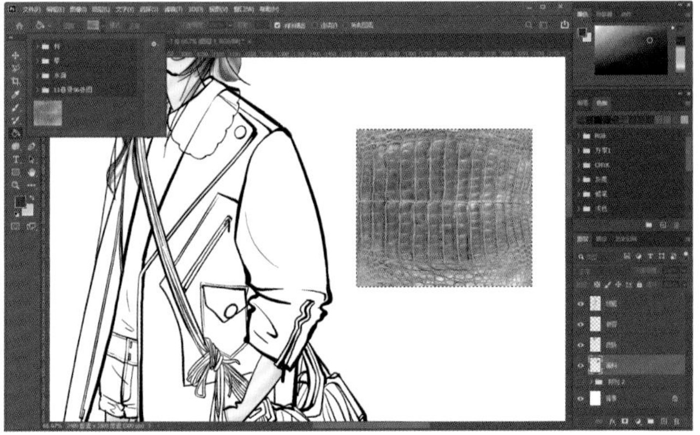

❹ 要想使用该图案则需要选择油漆桶工具，这个工具的默认选项是填充前景色，要想进行图案填充，就需要在属性栏的扩展选项中将"前景色"调换为"图案"，打开图案的下拉列表，就可以看到刚刚制作的图案，选中该图案再单击需要填充的部位，就可以进行图案填充了。
在绘制时装画，尤其是系列时装画时，可以将所有备用面料都预先制作成图案，这样会让后期的填充十分方便。

④ 填充服装色彩

新建"底色 外套"和"底色 内搭"图层，放置在"线稿"图层与"肤色"图层之间，运用油漆桶工具，选中面料色彩，单击需要填充的部位，完成底色填充。

◀ 服装配色

5 制作肌理效果

肌理效果的色彩不一定符合设计师的设计需求，一般情况下只需要保留肌理的形式，再结合合适的色彩即可。

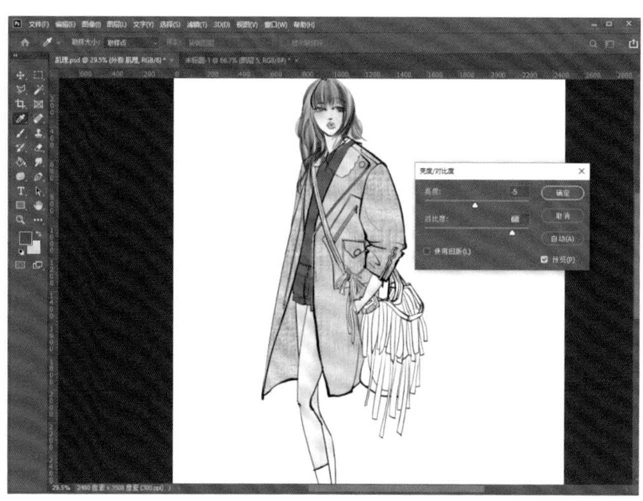

1 先新建“外套 肌理”图层，再将“底色 外套”图层的内容载入选区，然后回到“外套 肌理”图层，用油漆桶工具将制作好的面料肌理填充到选区中。执行“图像-调整-去色”命令，去除图案的色彩，只保留明暗灰度关系。

2 将“外套 肌理”图层的图层混合模式设置为“叠加”，让面料肌理和服装底色能够自然交叠在一起。
如果图案肌理不够清晰，可以执行“图像-调整-亮度/对比度”命令，加强图案的明暗关系，调整出满意的效果即可。

6 表现衣纹的明暗效果

简单绘制衣纹明暗，表现出轻松的画面感即可，不需要刻画过多的立体感。

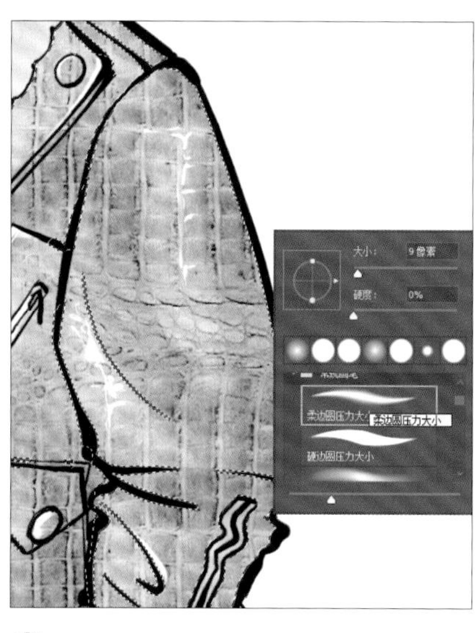

1 新建“衣纹暗部”图层，放置在“线稿”图层之下，并设置图层混合模式为“线性加深”。
应用边缘模糊画笔，选择30%灰色，简单涂抹衣纹的暗部即可。注意挺括的面料可以选用边缘硬朗一些的画笔并运用大笔触表现，反之柔软的衣服可以选择边缘模糊的画笔，笔触也要更加细碎。另外还要根据画面的需要调整画笔的透明度与流量，获得更灵活的效果。

2 新建“衣纹亮面”图层，放置在“线稿”图层与“衣纹暗部”图层之间。先将需要绘制亮面的部位用多边形套索工具选中，然后应用边缘模糊的画笔工具，选择30%灰色，快速涂抹，形成亮面。
由于选区本身有形状控制，因此这样绘制的高光有干净利落的边缘，非常适于表现挺括的面料或光泽感较好的面料，例如丝绵、华达呢、丝绸、皮革等。

3 考虑到皮革质地会有细碎的高光，因此选择略带柔边的画笔，顺着皮革肌理的纹路来绘制高光。

7 绘制透明材质

想要表现出半透明的效果，需要将下层对象隐隐约约地透露出来。如果使用手绘技法来表现半透明材质，具有相当的技术难度。但是在电脑绘图中，则可以通过对图层不透明度的调整来轻松实现。

◀ 领子图案

1 新建“领子 半透明”图层，制作图案，填充。

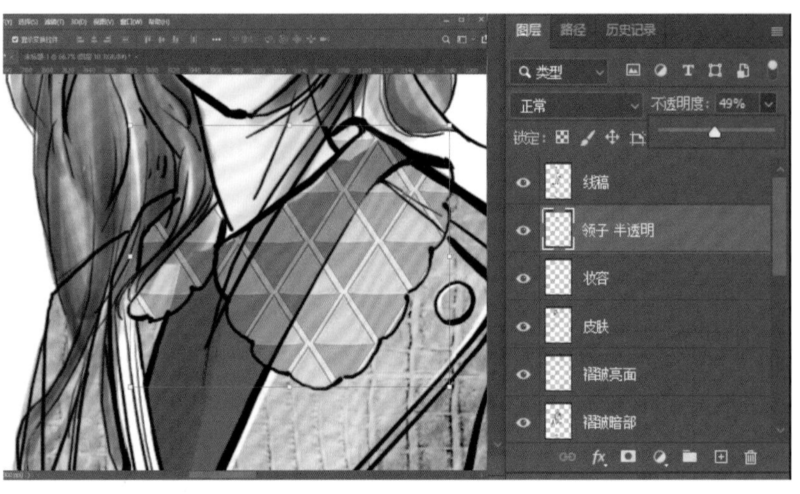

2 调整图层的不透明度，形成半透明的领子效果。

8 绘制配饰

与绘制时装相同，绘制配饰时先制作配饰所需图案，再根据需要依次填充。针对珠宝、眼镜等质感较鲜明的配饰或流苏、羽毛等材质特殊的配饰，需要在制作中突显其材质特点。

▲ 配饰肌理与色彩

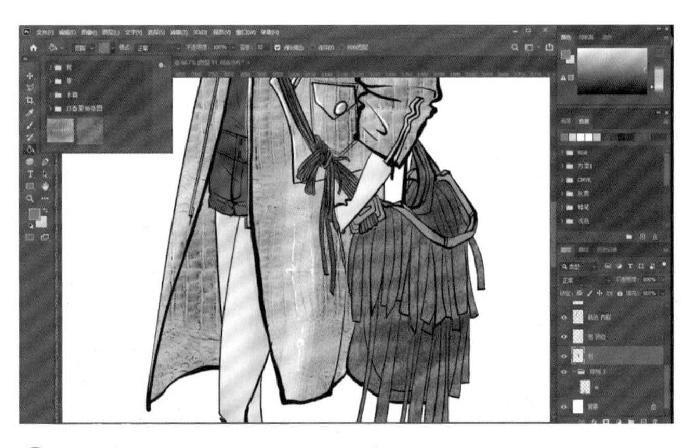

1 制作绒毛图案，绘制背包。

2 用油漆桶工具填充鞋子和袜子底色。

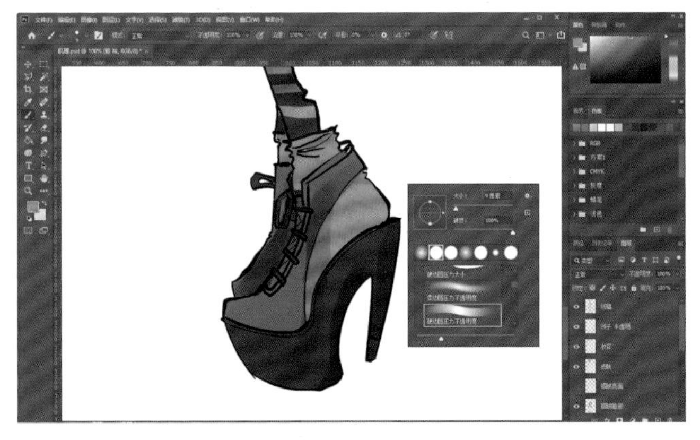

3 在“面料暗部”图层上绘制鞋子暗面。

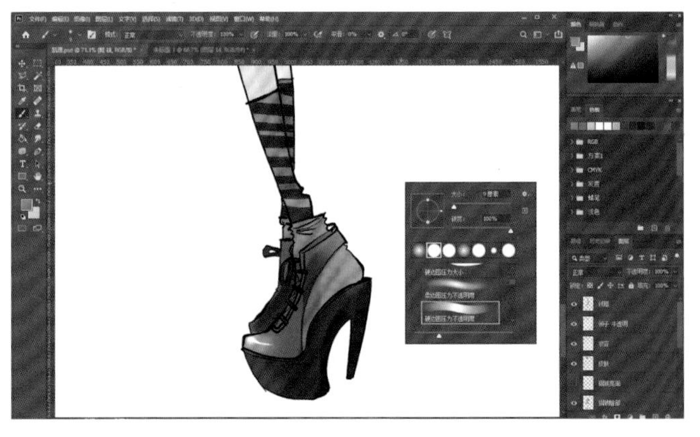

4 在“面料亮面”图层上绘制高光。

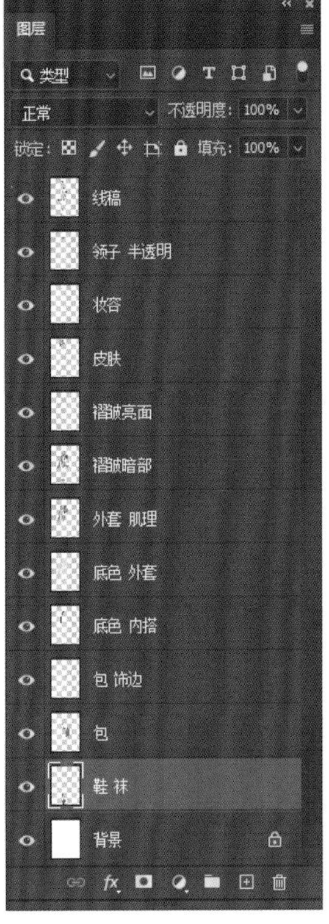

▲ 完成稿的图层排序

效果图完成稿 ▶

TIPS 背景的添加

可以根据具体情况添加不同风格的背景，丰富画面层次，烘托画面氛围。背景不要过于繁复或花哨，以免削弱或掩盖人物和服装的主体地位。

04

分类设计详解

有目的地进行时装系列设计

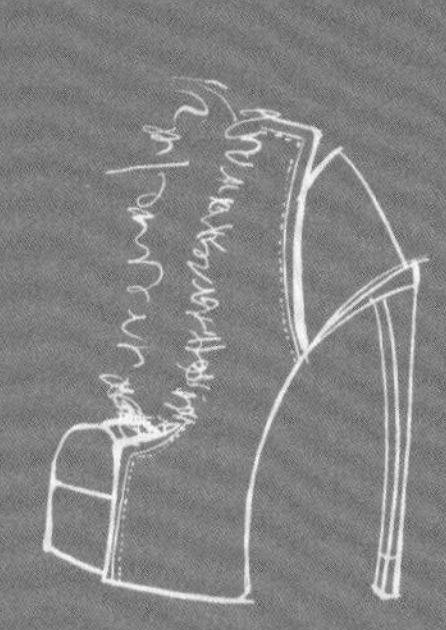

4.1 女装分类设计

女装通常可以分为职业装、休闲装、度假与礼服系列，这四类时装在穿着时间和穿着场合上有着较大的差别。

初学者在学习系列设计时要先区分时装类别，因为不同类别的时装在面料应用、色彩搭配、款式应用、常见风格等方面有很大的区别。初学者必须分别掌握不同类别女装系列的基本搭配方式、常用设计元素、常用款式设计这三个方面，才能更好地掌握系列设计表现手法。

4.1.1 职业女装系列设计

职业装也可以称作通勤装，一般用于满足上班、会客等较正式的职场需求。职业女装不仅包括传统的精纺毛料裤套装、裙套装，在近年来的时尚趋势中，针织套装、连衣裙、花式衬衫等设计感较强的款式也被归入这一分类。

职业女装的基本款式搭配

款式设计以修身为主，不需要过于暴露身材曲线，也不能过于轻松休闲，要在精致、严谨的着装风格中表现出女性特有的魅力。

▼ 色彩搭配

以邻近色搭配为主。稳妥的灰色系是职业装的好选择，另外可以添加局部小面积撞色来表现活泼感。

▼ 职业女装基本款式

驳领女西装

▼ 常用面料

精纺毛织物

棉麻织物

丝毛织物

▼ 搭配款式

基本款衬衫　花式衬衫　毛呢大衣　腰带

可以装下文件的中型手袋

修身裤　H形直筒裤　半裙　简洁单鞋

▼ 职业女装搭配效果

职业女装常用设计元素

职业女装的款式变化相对别的女装来说比较少，更多的是在剪裁结构和款式细节上设计一些创新变化，因此，在设计时要将重点放在领型、袖口、腰头、衣摆等处。

1 驳领样式变化

驳领西装作为职业女装的主要单品，必须不断地推陈出新。在设计时，可以变换驳领长度、驳头位置与角度、滚边工艺等细节。

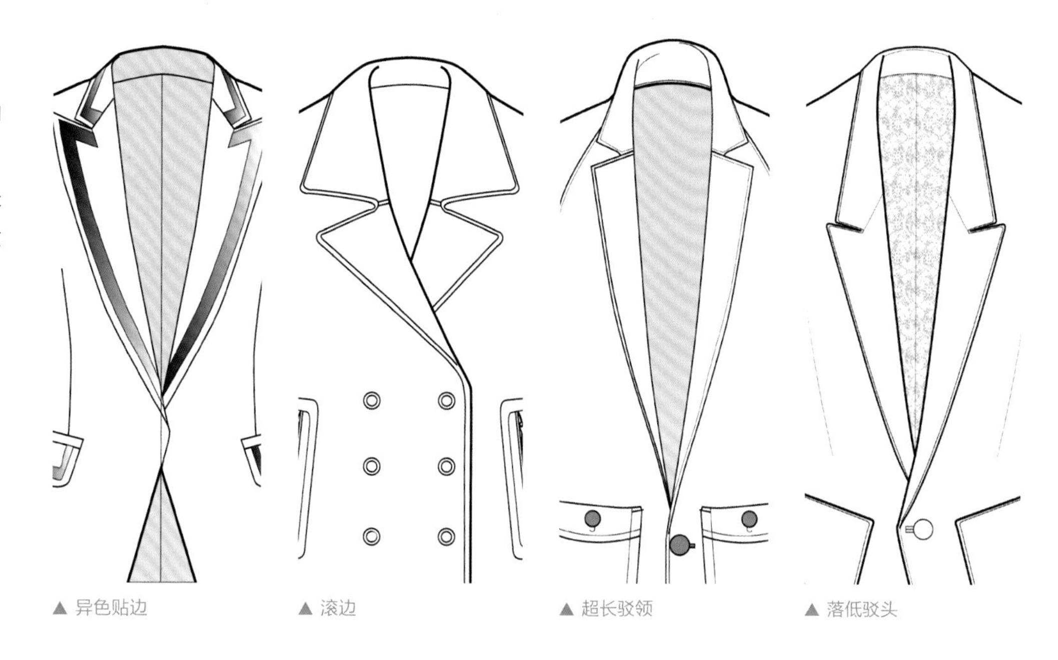

▲ 异色贴边　▲ 滚边　▲ 超长驳领　▲ 落低驳头

2 袖口变化

在人际交流中，手部是仅次于脸部的第二表情部位，因此在设计中，袖口也成为设计师关注的重点之一。袖口的大小、长短、袖扣、翻边等细节都可以作为展开设计的要点。

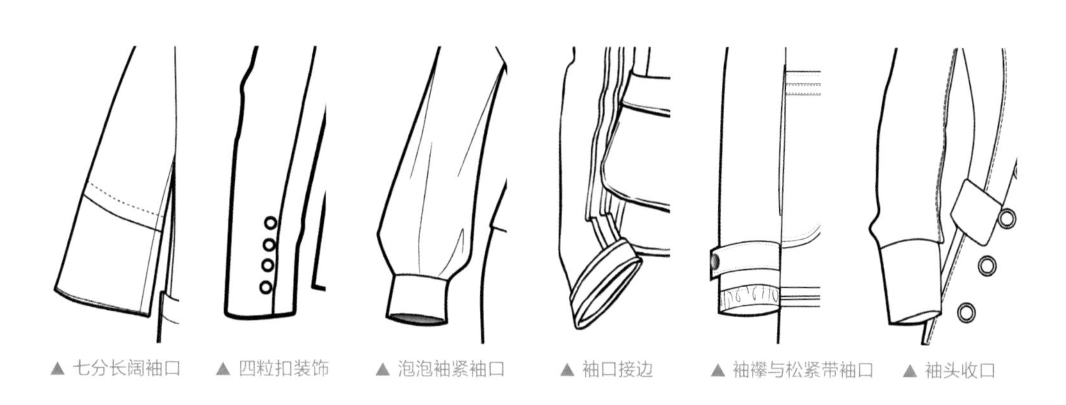

▲ 七分长阔袖口　▲ 四粒扣装饰　▲ 泡泡袖紧袖口　▲ 袖口接边　▲ 袖襻与松紧带袖口　▲ 袖头收口

3 下摆变化

时装的下摆部位一般远离人体，因此在结构设计上不会因为人体曲线的要求而产生太多的限制。下摆设计可以在长度、工艺、廓形等方面进行设计创新。

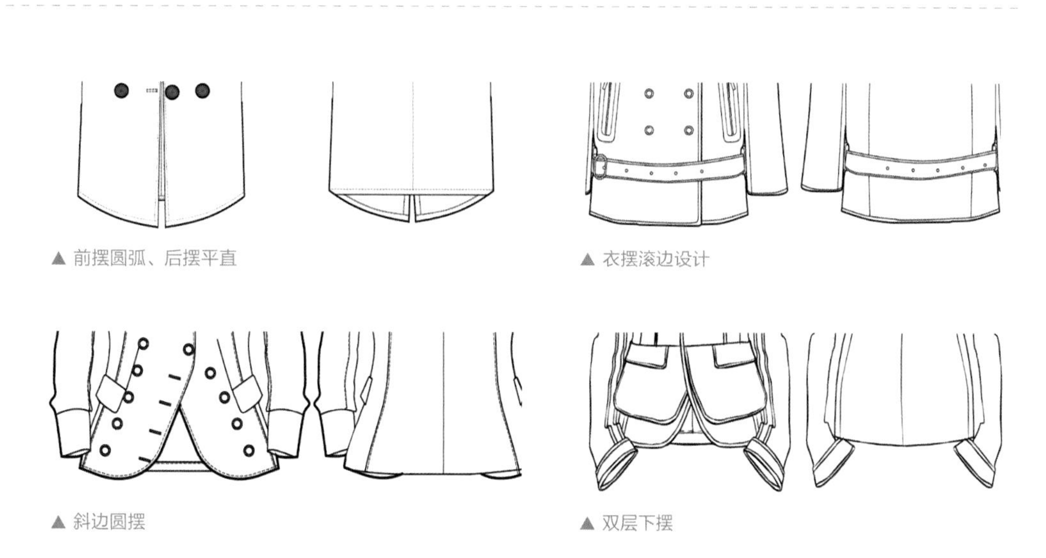

▲ 前摆圆弧、后摆平直　▲ 衣摆滚边设计

▲ 斜边圆摆　▲ 双层下摆

职业女装常用款式

职业女装的单品种类相对较少，外套、大衣、衬衫、连衣裙、半裙和裤装这六类单品是职业女装常用款式。这些款式一年四季都有相应的市场需求，因此在设计时要注重用色彩、面料、造型来区分季节，以免产生设计不合时宜的感觉。

① 外套

外套的设计要讲究廓形、省道分割位置、袖长、衣长、领型、门襟等元素。

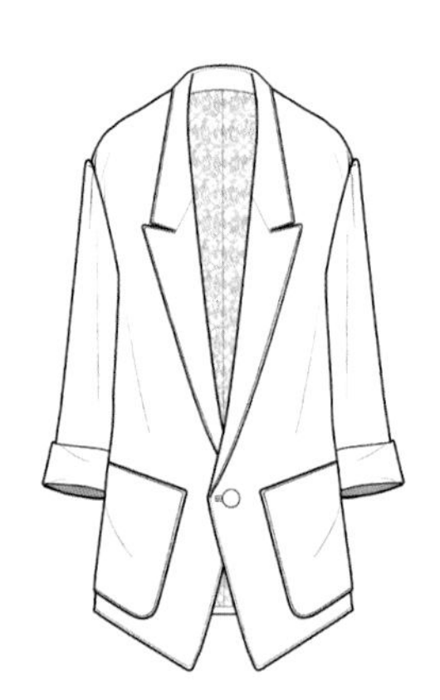

▲ H形外套
卷边袖、一粒扣、低驳头

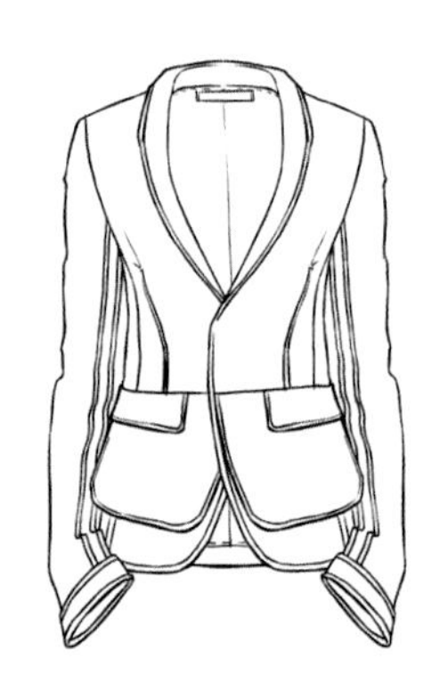

▲ 收腰X形外套
三片袖、小青果领、腰部分割线、双层下摆

▲ 合体外套
驳领贴边、合体袖、细腰带

▲ 高腰线外套
五分袖、袖头收口、打褶花苞形衣摆

② 大衣

大衣是职业装秋冬季节的重要款式，精致的三件套会用与套装面料相同的材质制作大衣，单品大衣则有更多的面料选择。大衣款式按照长度大致可以分为短款、中长款、长款，按照廓形可以分为H形宽松大衣、X形紧身大衣以及A形斗篷大衣等。

▲ 双排扣H形大衣
高立领、七分阔袖、超大贴袋

▲ 单排扣H形大衣
变形戗驳领、袖口、下摆收口

▲ X形包臀大衣
戗驳领、变化的胸腰省

▲ 茧形大衣
一片袖、宽门襟双排扣、大翻领、腰带

③ 衬衫

作为较正式的女式上装，衬衫有一些约定俗成的代表性元素，例如企领、门襟、袖头等。衬衫的设计款式多样、细节丰富，可以大致分为仿男式衬衫和女性化衬衫两种设计风格。

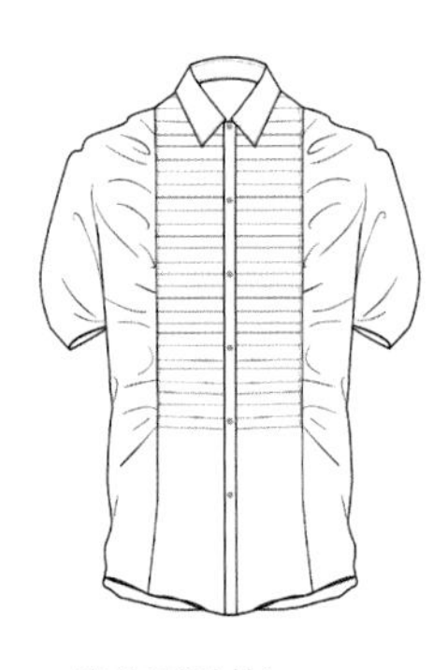

▲ 胸前打褶衬衫
泡泡袖、自然收身

▲ 荷叶边门襟衬衫
泡泡袖、自然收身

▲ 蝴蝶结领口衬衫
宽门襟、合体廓形

▲ 领口打褶衬衫
泡泡袖、略微宽松的造型

④ 连衣裙

职业装常用的连衣裙样式与其他女装不同，在设计上讲究面料考究、工艺精致、裁剪合理贴身、款式雅致大方。

▲ 短袖及膝连衣裙
刀背缝、腰带

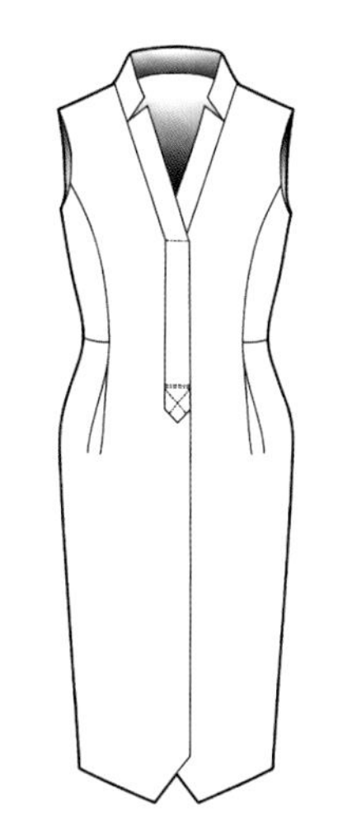

▲ 无袖及膝连衣裙
变化款衬衫门襟、腰部收活褶

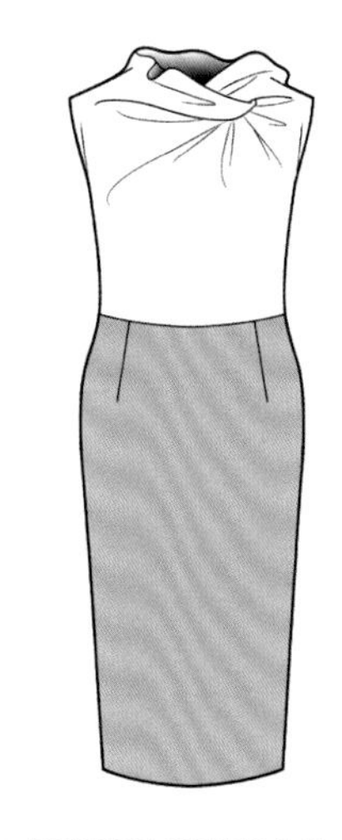

▲ 缠裹领无袖及膝连衣裙

▲ 收腰背心裙
需要内搭衬衫

⑤ 半裙

职业装设计中，半裙常用来搭配西装上衣或大衣。这一类半裙常用与上装相同的面料，以形成两件套式的搭配，裙长设计在膝盖上下，风格则讲究优雅大方、简洁自然。

▲ 腰头打褶A形裙

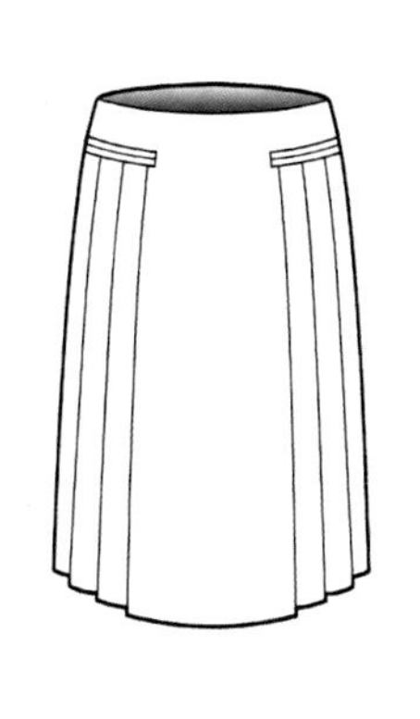

▲ 定褶裙

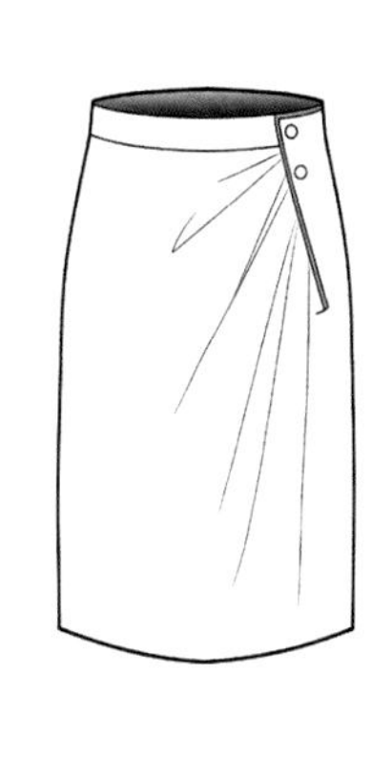

▲ 捏褶包臀裙

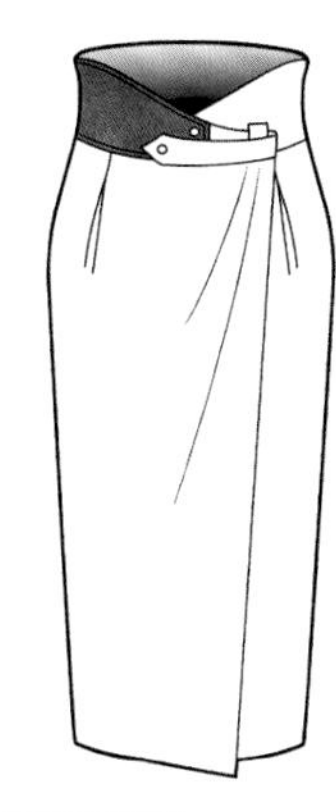

▲ 搭片铅笔裙

⑥ 裤装

职业装常用的裤装设计在廓形上变化较小。较保守的职业装一般采用修身形、H形、锥形或宽松H形的长裤和九分裤，潮流一些的设计会采用七分裤、卷腿裤、短裤等样式。总体而言，职业装的裤装设计倾向传统中性化的知性风格。

▲ 锥形裤

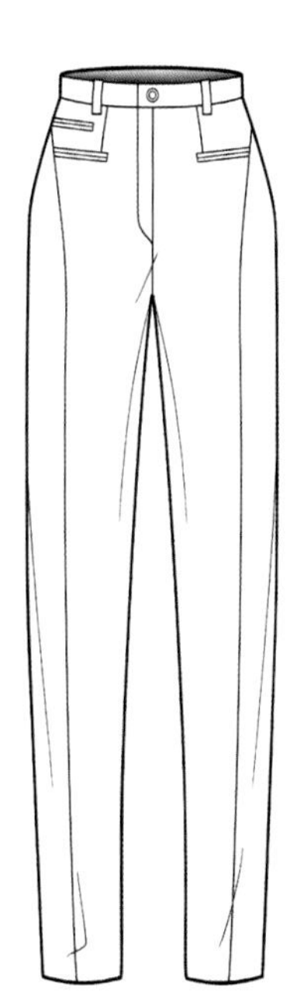

▲ 修身裤

▲ H形直筒裤

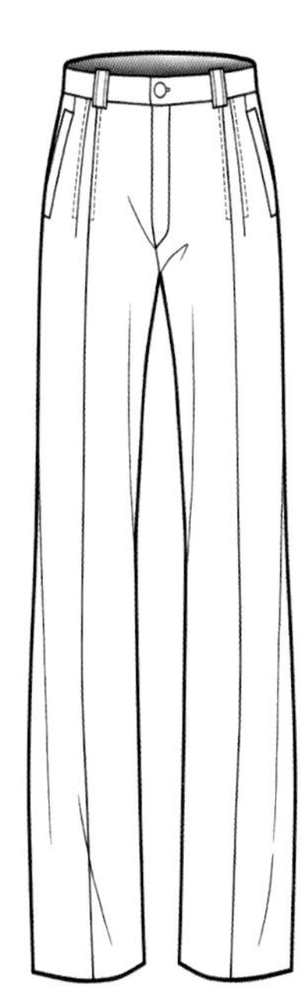

▲ 宽松直筒裤

职业女装系列设计表现技法

了解职业装的基本款式搭配、常用设计元素和常用款式设计之后就可以开始进行系列设计了。一般先确定系列主题风格和色彩，再根据风格特征进行调研以确定设计应用元素，然后着手绘制系列时装画。注意这一类别的系列设计要着重表现成熟、优雅的风格，针对的目标人群大致是28岁以上的职业女性。

1 确定系列主题

职业装的穿着场合一般以较正式的公共场合为主，尤其很多女性高管希望用中性阳刚的款式来强调自己和男性角色一样的专业和有决断力，因此优雅、简洁和带有经典元素的主题会受到消费者的喜爱。

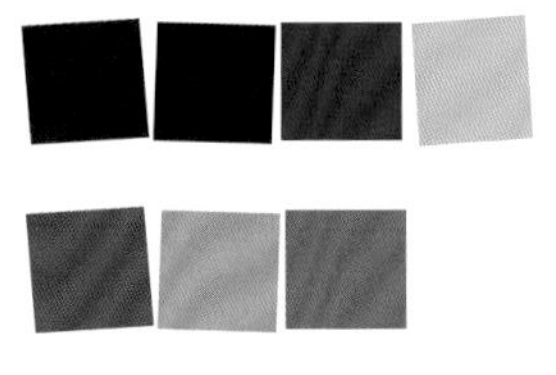

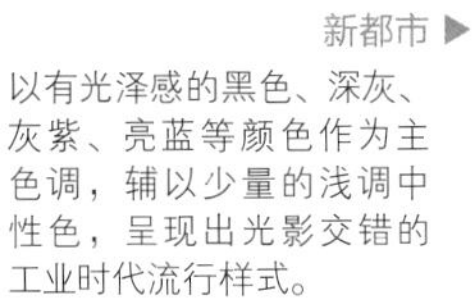

新都市 ▶
以有光泽感的黑色、深灰、灰紫、亮蓝等颜色作为主色调，辅以少量的浅调中性色，呈现出光影交错的工业时代流行样式。

2 确定应用元素并绘制线稿

根据主题进行调研，以确定职业装的应用元素。

职业装的款式变化较少，因而需要将目光放置在面料、配饰、结构细节上，最重要的是同样单品的不同穿着方式、搭配手法。在时装画的构思过程中，要将这些元素应用到设计中。

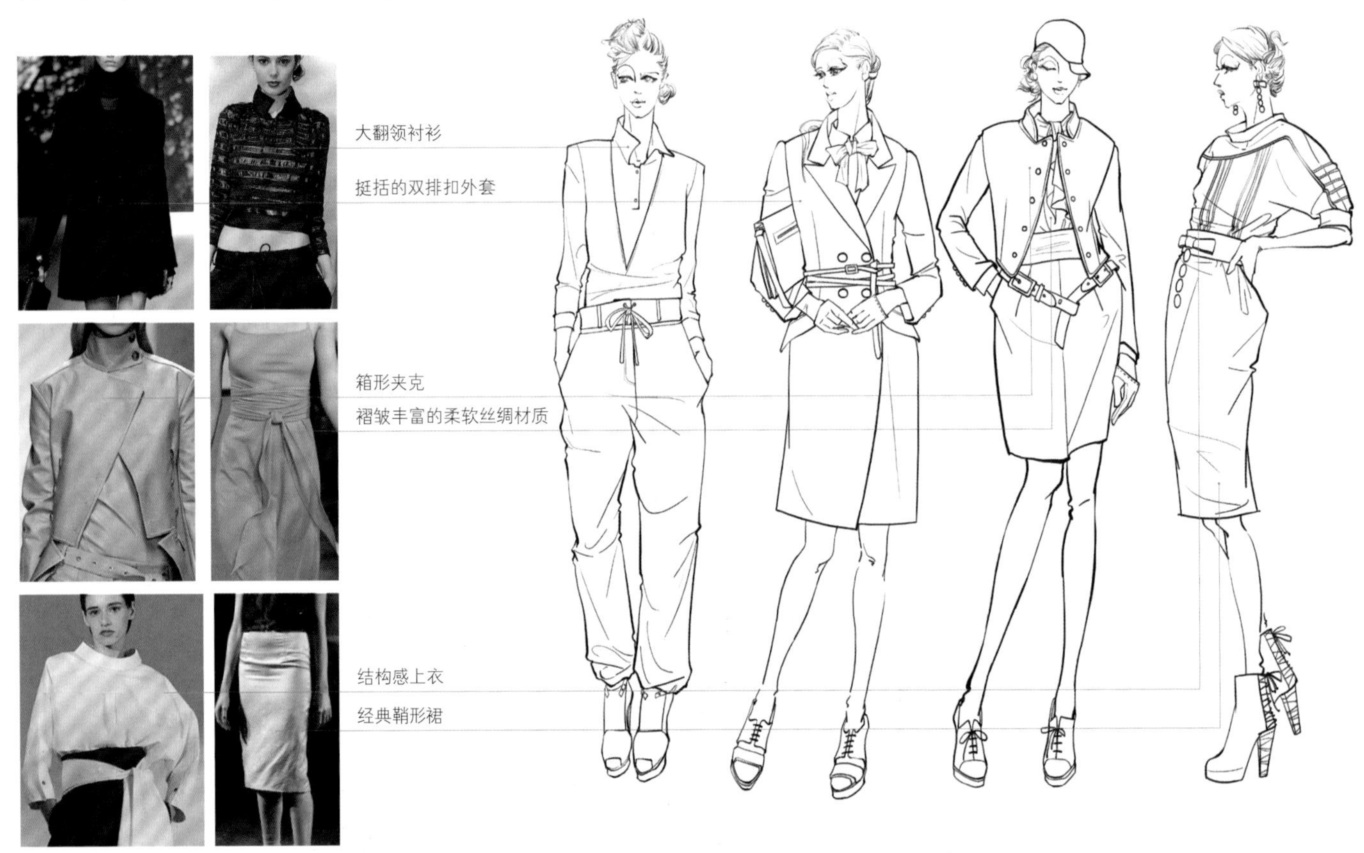

▲ 借鉴元素

▲ 款式设计

③ 绘制人体色彩

本系列用Photoshop软件进行着色。

考虑到主题色彩并不明艳，因此可以选择自然的裸色系绘制人体色彩。

自然的肤色搭配复古色系的腮红和唇彩，发色则选用端庄的暗棕色系和有层次感的黑色。

▲ 肤色、发色　　▲ 彩妆用色

④ 填充主色以及主要面料肌理

在Photoshop软件中制作面料图案，然后用选区工具将面料剪切出合适的区域(具体方法见第3章)。

用油漆桶工具填充主要款式的颜色，主色要和主要面料相搭配。

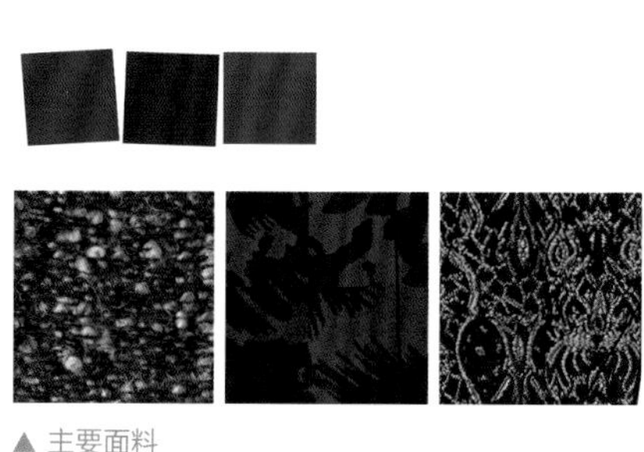

▲ 主要面料

织入闪亮纤维的花呢料、重磅印花真丝平布、双层蕾丝织物

5 搭配辅助色彩以及辅助面料肌理

在主题灵感色中选择米驼色作为辅助色彩，一方面与深色的主色形成明度对比，另一方面能够提亮整体服饰搭配效果。

选择略带光泽的丝质和亮片材质作为辅助面料，这样能够稍微点缀整体服装，形成“透气”感。

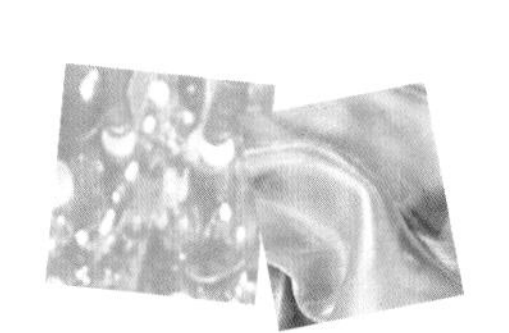

▲ 米驼色丝质面料、光泽感蝉翼纱面料

6 绘制配饰色彩与肌理

这一系列更多的是想表现混搭实用与低调优雅，因而配饰色彩选用与服装色彩比较接近的黄棕色、褐色、浅咖色、古紫色等大地色系，但腰带选择较为明亮的天蓝色，在整体协调的搭配中适当增加变化。

▲ 配饰用色

7 绘制衣纹褶皱，完成稿件

根据不同的面料肌理表现褶皱明暗。

花呢外套、印花外套和半裙以及双层蕾丝半裙等面料的肌理感较强，因此用粗糙的“喷枪硬边高密度粒状”笔刷来绘制暗部。华达呢高腰裤、皮革上衣和雪纺衬衣先用笔触较为细腻的“硬边圆压力不透明度”笔刷来表现暗部，再用同样的笔刷来统一提亮。

皮革外套和手套要先用边缘柔和的“柔边圆压力不透明度”笔刷绘制亮面，再用明确的笔触提亮高光，以表现其光泽感。

用同样的方法给配饰添加阴影，表现出立体感。

1 绘制暗部。

2 绘制亮部。

4.1.2 休闲女装系列设计

休闲女装可能是女装中应用最广的类别，几乎所有女性消费者都会购买休闲女装，在创作时装系列时要根据消费者的年龄层次和风格需求进行针对性的设计。

休闲女装的基本款式搭配

休闲女装追求“混搭”，消费者不但会根据系列设计的指导来进行着装搭配，还会根据自己对时尚的理解来混搭各种款式、配饰。这种“混搭”的需求，让休闲女装的设计涵盖外套、大衣、上装、裙装、针织衫、裤装等丰富多样的单品以及户外服、设计师时装等领域。

▼ 色彩搭配

常选用比较活泼的色彩搭配，例如灰色与纯色搭配、补色搭配、多色搭配等。

▼ 常用面料

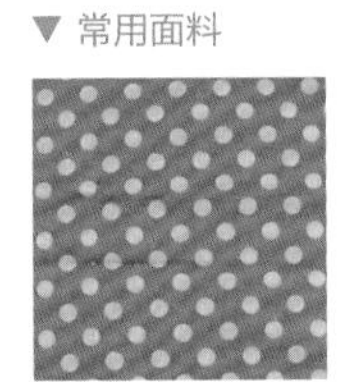

图案面料

带有肌理的棉麻织物

特殊材质

▼ 休闲女装基本款式：连衣裙

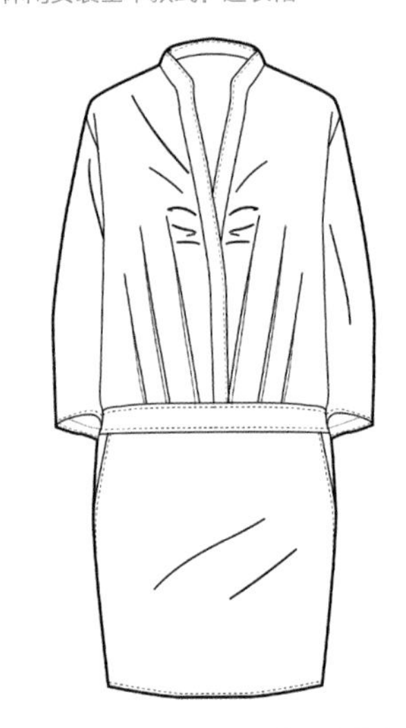

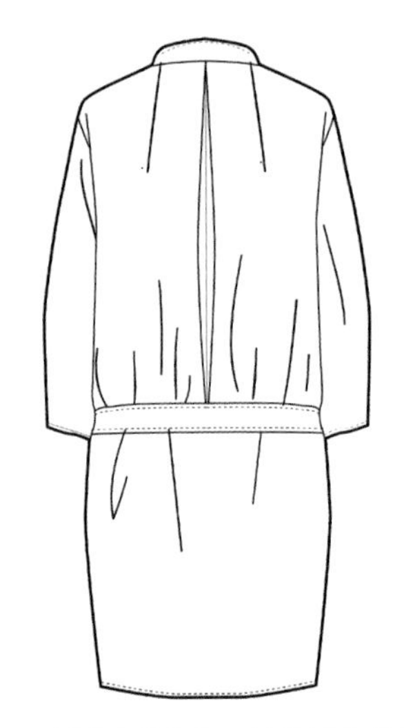

与职业女装的连衣裙不同，休闲女装的连衣裙既可以作为裙装穿着，也可以作为风衣、大衣的打底服装，还可以搭配裤装或紧身袜，是款式风格和应用范围极广的一种单品。

▼ 搭配款式

▼ 休闲女装搭配效果

休闲女装常用设计元素

休闲女装的设计变化十分丰富，从廓形、材质到细节、风格，都是设计师表达灵感的范畴。考虑到视觉观察的习惯，设计师可以更多地关注门襟、口袋、腰带等部位的设计变化，个性极强的风格化元素也是休闲女装系列设计的重点。

1 门襟

休闲女装的门襟设计可以运用纽扣、滚边、褶皱、撞色、拉链、抽绳、拼布、珠绣等手法，这是时装正面最大的设计部位，很容易成为视觉的关注点。

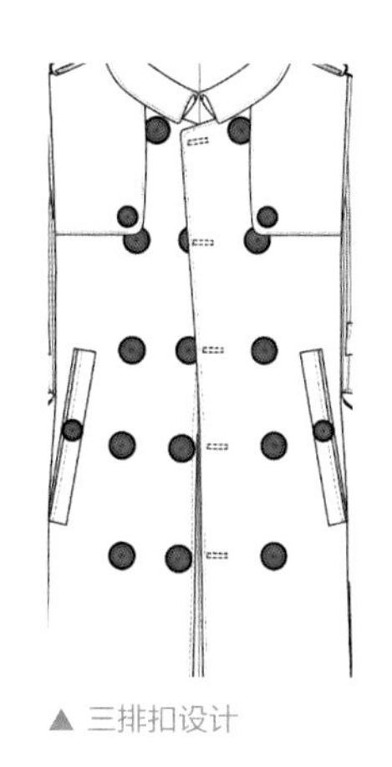
▲ 三排扣设计

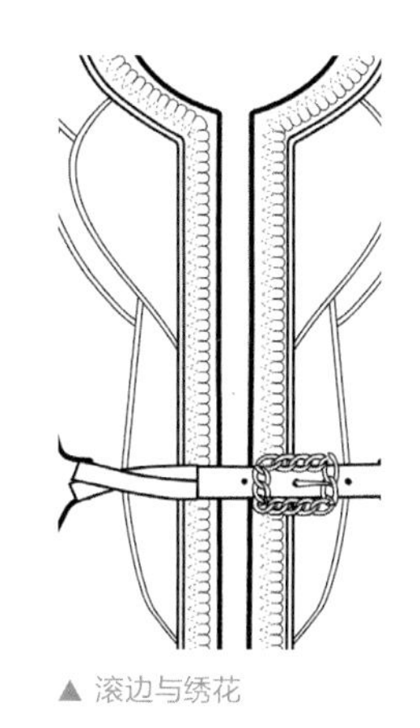
▲ 滚边与绣花

▲ 立体扭曲门襟

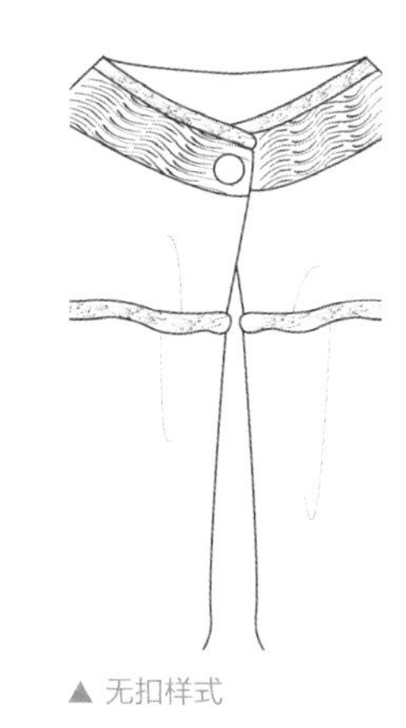
▲ 无扣样式

2 口袋

休闲女装的口袋设计可以通过改变口袋形状、厚度、材质、色彩、加固工艺、扣合工艺、轧花工艺等来进行创新。

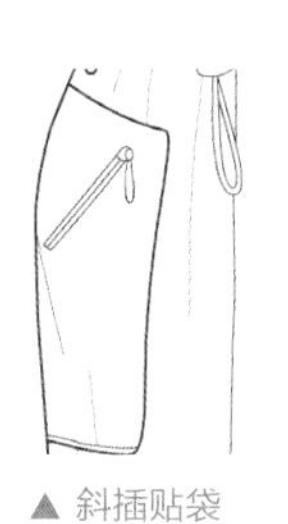
▲ 斜插贴袋

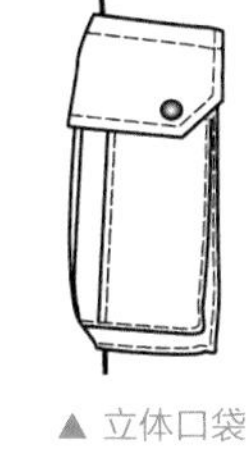
▲ 立体口袋

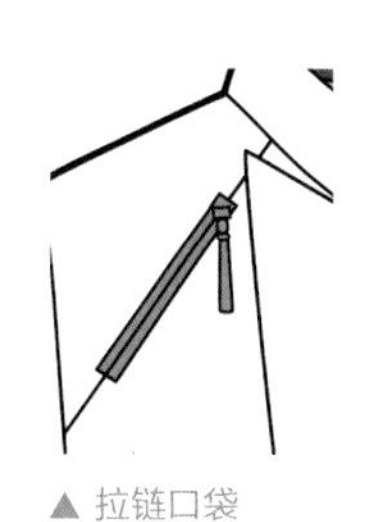
▲ 拉链口袋

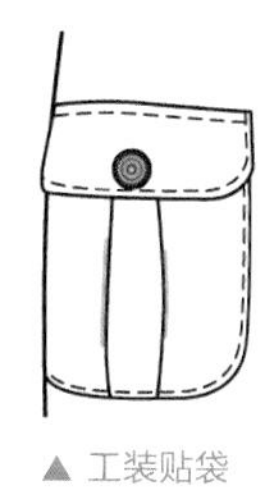
▲ 工装贴袋

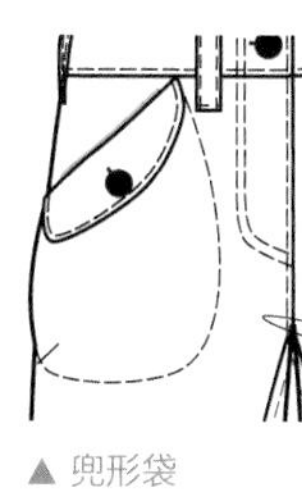
▲ 兜形袋

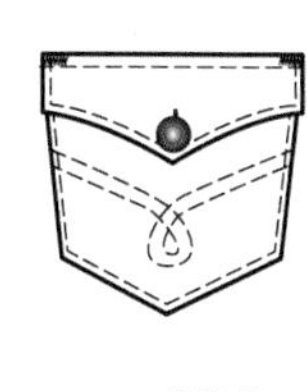
▲ 口袋轧花

3 腰带

腰带在休闲女装中的用途非常广泛，裙装、裤装、外套、风衣等都可以运用这一设计元素。腰带的设计点在材质、带扣以及系扎方式这三个方面。

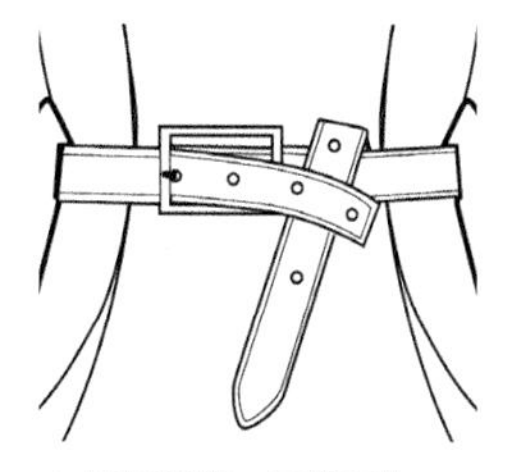
▲ 皮质腰带，折叠系扎

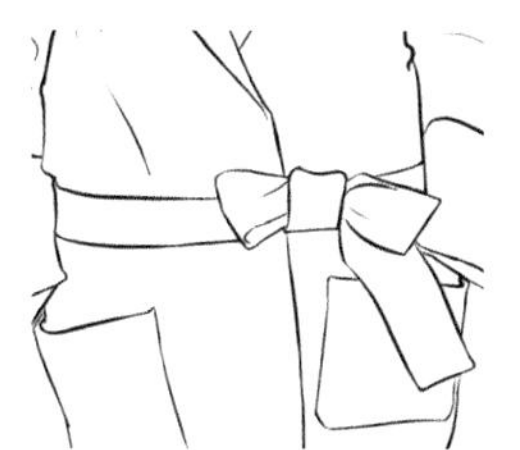
▲ 同料针织腰带

▲ 双腰带

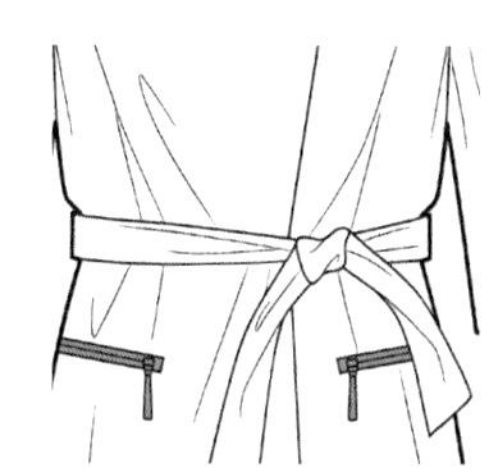
▲ 棉质薄腰带

4 风格流行元素

休闲女装的设计风格没有太多的限制，灵活多变的风格会带来不同的细节元素。例如将东方风格融入休闲女装的设计，可以借鉴围裹式的右衽门襟、系扎、缠裹、灯笼裤、低裆裤等东方国度特有的传统样式。

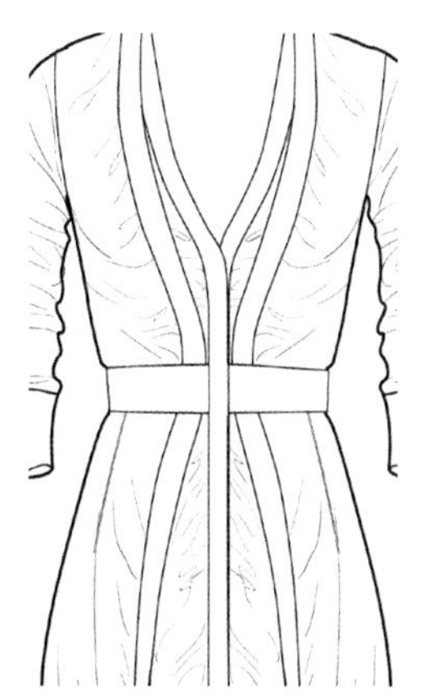
▲ 柔软褶皱

▲ 缠裹式腰带

▲ 和服式腰封

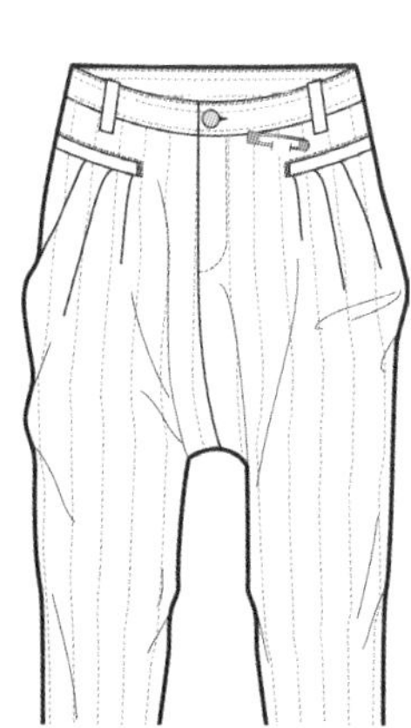
▲ 宽松低裆裤

休闲女装常用款式

休闲女装的款式品类繁多，其中外套、大衣、上装、裙装、针织衫和裤装是系列设计常用的六种单品。

①外套

外套是休闲女装中穿着时间最长的单品，包括较薄的西装外套、夹克、斗篷，中等厚度的针织外套、毛呢外套、皮夹克，以及较厚的户外服、防寒服、棉外套等。

▲ 夹克外套

▲ 设计款驳领外套

▲ 填充棉服/羽绒服

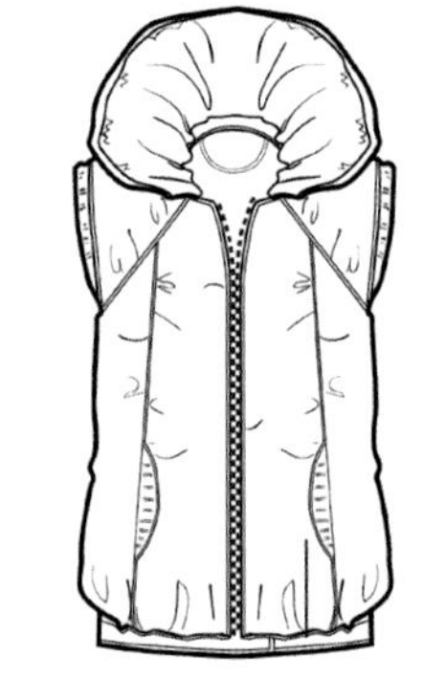

▲ 填充棉背心

②大衣

休闲女装的大衣设计比职业女装的变化更多，包括款式结构上的变化和细节装饰上的变化。

▲ 斗篷短大衣

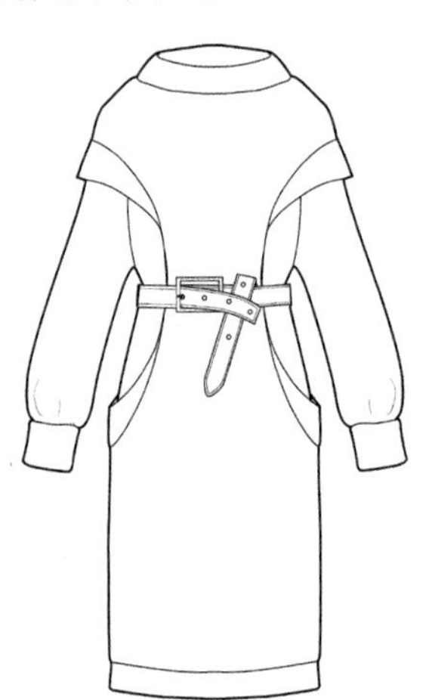

▲ 小立领套头大衣

▲ 帽兜大衣（背面）

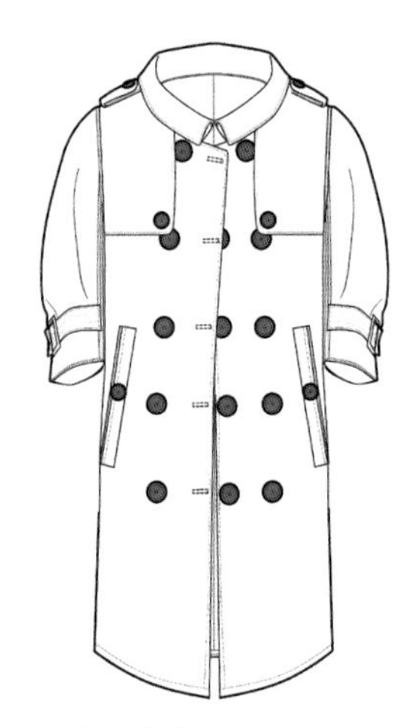

▲ 短袖大衣

③上装

休闲女装的上装包括衬衫、T恤和其他个性款式，在材质上常用薄型棉麻织物、针织汗布、薄呢、莱卡织物等。

▲ 花式衬衫

▲ 系带长T恤

▲ 长款创意上装

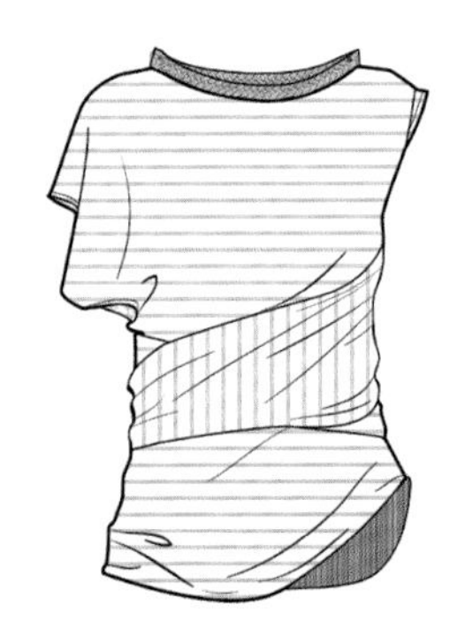

▲ 不对称T恤

4 裙装

休闲类裙装包括连衣裙和半裙，在裙长、面料与款式上，这类时装不但承袭传统裙装设计理念，还不断产生很多新的概念样式，是设计感较强的单品之一。

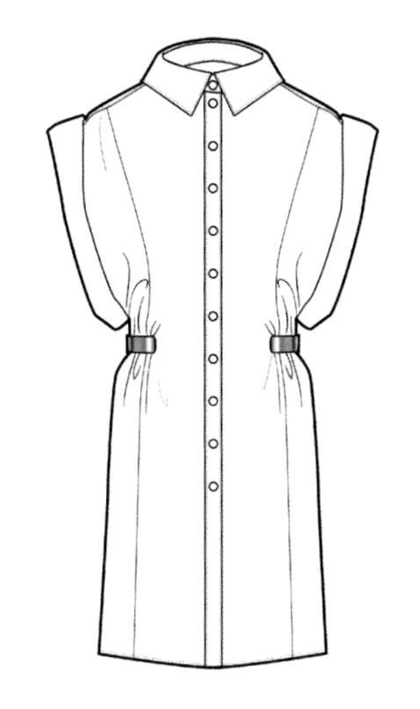

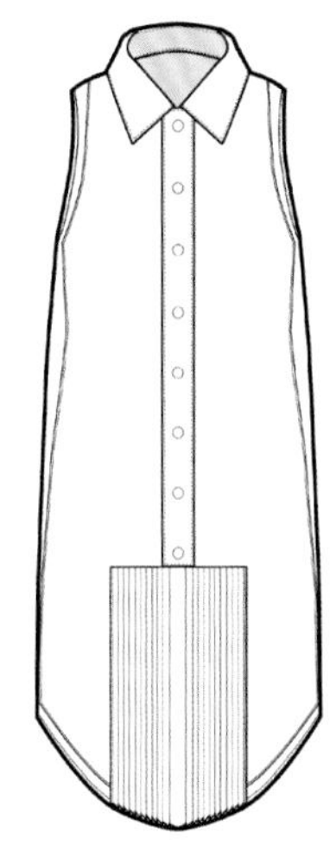

▲ 收腰衬衫裙　▲ 无袖H形衬衫裙　▲ 透明双层连衣裙　▲ 针织连衣裙

5 针织衫

休闲类针织衫包含裁剪类针织衫和成型类针织衫两种。这类时装可塑性强，既可以形成柔软悬垂的样式，也可以像外套面料一样厚实挺括。

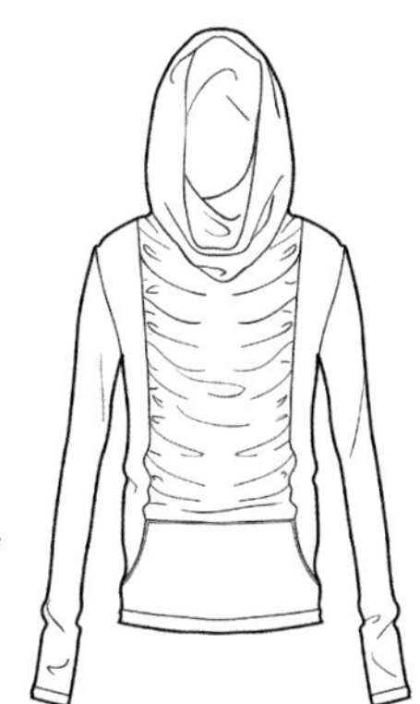

▲ 裁剪类：针织连帽开衫　▲ 裁剪类：针织紧身T恤　▲ 成型类：套头羊毛衫　▲ 成型类：滚边毛衫

6 裤装

休闲类裤装不仅长度多变，而且在面料、廓形和结构上有丰富的变化。休闲类裤装的设计要注意在裤装廓形、腰头和裤裆等处的结构变化，还要擅长应用图案。

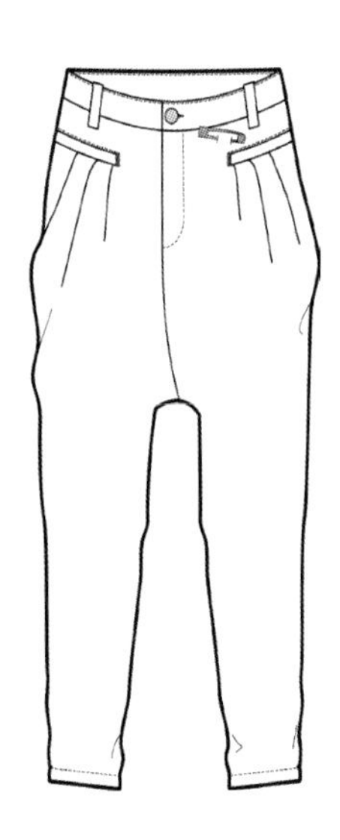

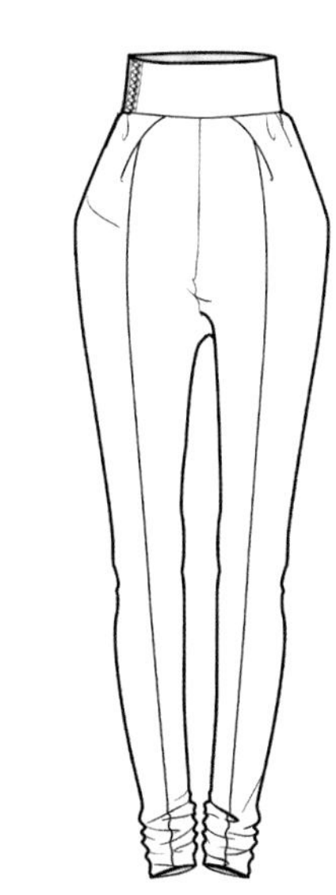

▲ 打褶低裆裤　▲ 高腰紧腿裤　▲ 连身裤　▲ 背带裤

休闲女装系列设计表现技法

休闲女装系列设计要着重表现时尚潮流，运用多元化的材质、肌理、结构。考虑到休闲女装适应的顾客年龄跨度较大，因此在选择设计主题时要根据相对应的顾客群来定位。例如面对较年轻的学院女生可以选择浪漫清新的主题；针对时尚女郎可以考虑更加夸张、鲜明格调的主题；讨主妇欢心可以选择居家风格的主题；应对职场女性则可以应用科技感与中性风格混搭的主题。

1 确定系列主题

休闲女装涵盖各种风格，因而选择系列主题的范畴相对较广。

这类时装的主题重在表现情绪变化，在系列设计时要积极利用色彩情绪来表现风格走向。

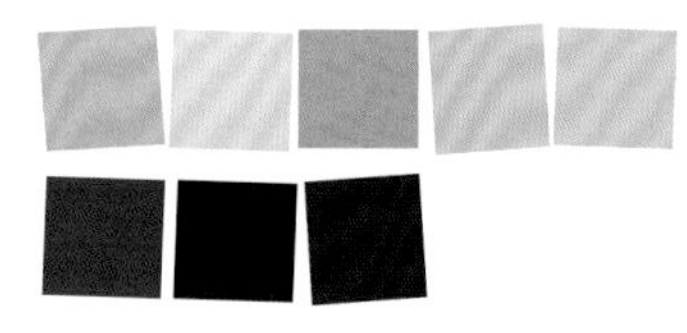

芒果班戟 ▶
通过水果色体现活泼年轻的风格特征，这种鲜亮的颜色组合以及指向鲜明的主题名称能够让观众向甜美清凉的方向联想。

2 确定应用元素并绘制线稿

尽管这类时装的应用元素丰富多彩，但还是要有基本的设计要求，每个系列的应用款式至少要有六到七种单品，包括两三款大衣或外套、夹克、衬衫、一两款针织衫、两三款裤装、两三款半裙、一两款连衣裙。初学者可以在这一基础上灵活地变化延伸，根据应用元素创作线稿草图。

▲ 借鉴元素　　▲ 款式设计

③ 绘制人体色彩

本系列用Photoshop软件进行着色。

根据主题色彩，将肤色定位在略白皙的色度，彩妆则以芒果黄和粉红色为主，发色也可以用浅金黄色呼应主题。

由于设计中运用到半透明面料，因而在画肤色时，要事先将透明面料部分的人体肤色画上。

▲ 彩妆用色

▲ 肤色、发色

④ 填充主色以及主要面料肌理

主要面料是黄色的棉纱、涂层面料，以及半透明的浅灰色生丝绡。

黄色面料可以先制作图案再用油漆桶工具填充。灰色半透明面料则需要用边缘模糊画笔并将扩展栏上的不透明度选项调整为60%，按照线稿的褶皱绘制，这样能够透出肤色，形成透明面料的视觉效果。

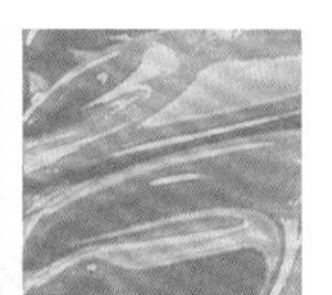

▲ 棉纱面料、涂层面料、生丝绡

⑤ 搭配辅色以及辅助面料肌理

将辅助面料扫描并制作成图案。

其中黄色蕾丝面料是半透明面料，因此在这种面料图案填充完后，可以调整该图层的不透明度，让服装形成半透明感。

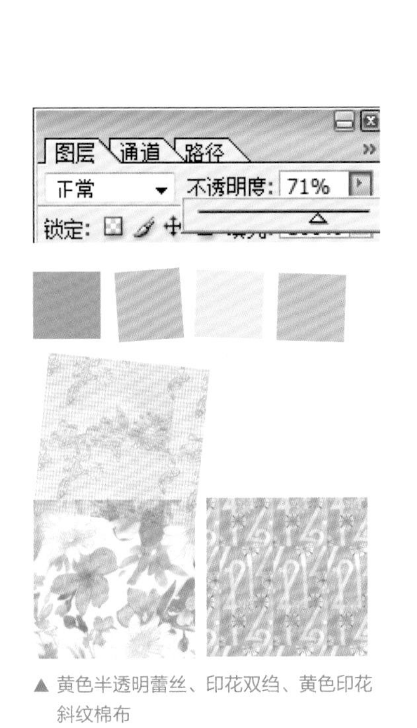

▲ 黄色半透明蕾丝、印花双绉、黄色印花斜纹棉布

⑥ 绘制配饰色彩与肌理

只需将配饰面料作为图案，逐一填充即可。

皮革等光泽变化较大的面料仅填充色彩，留待后期绘制明暗时再表现肌理。

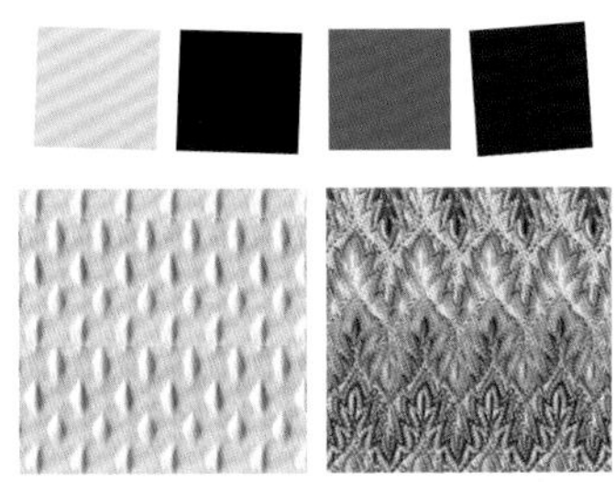

▲ 配饰图案

7 绘制衣纹褶皱，完成稿件

将前景色设置为70%不透明度的灰色，用模糊边缘的画笔，在新建的图层混合模式为“线性加深”的图层上绘制暗部。

再新建图层，并将其图层混合模式设置为“线性减淡”，为黄色涂层面料和棕红色漆皮包等光泽感较好的面料绘制亮部。

1 绘制暗部。

2 绘制亮部。黄色涂层面料可以用选区选中亮面后，再涂画浅色笔触，这样能够形成干净利落的边缘，更好地表现涂层面料挺括、光亮的质感。

4.1.3 度假系列设计

度假系列时装一般在早春或早秋季节发布，多以度假胜地的代表元素作为主题灵感。度假系列设计有两种风格：一种是针对旅行度假穿着的带有热带风情的时装；另一种是可以满足城市休闲度假的轻松装扮。

度假系列的基本款式搭配

度假系列时装常采用明艳的色彩和轻松飘逸的款式，具体可以体现在宽松衬衫、T恤、超长裙、阔腿裤、热裤等单品的设计中，宽松、适当的裸露和热带风情印花是度假时装的代表元素。

▼ 色彩搭配

海洋色系、花朵色系、水果色系以及明亮的地中海色系最能够表现度假系列的轻松愉悦感。

▼ 常用面料

雪纺

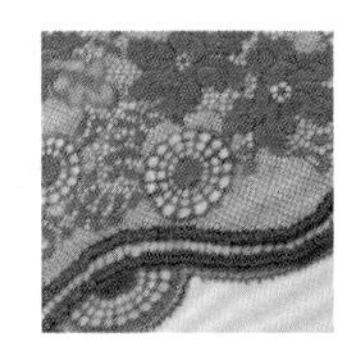
蕾丝

色彩丰富的手工纺织品

度假系列常用设计元素

很多能够表现飘逸感和热带风情的设计元素都很适合度假系列，例如大摆裙、阔腿裤、长飘带设计、印花图案等。根据时尚潮流和消费者的心理习惯，可以总结出一些度假系列时装的标准要求：一是需要有舒适的活动功能，因为紧绷的服装不适合度假类的活动项目，例如套装；二是要有异域风情，无论是阿拉伯长袍款式或是非洲图案，都可以带来旅行式的新鲜感，这种新鲜感正是度假系列想要达到的目的。

1 荷叶边

荷叶边不仅是一种很女性化的设计元素，还是一种十分飘逸的样式。在设计应用中，可以形成规则荷叶边、不规则褶边、抽绳荷叶边、小荷叶边等不同效果。

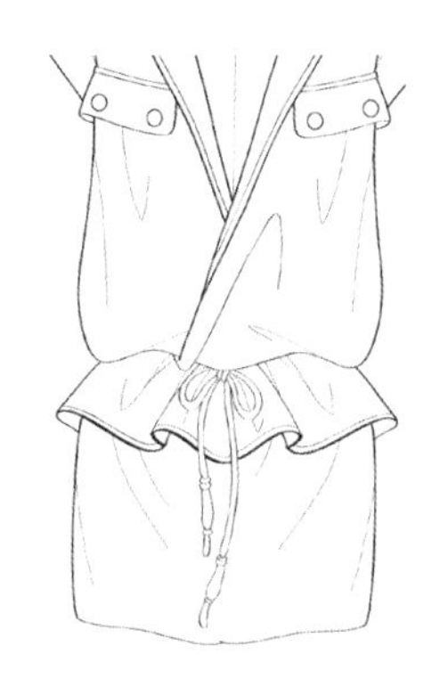

▲ 荷叶边衣摆

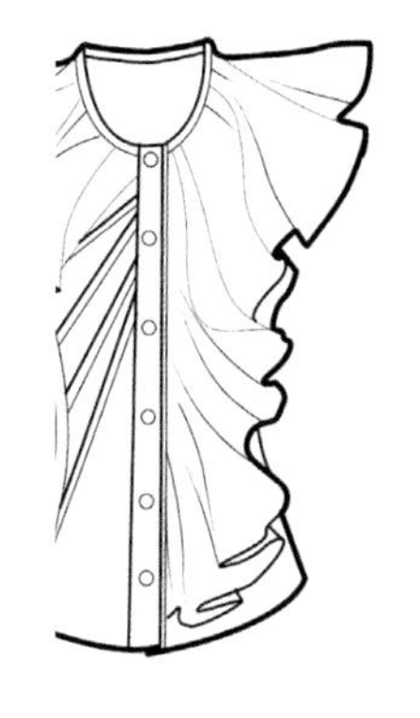

▲ 连袖荷叶边门襟

▲ 规则荷叶边裙摆

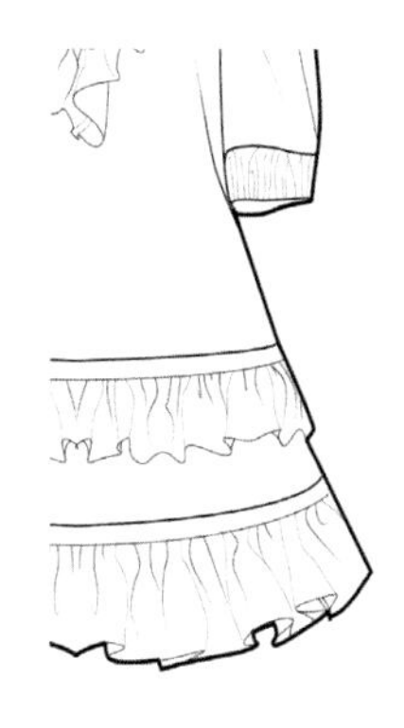

▲ 小荷叶边镶滚装饰

2 泡泡袖

泡泡袖最直观的效果是袖子形成柔和的曲线。这种回归维多利亚时代的风格在日常生活中穿着可能会略显戏剧化，但是在度假期间就显得十分轻松浪漫。

▲ 柔软泡泡袖

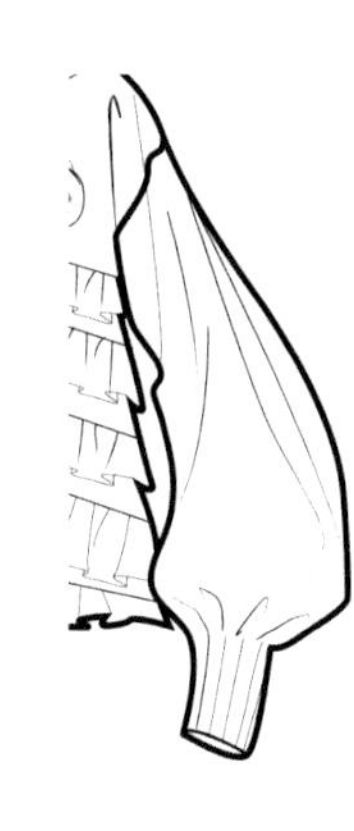

▲ 针织泡泡袖

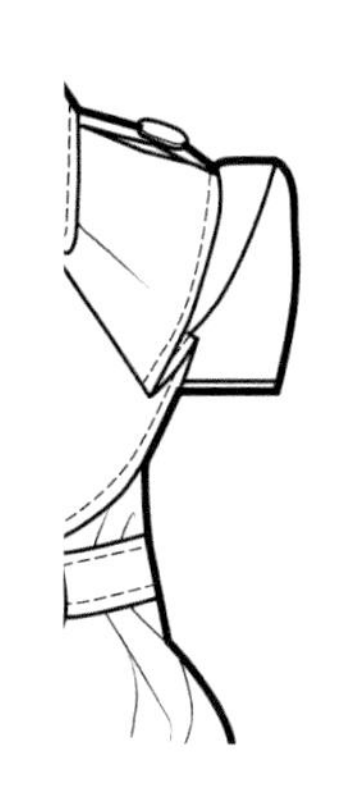

▲ 过肩袖

▲ 立体造型泡泡袖

▲ 披肩式泡泡袖

3 海岛元素

各个散落在赤道附近的海岛是近来流行的度假胜地，因而海岛元素也已成为度假系列时装设计的必选项之一。这种设计元素一部分来自海岛土著的传统服饰，例如流苏、草帽、草编裙、动物骨骼项链等；另一部分来自度假人群的时尚穿着，例如沙滩拖鞋、透薄丝巾裙、比基尼等。

▲ 流苏装饰

▲ 巴拿马草帽

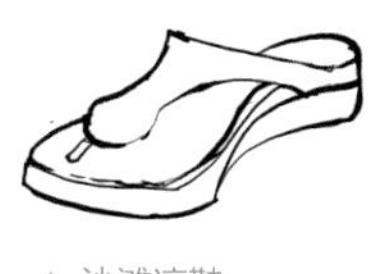

▲ 沙滩凉鞋

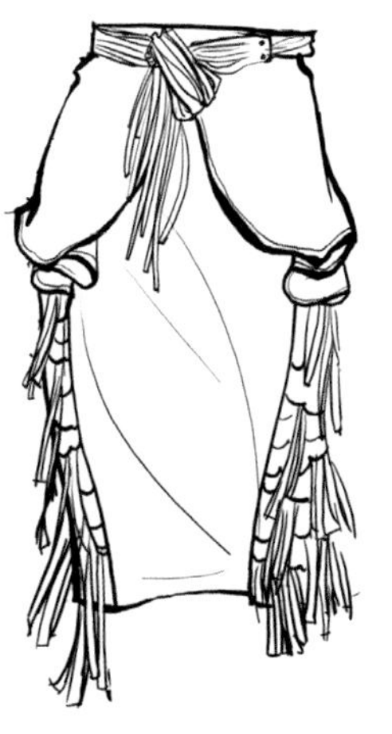

▲ 流苏裙

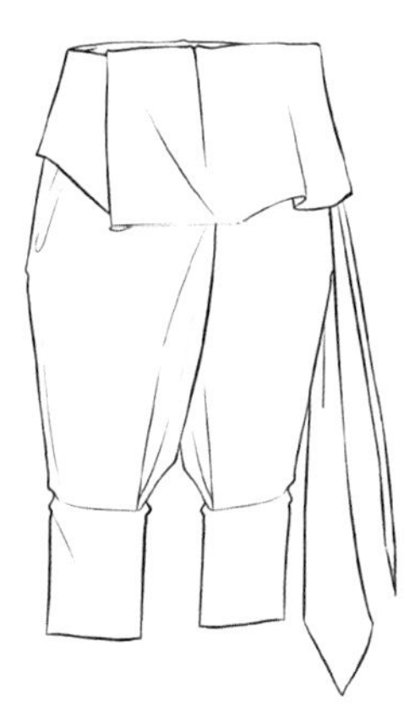

▲ 东方风格及膝裤

度假系列常用款式

度假系列常用的款式包括六类单品：轻薄外套、宽松上装、连衣裙、超短款下装、宽松长裤、超长裙。这些单品都有轻薄飘逸的特征，主要应对日光强烈、气候温暖的天气。

1 轻薄外套

这种单品可以随意披搭在任何时装的外面，尤其是在昼夜温差较大或是有骤雨的度假场所，更是必备款式。

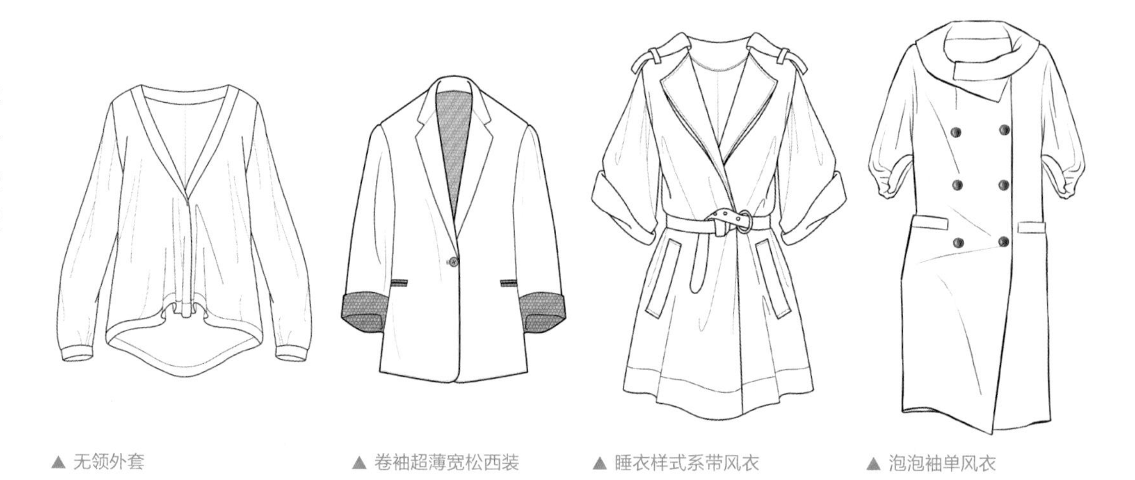

▲ 无领外套　▲ 卷袖超薄宽松西装　▲ 睡衣样式系带风衣　▲ 泡泡袖单风衣

2 宽松上装

这类单品搭配紧身裤与夹脚凉鞋是沙滩上常见的穿着方式，充满轻松闲适感。

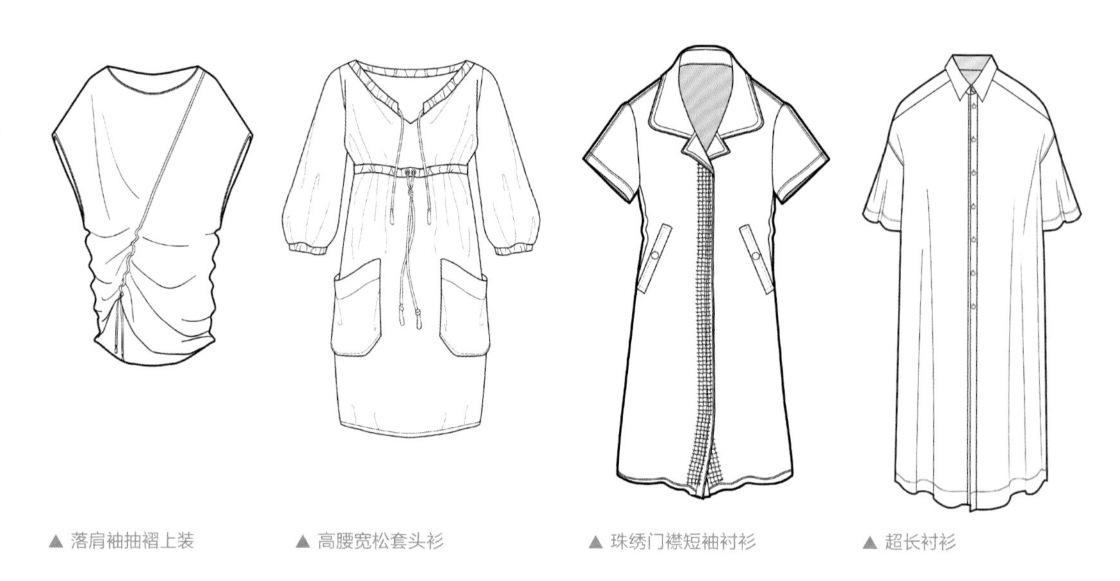

▲ 落肩袖抽褶上装　▲ 高腰宽松套头衫　▲ 珠绣门襟短袖衬衫　▲ 超长衬衫

3 连衣裙

在连衣裙的设计中稍微加入一些海滨、田原或休闲的元素，就能够充分展现度假风格。这种单品设计空间较大，可以适应不同的年龄阶层以及风格喜好。

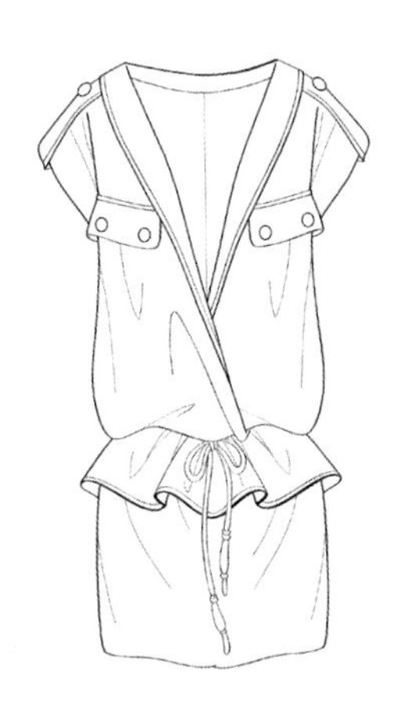

▲ 超短连衣裙

▲ 挂脖连衣裙

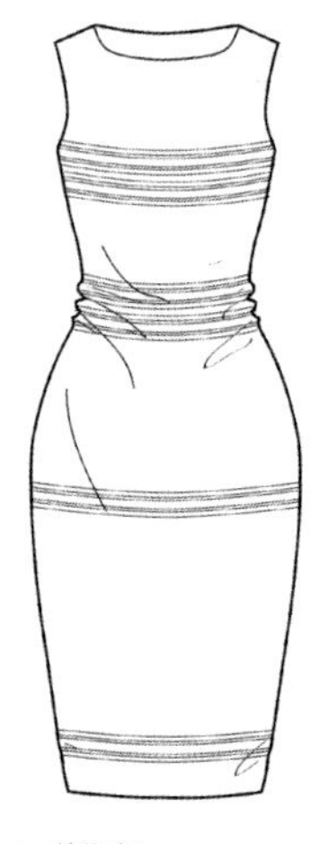

▲ 花瓶裙

▲ 乡村样式中袖连衣裙

4 超短款下装

超短款下装是应对阳光与高温的最好选择。这种款式的设计重点在于腰头、裙摆与裤脚。

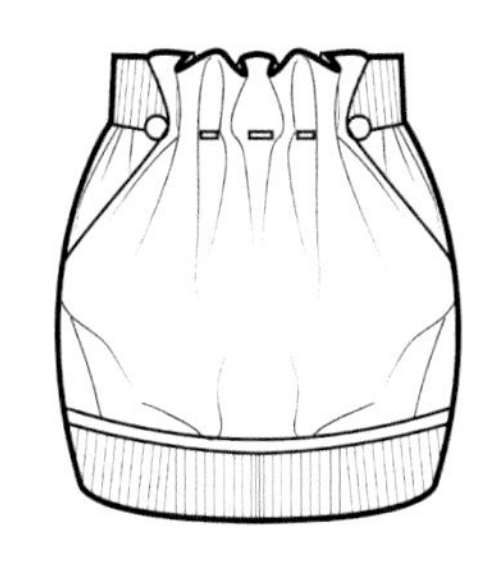

▲ 超短打褶裙

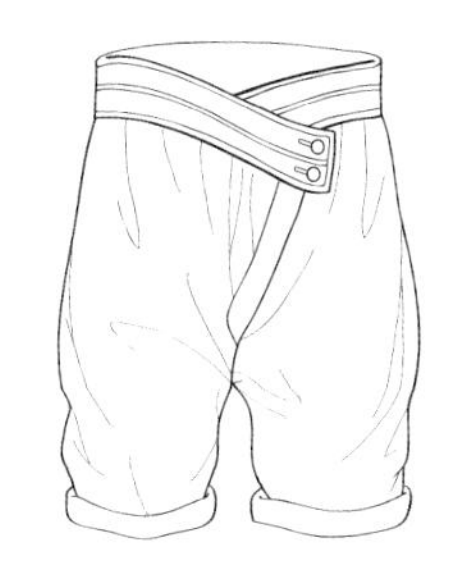

▲ 不对称腰头卷边短裤

▲ 卷边超短裤

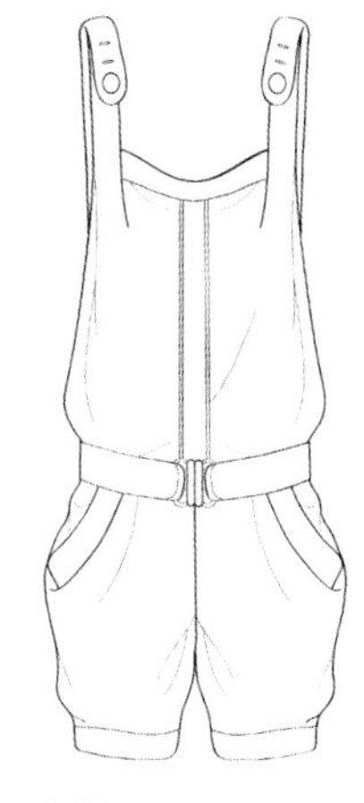

▲ 连身短裤

5 宽松长裤

宽松长裤能够展现苏丹公主式的精致浪漫，是度假系列设计的重要单品。此类单品的设计重点在腰头和裤脚处。

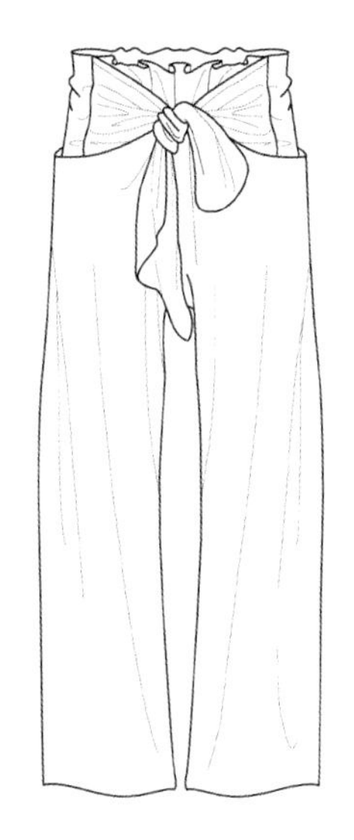

▲ 装饰系带腰头阔腿九分裤

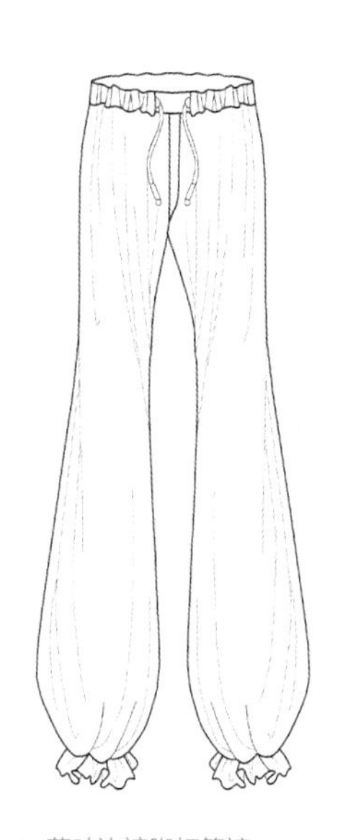

▲ 荷叶边裤脚灯笼裤

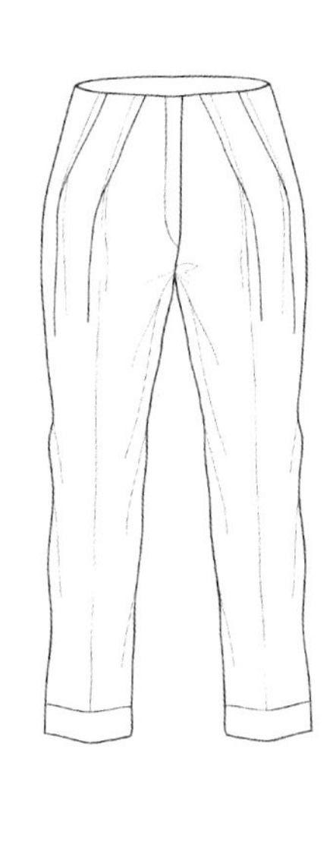

▲ 宽松七分裤

▲ 腰头双褶阔腿长裤

6 超长裙

作为沙滩装最受欢迎的款式之一，超长裙也是度假系列设计的重要单品。超长裙可以是连衣裙或半裙，长度一般落在小腿中部到脚踝处。其经典代表是希腊女神式的典雅样式。

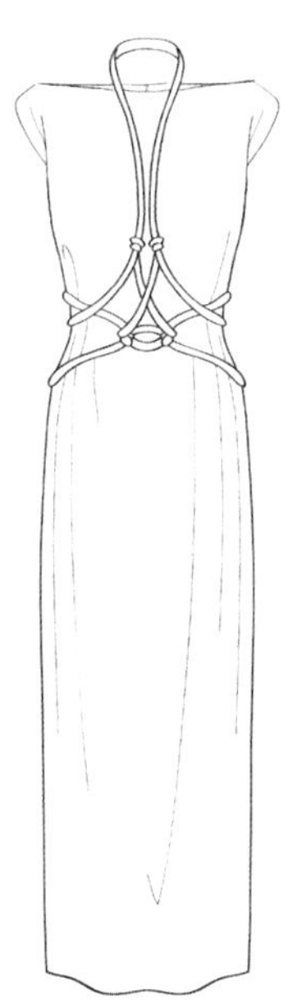

▲ 绳结装饰针织长裙

▲ 荷叶边裙摆连衣裙

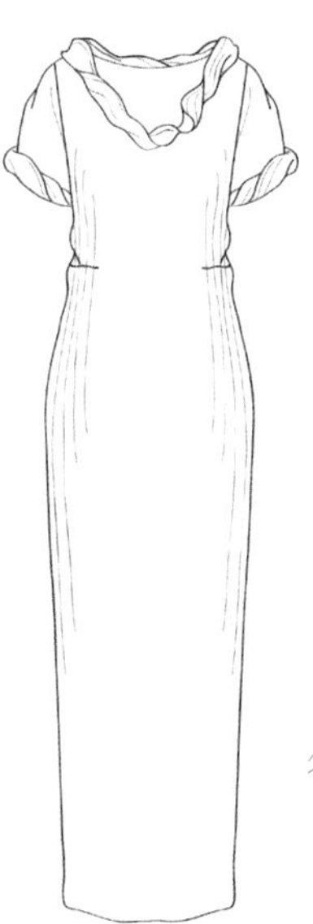

▲ 翻卷领口与袖口针织长裙

▲ 流苏装饰袍衫裙

度假系列设计表现技法

度假系列的时装主要针对温暖舒适的气候，常选用与度假胜地相关的主题概念，目标消费者是20岁以上热爱时尚与度假生活的女性。在进行主题设计时需要考虑到阳光、和风、沙滩、休闲时光等度假要素，在款式的选择上要更多地考虑面料轻薄、穿着舒适的春夏季节单品。

① 确定系列主题

不需要挖空心思地寻找创意，只需要将旅行杂志翻出来，寻找热门的度假场所就能够得到足够的新鲜资料。陌生国家和城市能够带来自然、气候、环境、民俗、手工业等方面的新信息，这些信息经过简单的加工，就能够形成设计主题元素。

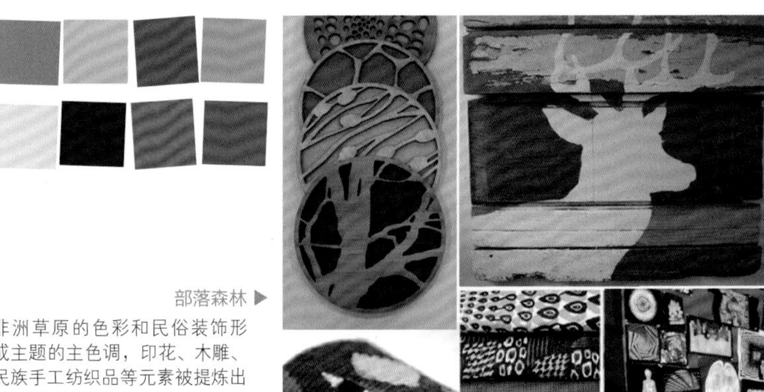

部落森林 ▶

非洲草原的色彩和民俗装饰形成主题的主色调，印花、木雕、民族手工纺织品等元素被提炼出来，形成系列风格。

② 确定应用元素并绘制线稿

图案是度假系列的重点表现对象，因此在采集信息时，不仅要搜寻可借鉴的图案元素，还需要寻找图案的应用方式，包括图案的大小、运用部位、色彩与搭配方式等。除此之外，带有异域民族风情特色的时装款式和穿衣风格也可以作为应用元素引入系列设计。

▲ 借鉴元素

▲ 款式设计

③ 绘制人体色彩

本系列用Photoshop软件进行着色。

考虑到服装会应用到各种丰富的色彩，因此妆容和发色可以采用沉稳一些的深咖啡色系来表现。

▲ 棕色系彩妆

▲ 肤色、发色

④ 填充主色以及主要面料肌理

将面料制作成图案，然后用油漆桶工具依次填充。注意袍衫裙的图案较大，可以直接运用选区工具将图案剪切出适合裙装的区间（具体方法详见第3章）。

▲ 亚麻面料、柞蚕丝、印花丝毛

⑤ 搭配辅色以及辅助面料肌理

将辅助面料制成图案，用油漆桶工具依次填充。

注意：毛领面料在填充之后需要用"柔角橡皮"将边缘擦除得模糊一些，形成毛发感。

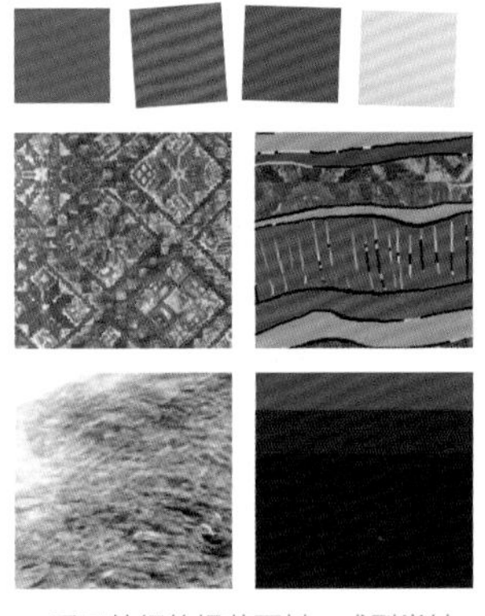

▲ 手工纺织的提花面料、成型类针织图案、貉子毛条、印花棉布

⑥ 绘制配饰色彩与肌理

将配饰面料制作成图案，用油漆桶工具依次填充。

▲ 豹纹印花皮革、轧花牛皮、蛇皮

7 绘制衣纹褶皱，完成稿件

将前景色选择为70%不透明度的灰色，用边缘较为柔和的画笔，在新建的图层混合模式为“线性加深”的图层上绘制暗部。

应用了柞蚕丝面料的时装会形成边缘整齐的高光，可以用多边形选框工具搭配“喷枪柔边圆形”笔刷绘制。

1 绘制暗部。

2 绘制亮部。

4.1.4 礼服系列设计

礼服这一类别涵盖的范畴很广，从隆重的皇家晚礼服、奥斯卡红毯装到日装礼服，从浪漫的婚礼服到庄重的丧礼服，从鸡尾酒礼服到毕业派对礼服，从商务餐会日装礼服到出席会议的礼服套装……礼服系列包括所有适合宴会类型场合的着装样式。

礼服分类

根据不同的场合，可以将礼服分为五类：日装礼服、派对礼服、鸡尾酒礼服、晚礼服、婚礼服。根据不同的类别，系列设计需要选择不同的面料来表现，相同之处在于，礼服属于高级定制或高级成衣类别，系列设计都拥有精美的面料、合体的裁剪和细致的装饰元素。

色彩搭配 ▶

越是正式礼服，色彩搭配越单纯，往往只用一种色彩作为主打色。

常用面料 ▶

昂贵的丝绸、精纺亚麻和手工加工的装饰面料常用作礼服面料。

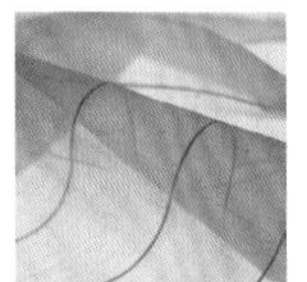

薄纱

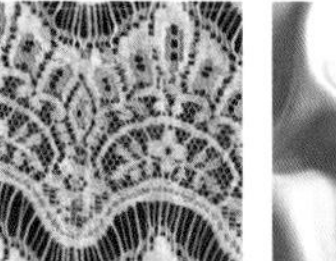

蕾丝

素缎

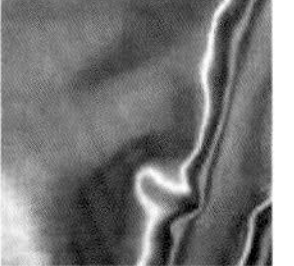

塔夫绸

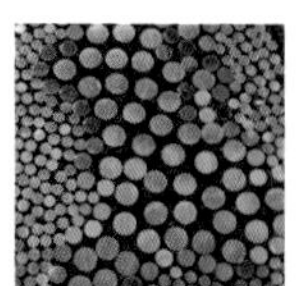

装饰面料

① 日装礼服

日装礼服适合参加中午或下午举行的餐会、茶会。一般会采用简单、裁剪得体的款式。用料为精纺毛织物或亚光丝绸织物，不会使用太耀眼的细节装饰。着装者佩戴简单的首饰，拿小手包，穿5厘米左右的雅致高跟鞋。

② 派对礼服

派对礼服适合参加非正式场合的聚会，例如节日餐会、毕业酒会等。在某种程度上，这种礼服更像是时尚夜店装，可使用各种面料。着装者一般佩戴夸张且亮眼的首饰，穿舞鞋或时尚单鞋。

③ 鸡尾酒礼服

鸡尾酒礼服是使用最为广泛的一种小礼服，出席日间或晚间的正式场合都可以穿着。这种礼服讲究面料与装饰结合，一般是短裙样式。着装者佩戴珠宝首饰，拿小手包，穿设计别致的高跟鞋。

④ 晚礼服

晚礼服适合出席隆重的场合，通常采用顶级的奢华面料，甚至将珠宝镶嵌在服装上，裙子长及脚踝甚至有拖尾。着装者佩戴珠宝首饰，拿缎面或珠宝镶嵌的手包，搭配同系列高跟鞋。

⑤ 婚礼服

婚礼服包括新娘礼服、伴娘礼服两个类别，是永不过时的时装。设计常采用丝绸、欧根纱等昂贵面料，讲究创新性与梦幻感。着装者佩戴花饰或珠宝首饰，拿捧花，搭配同系列高跟鞋。

礼服常用设计元素

礼服作为古典时装保留到当代的重要品类，拥有很多传统的设计概念，而在创新设计不断发展的今天，礼服的设计又有了不少新鲜的概念。不同的礼服种类有不同的设计元素，例如晚礼服常将裙摆和裸露肩线作为设计重点，派对礼服则时常使用褶皱概念。

① 裙摆

晚礼服有许多传统的裙摆样式，例如蓬松泡泡裙、荷叶边裙摆、鱼尾裙摆等。除此之外，设计师也十分乐于创造新的造型。

▲ 斜裁裙摆　▲ 拖尾荷叶边裙摆　▲ 缩摆花苞裙　▲ 口袋裙摆

② 裸露肩线

上装的设计很容易形成视觉的焦点，因此肩线部位是晚礼服的一个设计重点。

▲ 单肩裙　▲ 捆绑肩带　▲ 裸肩抹胸裙　▲ 一字领露肩裙

③ 柔软褶皱

柔软的褶皱不但能够展现女性的魅力，还能够形成丰富的款式变化，展现立体裁剪的艺术感，是短款派对礼服最常用的设计元素。

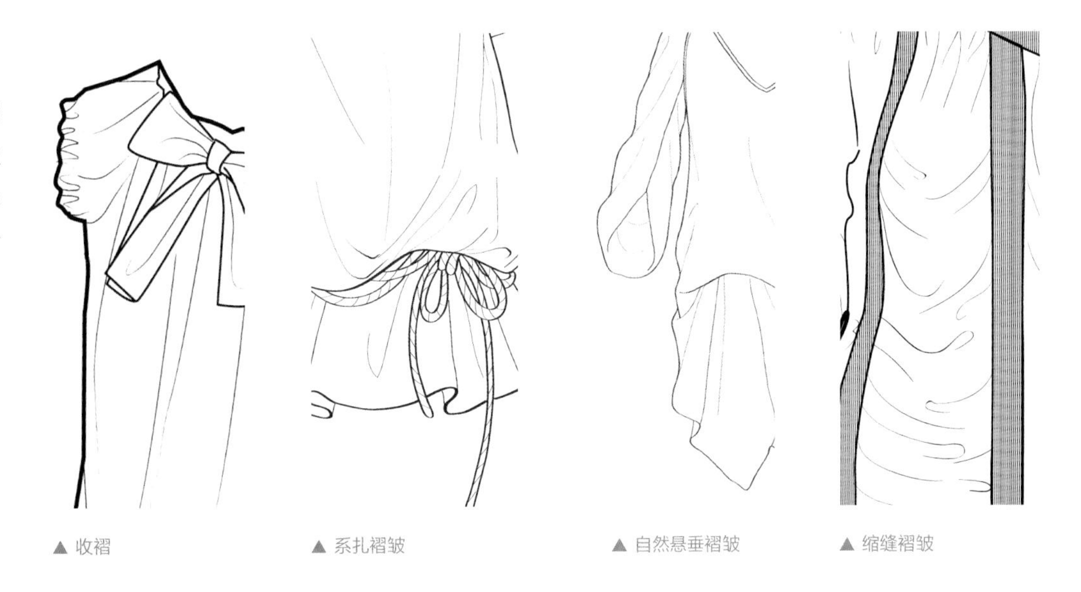

▲ 收褶　▲ 系扎褶皱　▲ 自然悬垂褶皱　▲ 缩缝褶皱

礼服常用款式

不同类别的礼服有不同的常用款式，在进行设计创作时，要先区分衣服的类别，再根据时装穿着的时间、地点、场合进行设计。

① 超短款派对礼服

作为非正式场合穿着的礼服，可以在设计上拥有更多的创意。尝试采用新型面料或是应用日常着装的设计风格，能够为设计带来更多的新鲜概念。

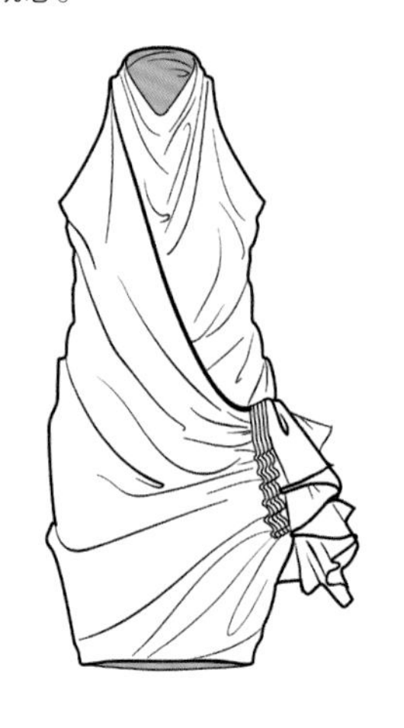

▲ 立体褶皱超短裙

▲ 不规则裁片超短裙

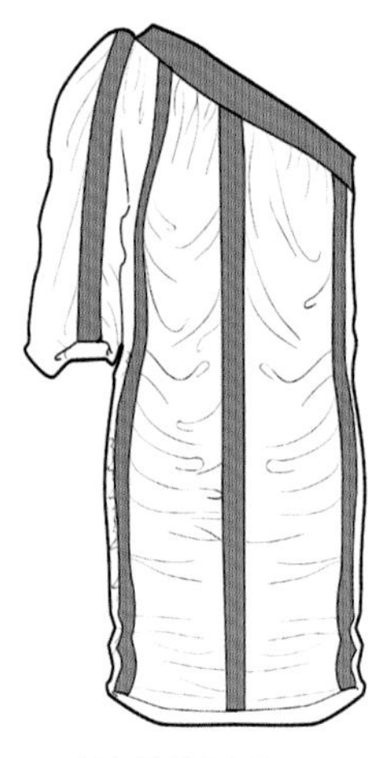

▲ 针织缩缝超短裙

▲ 不规则下摆超短裙

② 两件套日装礼服

两件套日装礼服是一种较正规的行政或商务餐会礼服，通常用精致的面料和裁剪工艺来表现，并在局部加上一些细节装饰。

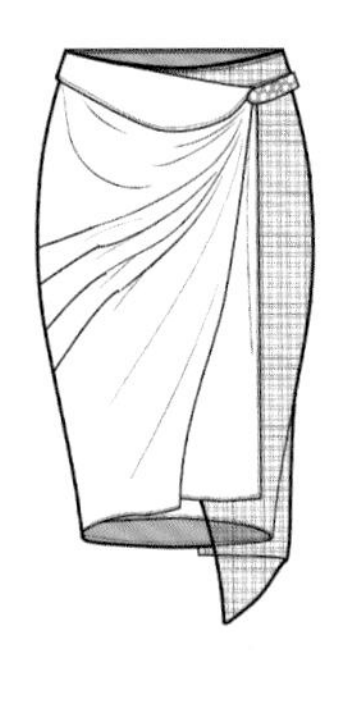

▲ 收腰型无领上装 +
搭片提拉褶皱半裙

▲ 青果领一粒扣上装 +
双色褶皱包膝裙

▲ 小花苞袖翻领短上衣 +
一字领腰部抽褶连衣裙

▲ 大翻领短袖外套 +
无袖大摆裙

③ 及膝款日装礼服

这是一种适合参加时尚、轻松的日间聚会的简单礼服，既可以采用精纺亚光面料，也可以使用带有细微光泽的丝缎面料，但不适合添加大面积夸张装饰。

▲ 低领活省连衣裙　▲ 泡泡袖花苞连衣裙　▲ 宽肩带高腰裙　▲ 插肩袖鸟笼群

④ 长裙款晚礼服

作为代表优雅性感的晚礼服，长裙是最好的选择。

▲ 斜裁不规则褶皱抹胸裙　▲ 镶钻细肩带礼服裙　▲ 立体边鱼尾裙　▲ 立裁围裹式抹胸裙

礼服系列设计表现技法

礼服的系列设计应该尽量满足“一站式”的消费习惯，想象顾客出席日间礼仪活动或晚间宴会的场景，能够更好地帮助设计师选择面料，设计满足不同场合需求的礼服样式。礼服着重表现精致、优雅的女性魅力，对于款式裁剪和装饰设计十分重视，日装礼服通常针对30岁以上的女性，注重面料和裁剪，可以运用胸针、帽子等展现别致设计。

1 确定系列主题

在主题的选择上，礼服系列设计崇尚优雅、精致与古典格调，带有文化与艺术特征的主题尤其受到欢迎。

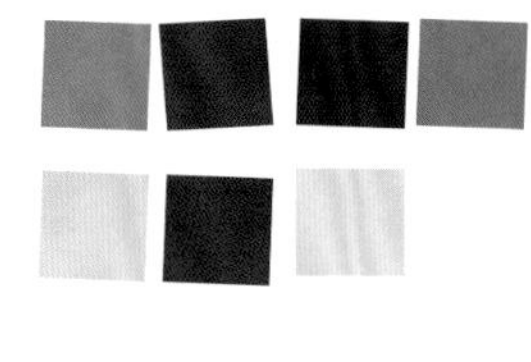

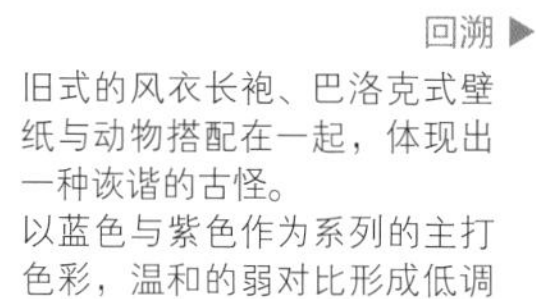

回溯 ▶

旧式的风衣长袍、巴洛克式壁纸与动物搭配在一起，体现出一种诙谐的古怪。
以蓝色与紫色作为系列的主打色彩，温和的弱对比形成低调而华贵的风格。

2 确定应用元素并绘制线稿

根据主题，可以选择一些有点奇怪的廓形元素作为创作要点，另外，装饰是不可缺少的设计环节。

应该设计多种类的礼服，例如日装礼服、鸡尾酒礼服和晚礼服，以便满足消费者不同的需求。

这一系列的设计应用了较多的日装元素，主要展现端庄与诙谐的完美结合。

▲ 借鉴元素

▲ 款式设计

③ 绘制人体色彩

本系列用Photoshop软件进行着色。

选用较白皙的肤色，搭配红唇、眼线的复古妆容，再用精致的盘发来衬托整体造型即可。

▲ 艳丽色彩彩妆　　▲ 肤色、发色

④ 填充服装色彩

用油漆桶工具填充服装色彩。

主色为紫红色和灰蓝色，间或搭配一些浅蓝与灰色。

▲ 主要配色

5 叠加面料肌理

将装饰性的面料肌理扫描入电脑并制作成图案。规则的肌理可以用油漆桶工具直接叠加在时装上，珠绣装饰则需要用逐片组合，再应用到对应的位置。

▲ 丝硬缎、天鹅绒、珠片装饰、拼贴镶钻绒、珠绣面料、平纹针织、压褶涤棉、羊羔毛

6 绘制配饰色彩与肌理

将配饰面料扫描入电脑并制作成图案，再用油漆桶工具逐一填充。

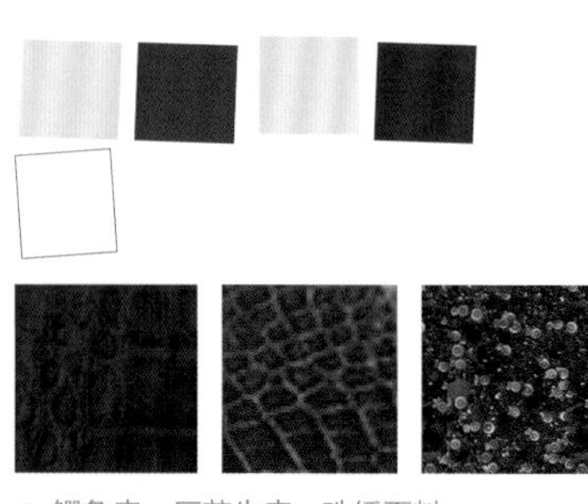

▲ 鳄鱼皮、压花牛皮、珠绣面料

7 绘制衣纹褶皱，完成稿件

这一系列时装的主要面料是天鹅绒与丝硬缎，前者具有细微的绒面光泽和柔和的反光，后者则有缎面的微妙光感，因此需要用细致的明暗变化来表现面料肌理。

绘制天鹅绒时可以用“喷枪柔边圆形”笔刷添加边界分明的阴影，再调整比阴影稍亮的色彩，用同样的笔刷画在暗部反光处，形成柔和的绒面效果。

绘制丝硬缎则要先画暗部，再用“喷枪柔边圆形”笔刷选择略浅的灰白色画亮部，最后在细节处用白色“柔角”笔刷提出高光。

另外，皮革配饰也需要添加相应的高光。

1 绘制暗部。

2 绘制亮部，提亮高光。

4.2 男装分类设计

男装通常可以被分为两类：较为正式的套装系列和舒适轻松的休闲装系列。男装系列设计除了考虑市场需求与流行趋势之外，更要讲究TPO（时间、地点、场合）原则以及结构功能性要素。因此，初学者在学习男装系列设计时，要在男装的基本款式搭配和常用款式上花更多的精力，以避免设计出违反男士着装习惯的作品。

4.2.1 男士正装系列设计

男士正装包括礼服与常服，一般针对较正式的场合。男士正装的设计与其他品类的时装不同，时尚潮流在这里的作用并不十分重要，时装的技术性和TPO原则是正装系列设计的关键点。设计的目的是满足消费者需求，男士穿着正装的诉求是表现程式化、身份地位以及自律性，因而这三种概念也就自然而然延伸到系列设计中。

男士正装分类

男士正装包括礼服套装和常服套装。礼服套装，尤其是制式礼服具有非常严格的着装标准，这类时装的设计在款式与廓形上的变化较小，甚至在配色上都有相对严格的规定。常服套装尽管也是针对相对正式场合的一种穿衣方式，但是具有更大的创意设计空间。

1 制式礼服基本款式搭配

晚礼服（燕尾服）

晚礼服是最高级别的着装样式，是晚间6点在正式场合穿着的礼服。这种礼服的裁剪基本保留古老的维多利亚样式。其服装形制与搭配方式基本不受潮流影响，而是根据礼仪场合的变化产生微妙的风格导向。

▼ 色彩

黑色套装搭配白色衬衫。

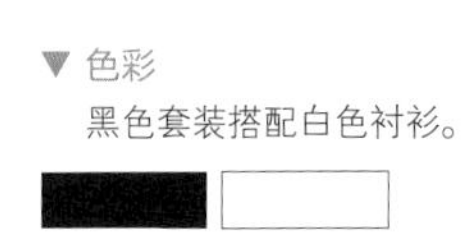

▼ 面料

面料应用相对比较固定。

礼服呢 同色缎面（领子）　白缎（背心）

▼ 制式晚礼服基本款式

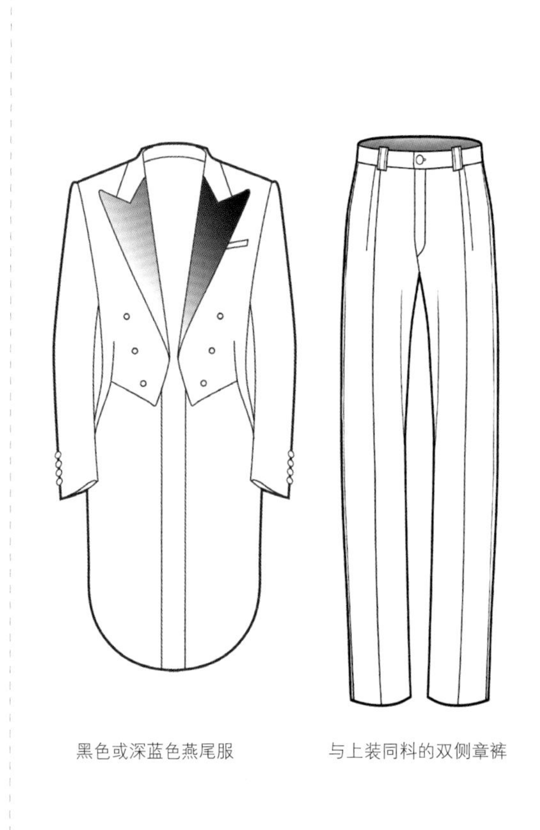

黑色或深蓝色燕尾服　与上装同料的双侧章裤

▼ 搭配款式

白色礼服衬衫　白色背心　白手套　黑袜子　漆皮鞋　黑礼帽　白色领结　装饰袖扣　白袋巾

晨礼服

晨礼服是男士白天穿着的正式礼服，与燕尾服同属最高级别的着装样式，早在第一次世界大战时期就成为日间正式场合礼仪服装，例如日间举行的大型典礼、授勋仪式、古典音乐会等场合。其服装形制与搭配方式也是基本固定的。

▼ 色彩

黑色或银灰色外套搭配黑灰条纹长裤。

▼ 面料

面料应用相对比较固定。

礼服呢　　麻料

▼ 制式晨礼服基本款式

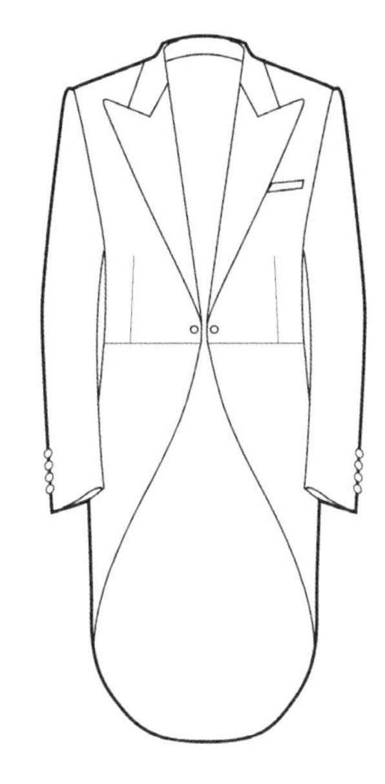

黑色或银灰色晨礼服

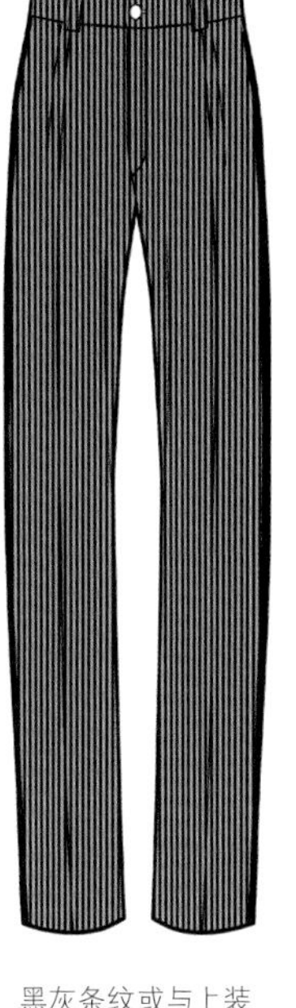

黑灰条纹或与上装同料的长裤

▼ 搭配款式

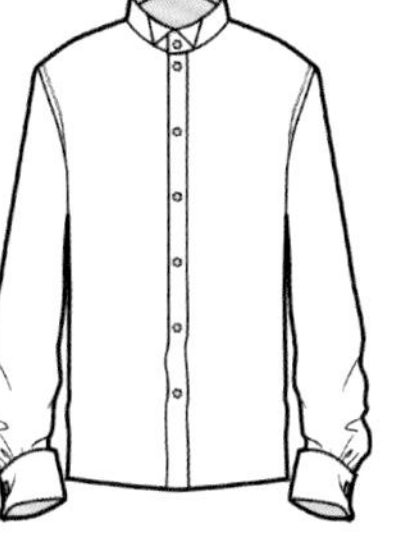

白色翼领衬衫

白色企领衬衫

麻灰色或与外衣同料背心

黑礼帽

装饰袖扣

银色领带

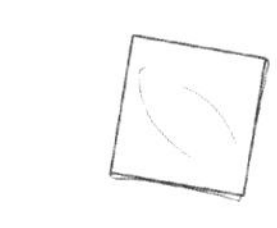

白袋巾

黑袜子　　黑色牛津鞋

阿斯克领巾搭配领针

白手套或灰手套

2 正式礼服基本款式搭配

塔士多礼服

这种礼服也属于较正式的着装样式，一般用于参加晚间6点以后举行的正式宴会、舞会、颁奖典礼、鸡尾酒会，或是观剧。

▼ 色彩

黑色或深蓝色三件套搭配白衬衫。

▼ 面料

可用面料相对制式礼服丰富一些。

礼服呢　　白缎

▼ 塔士多礼服基本款式

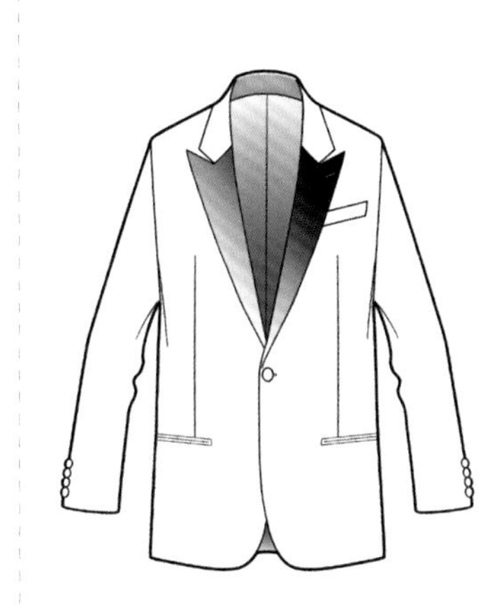

春秋冬三季采用黑色或暗蓝色面料
夏季则采多用白色面料

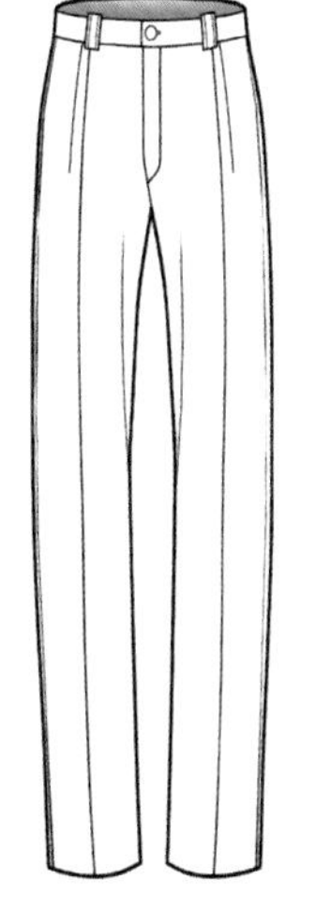

与上装同料的单侧章裤

▼ 搭配款式

白色翼领衬衫或前胸有襞褶的礼服衬衫

企领衬衫

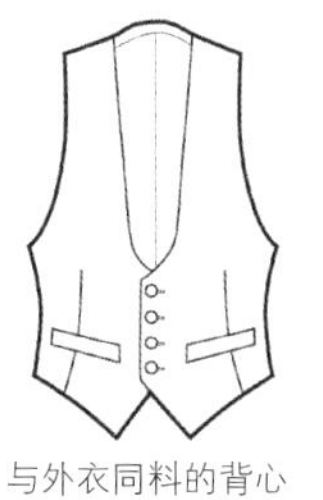

与外衣同料的背心

黑领结

装饰袖扣

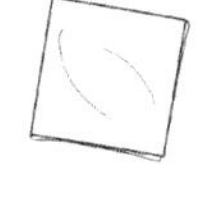

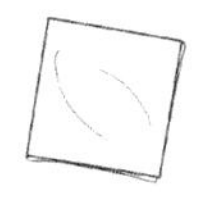

袋巾

漆皮鞋　　卡玛饰带（腰封）　　背带

黑袜子

董事套装

董事套装并不是仅仅为董事会成员设计的服装，而是一种代表职业身份的晨礼服，是传统晨礼服在现代得到普及后的替代款式。一般用于出席较正式的白天礼仪活动。

▼ 董事套装基本款式

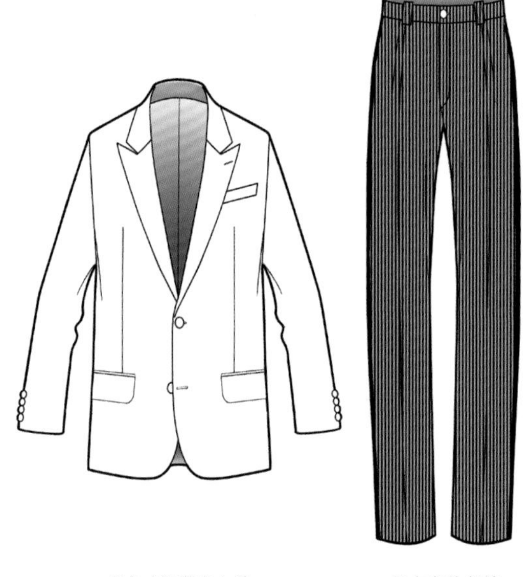

黑色或深蓝色上装　　黑灰条纹长裤

▼ 搭配款式

企领衬衫

圆顶礼帽

白手套或灰手套

麻灰色或与外衣同料背心

黑袜子

黑色牛津鞋

袋巾

装饰袖扣

领带夹

银色领带

▼ 色彩

黑色、蓝黑色上装搭配黑灰条纹长裤。

▼ 面料

面料的使用较为多样化。

礼服呢

精纺西服呢

日常礼服

日常礼服又被称为黑色套装，这是一种简化的常用礼服，没有强制性的时间标准。如果没有特别提示穿着礼服的种类，那么可以选择这种服装出席礼仪性场合。

▼ 日常礼服基本款式

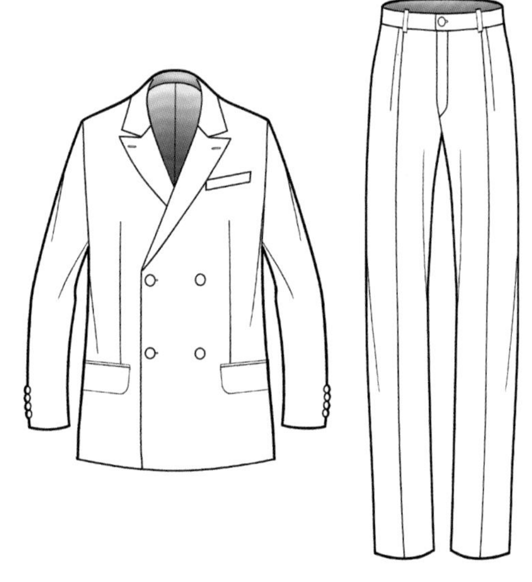

黑色或深蓝色上装　　与上装同料的长裤

▼ 搭配款式

企领衬衫或翼领衬衫

大衣外套

背心

黑色尖头领结

装饰袖扣

单色领带

条纹领带

黑袜子

黑色皮鞋

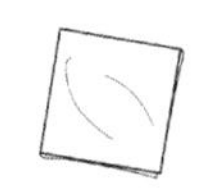

袋巾

▼ 色彩

深蓝色是基础色，可以在此基础上选择一些较深的冷色调。

▼ 面料

面料的使用较为多样化。

精纺西服呢

③ 常服基本款式搭配

西服套装

西服套装是指由同种面料构成的两件套或三件套。西服套装基本延续晨礼服的形制，但在设计上有了更多的变化。

如今男士正装有简化的趋势，西服套装在正式和非正式场合都能使用，成为国际认可的通用时装。

▼ 色彩

标准色为灰色，也可以采用其他色彩。颜色越深越趋向礼服，反之则趋向休闲服。

▼ 面料

面料应用十分多样化。

精纺西服呢

▼ 西服套装基本款式

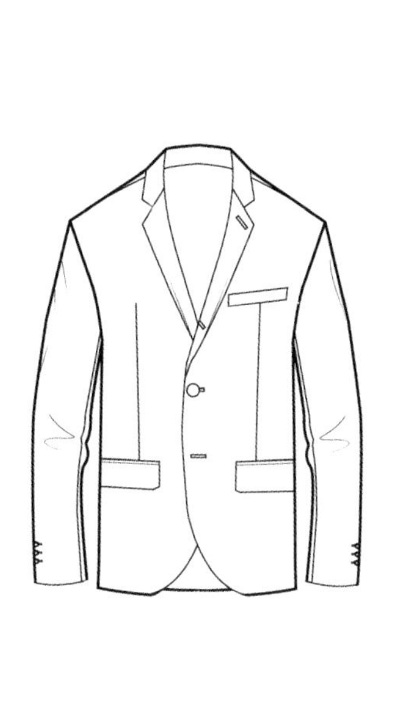

西服

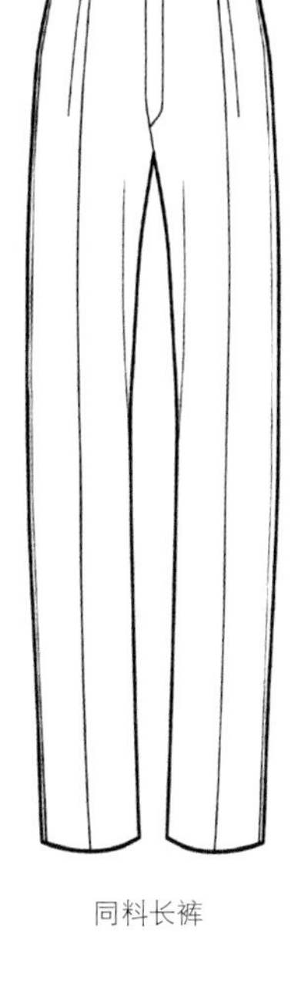

同料长裤

▼ 搭配款式

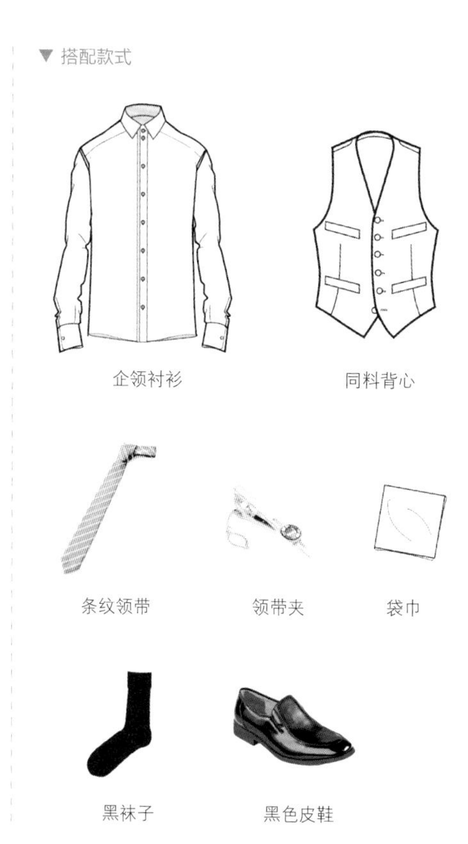

企领衬衫　同料背心

条纹领带　领带夹　袋巾

黑袜子　黑色皮鞋

运动西服

运动西服也被称作“布雷泽”，一般是三粒扣驳领样式，采用金属纽扣、明贴袋、明线工艺表现运动休闲感。运动西服在设计上手法多变，不但是潮流服饰的一部分，还常用作团队制服，例如校服、俱乐部制服等，因而识别性徽标装饰也是其特点之一。

▼ 色彩

黑色、蓝黑色外套搭配卡其色或细格纹长裤。

▼ 面料

较正式的西装料或休闲装面料均可。

礼服呢

斜纹棉织物

▼ 运动西服基本款式

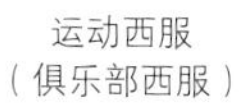

运动西服
（俱乐部西服）

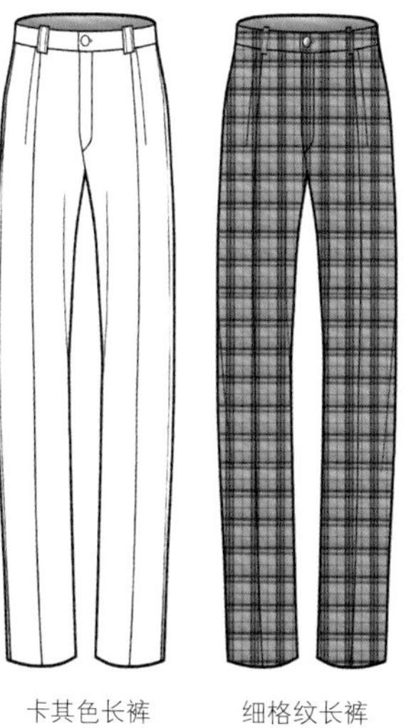

卡其色长裤　细格纹长裤

▼ 搭配款式

单色、条纹企领衬衫

徽标

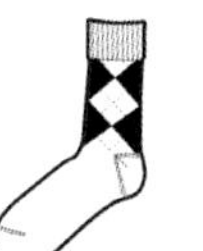

运动袜

金属纽扣

休闲鞋

俱乐部领带

休闲西服

休闲西服既可以以套装的样式出现，也可以只是一件夹克外套。这种概念的时装不仅可以作为较正式的着装，也可以作为表现时尚潮流的个性时装。

▼ 色彩

既可以形成单色套装，也可以进行各种色彩搭配。

▼ 面料

从厚重的粗花呢、法兰绒到薄质的棉麻织物均可。

花呢

混纺棉织物

▼ 休闲西服基本款式

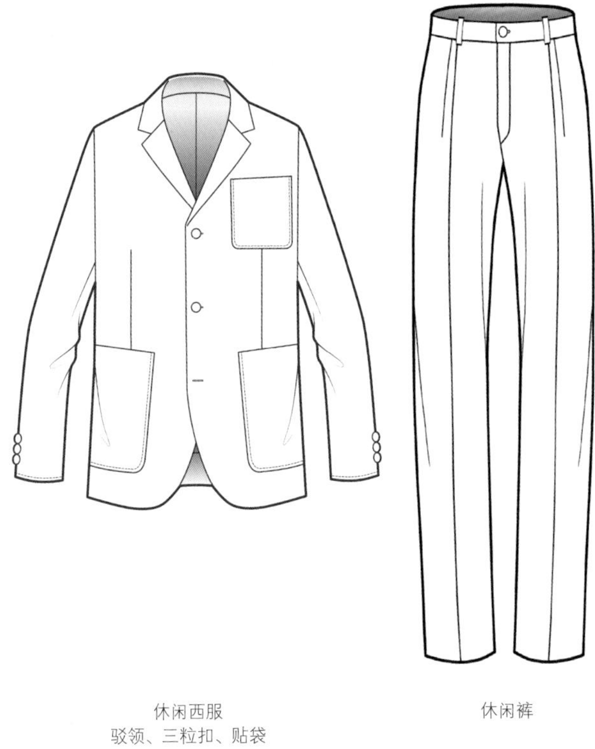

休闲西服
驳领、三粒扣、贴袋

休闲裤

▼ 搭配款式

俱乐部领带

单色、格纹衬衫

运动袜

运动鞋

针织T恤

休闲鞋

TIPS 不同风格西服的版型和款式特征

随着西服的广泛流行，逐渐出现不同的版型样式和款式特征，比较有代表性的有英式、意大利式和美式西服。

英式西服

英式西服的上装领面较宽，驳领较长，其基本轮廓采用沙漏型，大部分传统英式西服会采用垫肩，胸部附全衬，腰节线略高，衣摆从臀部自然下垂，两侧开骑马衩，常用面料为深色的精纺呢料和细条纹呢料。如果是三粒扣的西装则多采用花呢，不开侧衩，而以后衩代替。英式西服的裤子通常都有提臀的功能，坐下来时面料会紧贴腿部。

意大利式西服

意大利式西服从裁剪到制作工艺，可按地域分为三派：米兰派、罗马派和那不勒斯派。米兰派的基本特点与英式西服非常接近，只是整体线条较为圆润。最能代表意大利风格的是罗马派，西服上衣的肩部较宽，袖子上端常常高出肩部，驳头位置较低、稍窄，上衣不开衩或开单衩，衣长较短，款式以单排三粒扣居多。这种宽肩窄身的款式与欧洲男性较为高大魁梧的身材相吻合。那不勒斯派较为少见，其特点是圆润的肩线和超宽的驳领领面。

与严谨而传统的英式西服不同，意大利式西服显得优雅而精致，尤其是夏季的轻质套装充满了意大利式的浪漫，由开司米和安哥拉山羊毛所制成的轻质毛料、丝绸和棉麻都是意大利西装的常用面料。

美式西服

美式西服的定位是"普通西服"：较为宽松的版型，自然的肩线，两粒或三粒扣，第一扣位位置较低，上衣在后背开衩，整体显得较为休闲，穿着舒适，西裤正面可以有裤褶，也可以没有裤褶（英式和意大利式西裤都有裤褶）。美式西服也常常单穿上衣，下装搭配卡其裤或灯芯绒裤。

男士正装常用设计元素

男士正装的设计空间并不大。近一百年来，男士正装基本没有发生显著的变化。比起创意设计，男士正装更讲究制式化和标准化，但是时装流行也不可能总是一成不变。正装的设计要点一般集中在细节的变化上，例如领型大小、比例，以及扣子样式、口袋样式、袖口、门襟等。

1 领型与门襟

尽管男装领型与门襟有一些约定俗成的搭配惯例，但还是可以在细节上进行创意设计。

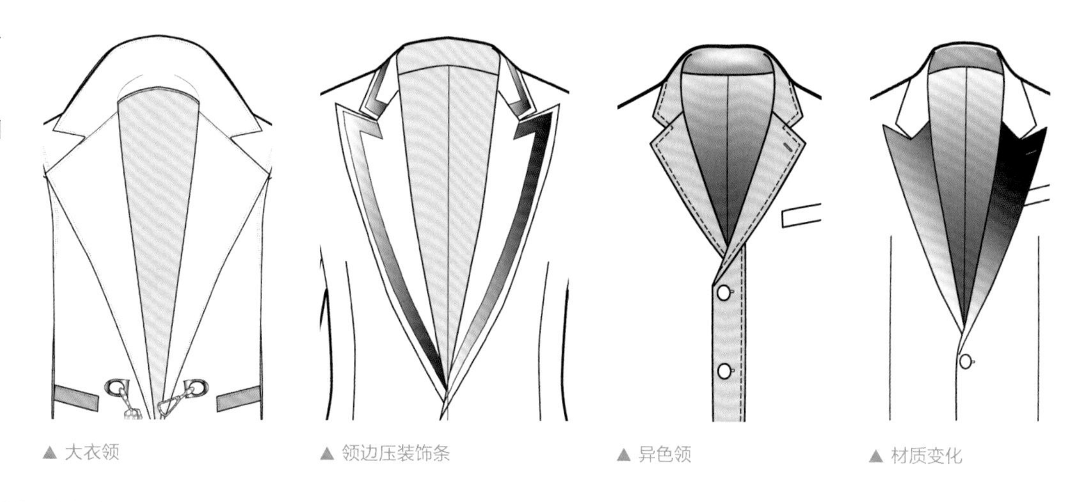

▲ 大衣领　▲ 领边压装饰条　▲ 异色领　▲ 材质变化

2 口袋样式

男装口袋样式变化较多，大体可以分为暗袋、贴袋和立体口袋三种。

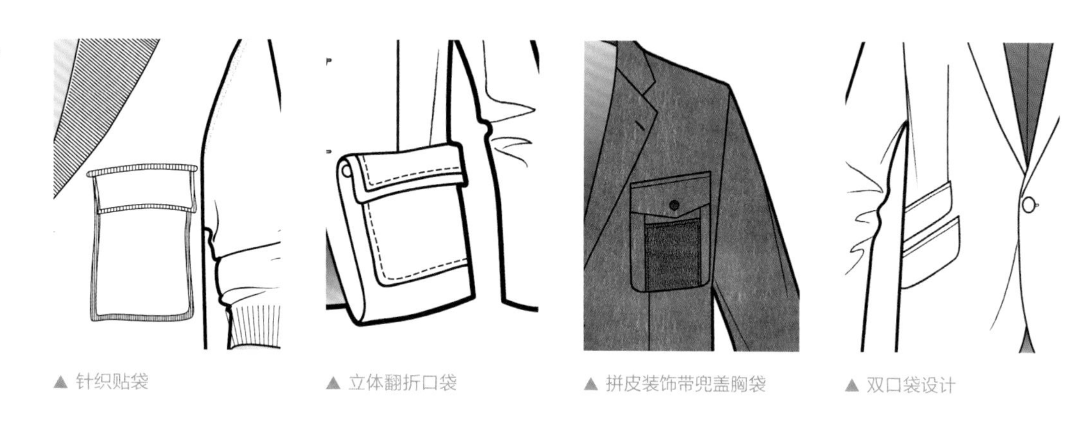

▲ 针织贴袋　▲ 立体翻折口袋　▲ 拼皮装饰带兜盖胸袋　▲ 双口袋设计

3 面料与材质

西服是套装的主要款式构成，其风格造型取决于套装的风格特征与TPO原则。

在设计时，针对制式要求严格的礼服套装要优先考虑TPO原则，而在设计常服，尤其是休闲西服时，则可以发挥创意。

▲ 灯芯绒西服　▲ 针织西服　▲ 肩部育克西服

男士正装系列设计表现技法

了解男士正装的分类和常用款式之后就可以开始进行系列设计了。先确定系列主题风格和色彩，再根据风格特征进行调研并确定设计应用元素，然后着手绘制系列时装画。注意这一类别的系列设计首先要符合男装的TPO原则，其次才是符合主题风格的要求。男士正装针对的目标消费者年龄跨度大，设计师要从款式结构、面料和细节上根据不同的年龄需求进行不同的设计。

1 确定系列主题

男士正装系列设计针对的消费群体比较单一，他们对这一类时装的审美兴趣相对一致，追求传统的保守样式，对于巧妙的创新也怀有浓厚的兴趣，尤其是年轻消费者更加热爱加入新细节、不同工艺的半正式风格套装。因此，兼具怀旧样式和新颖元素的系列主题通常是男士正装的潮流风向标。

佛罗伦萨 ▶

打破文艺复兴时期的意大利风格惯用的厚重面料、浓重色彩造型，将现代城市的浅灰、浅紫甚至带有女性色彩的粉红色融入其中。

2 确定应用元素并绘制线稿

在确定应用元素之前，要确定这一系列的男士正装是倾向礼服风格还是倾向常服风格。另外，为了能够给消费者带来“一站式”购物体验，应该提供尽可能多的单品种类，从较正式的戗驳领套装、修身长裤到偏向休闲的针织西装、短裤套装，都应体现在系列设计中，这样才能更好地迎合消费者的TPO需求，并表现出设计师多样化的审美取向。

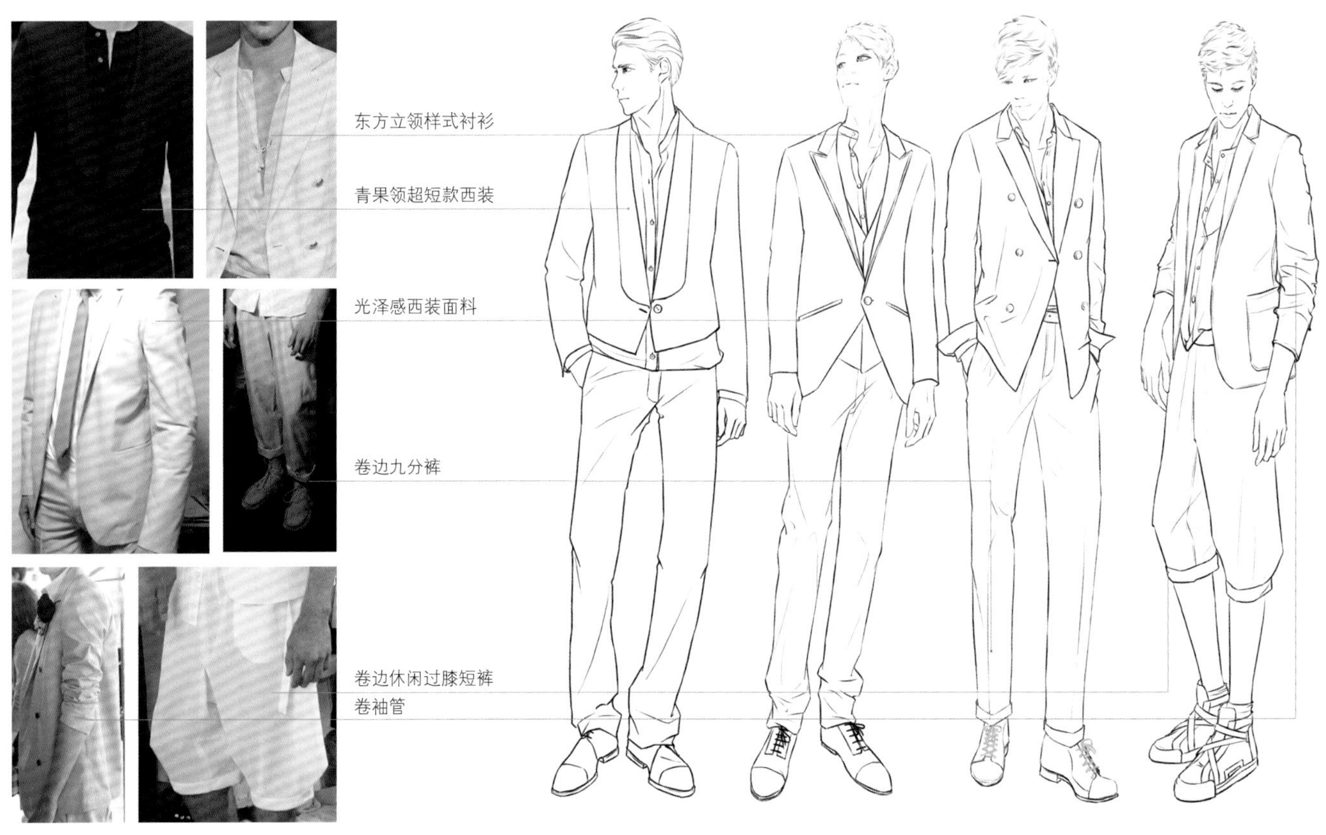

▲ 借鉴元素

▲ 款式设计

3 绘制人体色彩

本系列用Photoshop软件进行着色。

为了搭配浅色的时装款式，可以选择较白皙的肤色和栗色的发色。

▲ 肤色、发色

4 填充主色以及主要面料肌理

用油漆桶工具填充深灰色、浅灰色毛华达呢面料。

再填充米白色泥点面料。

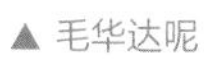

▲ 毛华达呢

5 搭配辅色以及辅助面料肌理

将紫色亚麻布制作成面料图案，用油漆桶工具填充。

将粉红色、浅紫色和浅灰色棉府绸分别制作成面料图案，因为这三种颜色要填充在同一件衬衫上，因此需要先在这件衬衫上绘制出分界线，再进行填充。

▲ 紫色亚麻布，粉红色、浅紫色、浅灰色棉府绸

6 绘制配饰色彩与肌理

将配饰面料制作成图案，再用油漆桶工具依次填充。

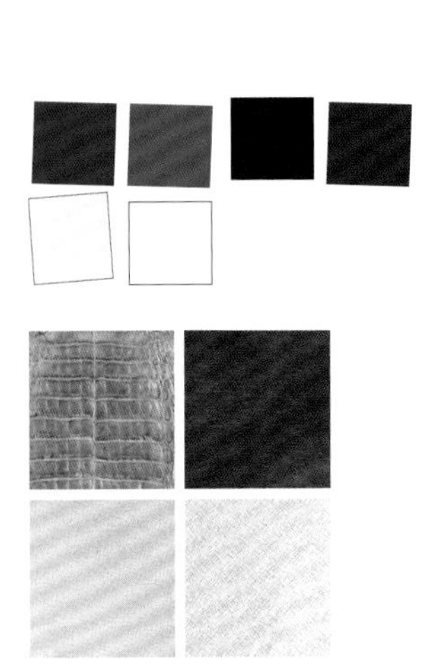

▲ 鳄鱼皮、小牛皮、羊皮、斜纹帆布

7 绘制衣纹褶皱，完成稿件

套装面料采用毛华达呢，这种面料轻薄，质感光滑，带有隐约的光泽感，手感柔软。因此在绘制衣纹褶皱时，要用细碎、柔和的高光来表现面料的特性。

衬衫采用的棉府绸是一种无光平纹面料，因此只需要表现出褶皱暗部即可。

皮鞋则要在鞋帮和鞋头处绘制较强的高光，体现质感。

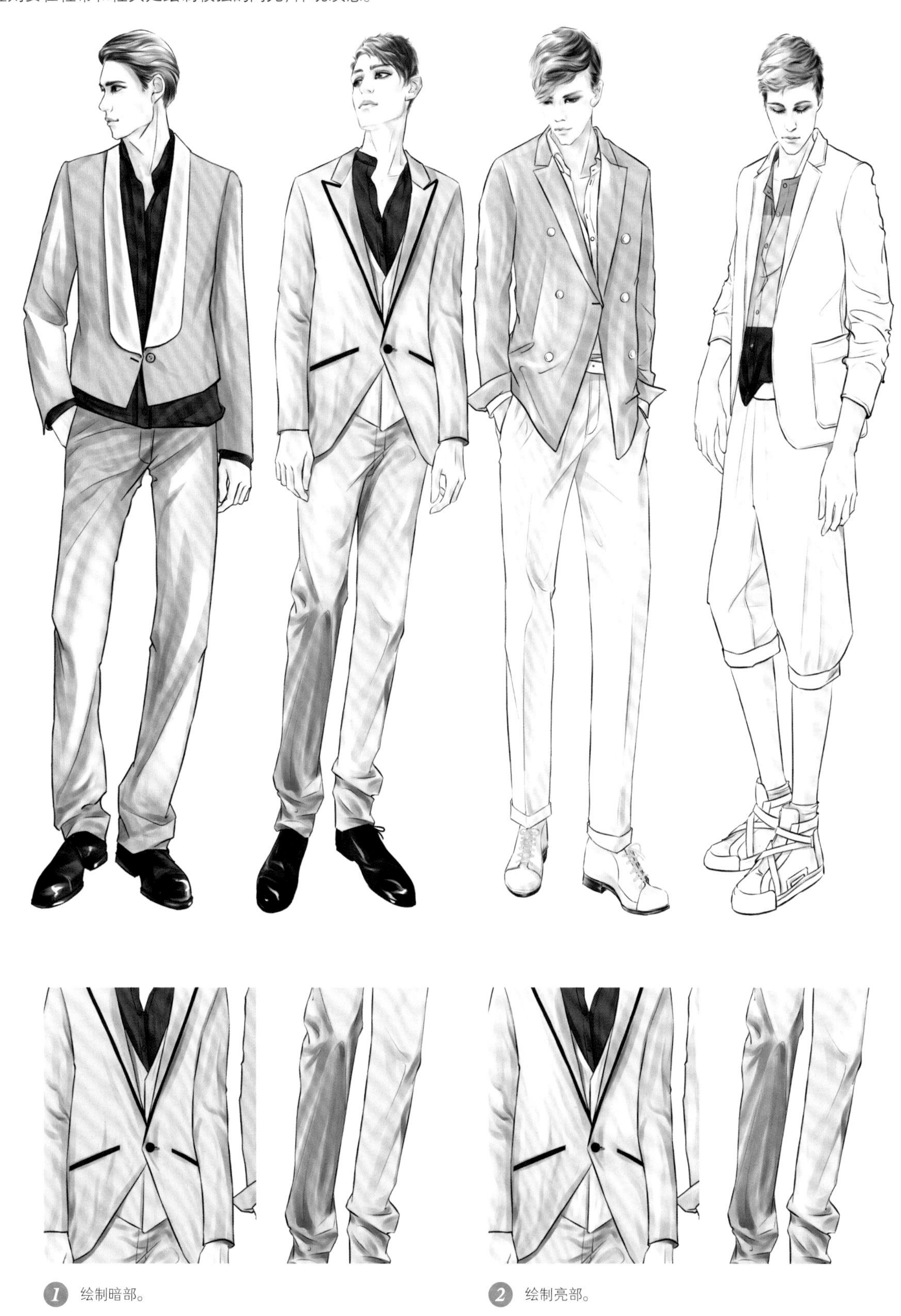

1 绘制暗部。

2 绘制亮部。

4.2.2 休闲男装系列设计

休闲男装比男士正装具备更多的创意空间，但是并不意味着能够像女装一样百无禁忌地实现设计创意。男士休闲装在设计的过程中要注意三个方面的诉求：第一，男性体型起伏并不大，在时装的结构上以修饰为主，忌讳过于暴露曲线或结构设计违背人体功能性要求；第二，男士对着装的需求实用大于时尚，在追赶时尚潮流的同时，务必要让时装穿着舒适，具备社会认同感和实用功能性；第三，主流男装的时尚变迁更多的是由社会风气带来一些细微变化，男装在小范围内会有一些打破平衡的夸张设计，例如男装女性化风格等。

休闲男装的基本款式搭配

比起正装，休闲男装的基本款式搭配涉及的时装品类更多，包括夹克、外套、T恤、衬衫、针织衫以及各种类型的裤装，可选的配饰也品种繁多，甚至为了展现独特的风格特性，还能够将礼服造型进行变形，运用到休闲装的设计中来。此外，不管哪个季节，所有的休闲装系列中都要包含外套，即便是夏季，在相对凉快的日子里也需要一件超薄外套。

▼ 色彩搭配

色彩搭配方式没有限制，既可以使用撞色系列表现冲击力，也可以运用邻近色表现温和质感。

▼ 常用面料

毛织物

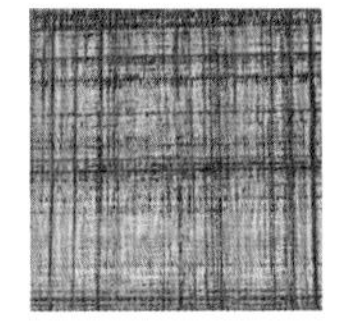

棉麻织物

皮革

▼ 休闲男装基本款式

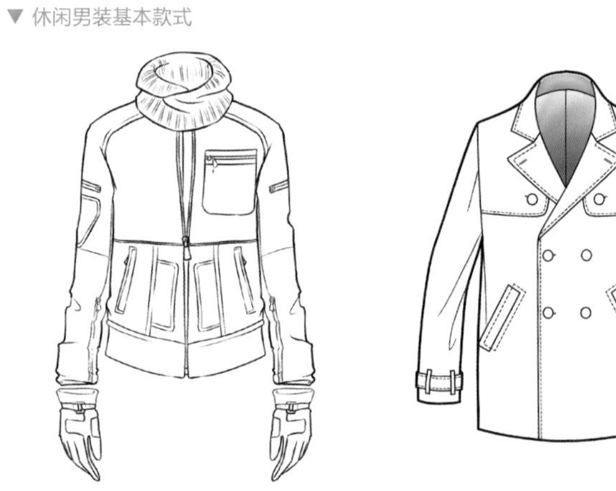

夹克外套 大衣外套

▼ 搭配款式

休闲衬衫 Polo衫 V领毛衫 针织开衫

棒球帽 短裤 帆布包

靴裤 哈伦裤 短统靴 手套

▼ 休闲男装搭配效果

休闲男装常用设计元素

很多设计师喜欢用挑战性手法打破男装常规概念，设计新颖的休闲装款式，例如朗万（Lanvin）的男装设计师经常从女装的设计方法中寻找灵感，德·范·诺顿（Dries Van Noten）甚至将裙装运用到系列设计中，但是主流男装市场的常用设计概念，仍旧是在细节、工艺、结构等要素上进行创作。

① 分割结构线

男装的结构分割线与女装一样，需要结合人体曲线来进行设计。

一方面，这些分割线能够形成新的结构廓形；另一方面，这些线迹本身就是一种装饰。

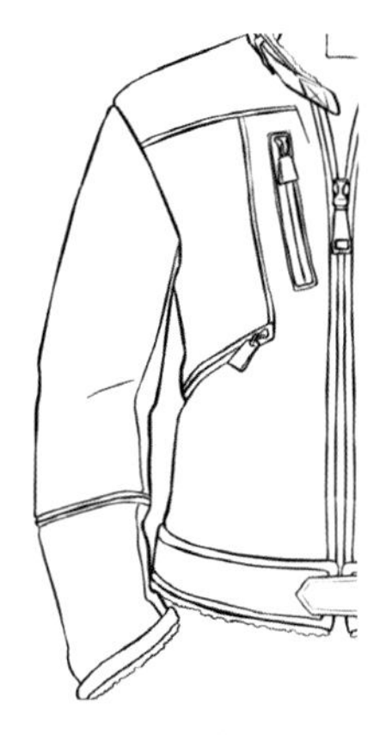

▲ 将口袋位置与分割线结合

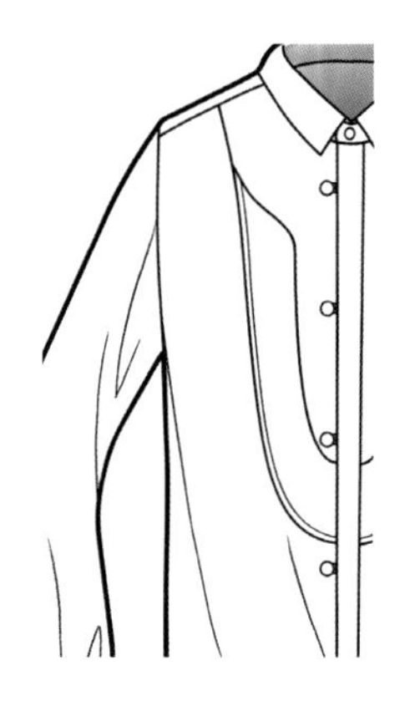

▲ 胸口的装饰分割线

▲ 门襟单独形成裁片分割

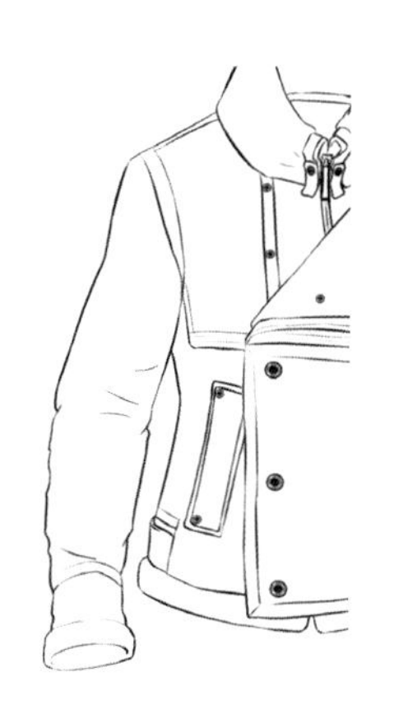

▲ 双分割线形成立体袖窿

② 领子与门襟

领子与门襟很容易形成上装的视觉焦点，也因此成为设计师们重点发挥创意的部分。

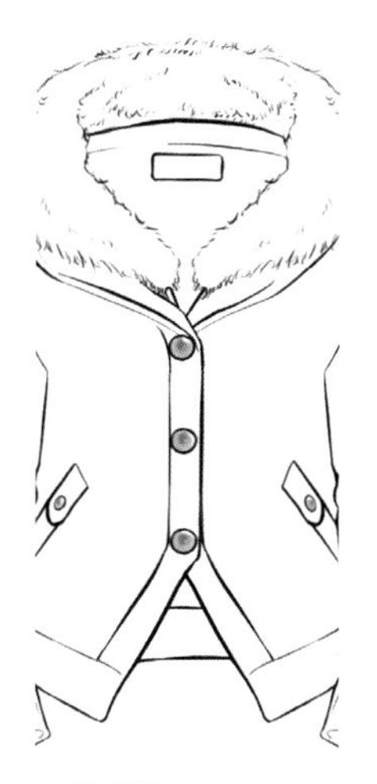

▲ 翻毛领

▲ 围巾领

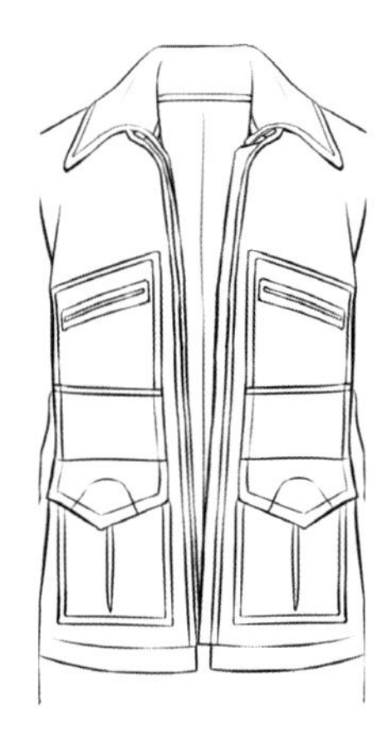

▲ 拉链门襟

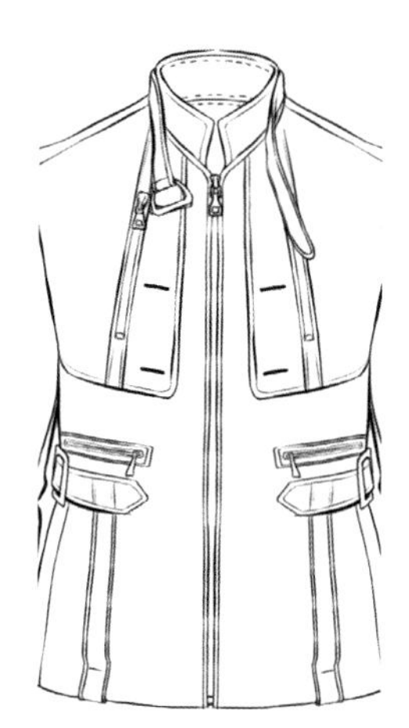

▲ 领襻

③ 肘弯与袖口

最初的肘弯部位设计灵感来自工作服，这一部位易磨损，常用贴补、皮革拼缝等方式来加固。袖口的设计则是源于防风、防磨损、保暖、活动方便等功能性要求。

随着社会的发展，这些设计元素尽管还具备功能性概念，但是更多的是为了满足时尚需求。

▲ 肘弯内侧绗缝工艺拼接

▲ 肘弯拼接柔软面料便于手臂弯曲

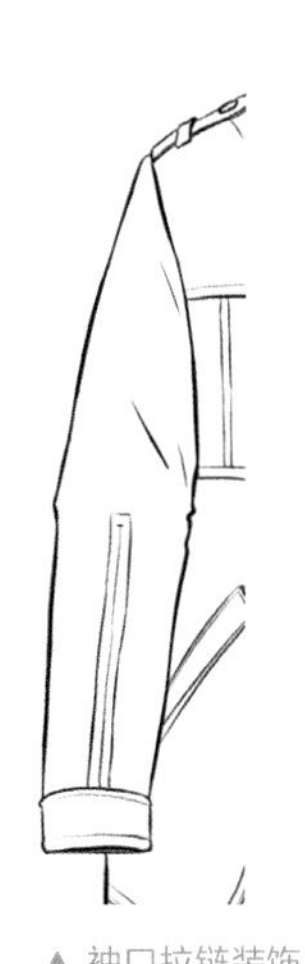

▲ 袖口拉链装饰

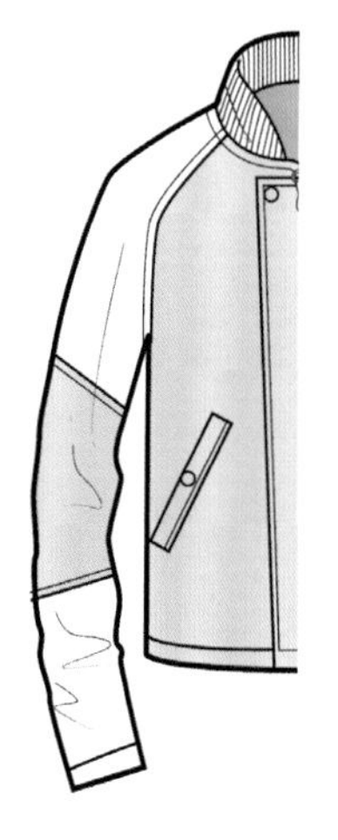

▲ 肘弯部位撞色设计

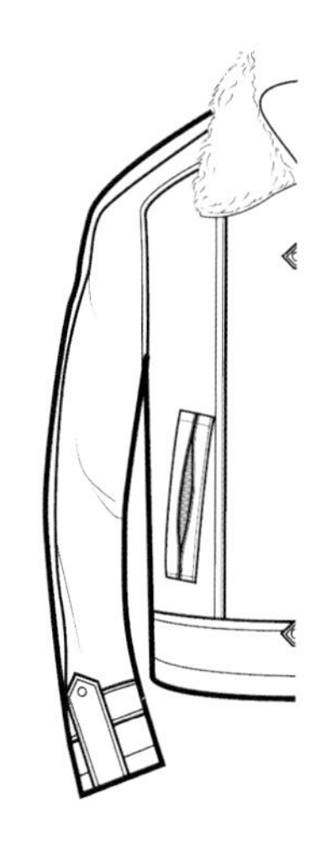

▲ 袖子侧章设计 袖口扣襻

休闲男装常用款式

休闲男装的应用范围极为广泛，几乎可以满足生活中所有非正式场合的穿着需求。这一类别的系列设计既讲究经典风格、也要求适合混搭，因此需要有更多的单品种类以供消费者选择。每个季节的系列设计至少需要六类基本单品，包括夹克、外套大衣、T恤、休闲衬衫、针织开衫以及裤装。

① 夹克

男装夹克有一些经典的款式可以作为设计灵感与参考，例如运动夹克、机车夹克、猎装夹克、防风夹克等。

▲ 运动夹克
裁剪类针织面料，宽松舒适。拉链门襟、罗纹袖口和底摆。

▲ 机车夹克
面料可选范围大，一般搭配收口底摆和罗纹袖口。

▲ 猎装夹克
关门领或驳领、中等衣长、四个口袋、腰带设计（或背后有收缩腰带）。

▲ 防风夹克
采用精密织法的防风面料、领口抽绳或带风帽、袖口和底摆有抽绳防风。

② 外套大衣

男士正装的外套和大衣有较为严格的标准，休闲装系列的外套大衣就显得自由度较高，可以根据流行趋势和市场需求来设计不同的面料、材质和结构要素。

▲ 翻毛领短外套

▲ 尼克服

▲ 超薄风衣

▲ 军装风格大衣

③ T恤

T恤是休闲装最常用的品类之一，在面料种类和款式上的变化较少，更多的是在细节和图案上进行创意设计。

▲ 肩线育克处有纽扣设计的Polo衫

▲ 超薄无领Polo衫

▲ 高领T恤

▲ 创意款侧边开叉短袖T恤

4 休闲衬衫

休闲衬衫不仅可以作为外套的内搭单品，还可单独穿着。这类衬衫与正装衬衫不同，既没有固定的形制也不用遵从配色原则，可以用彩色、格纹、印花、色织等各种面料搭配不同风格的款式。

▲ 宽松外穿衬衫　▲ 丘尼克衬衫　▲ 图案绣边衬衫　▲ 褶皱长衬衫

5 针织开衫

针织开衫的搭配方式很多，既可以内搭T恤、衬衫，也可以作为保暖层外搭大衣，还可以直接作为外套穿着。

▲ 翻领针织衫　▲ 宽松粗线针织衫　▲ 城堡领针织衫　▲ 牛角扣针织衫

6 裤装

休闲裤装的款式众多，可以用不同的裤长、立裆长、面料，再搭配各种丰富的细节。在近年来的时尚设计大潮中，休闲男裤设计的多样化几乎可以赶超女装样式。

▲ 三片裤

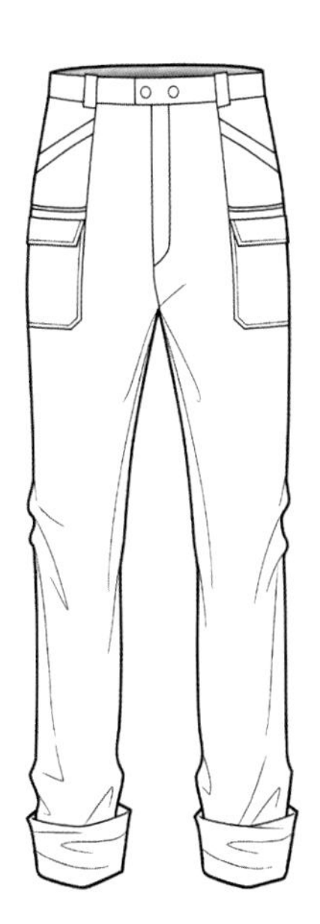

▲ 宽松卷边设计

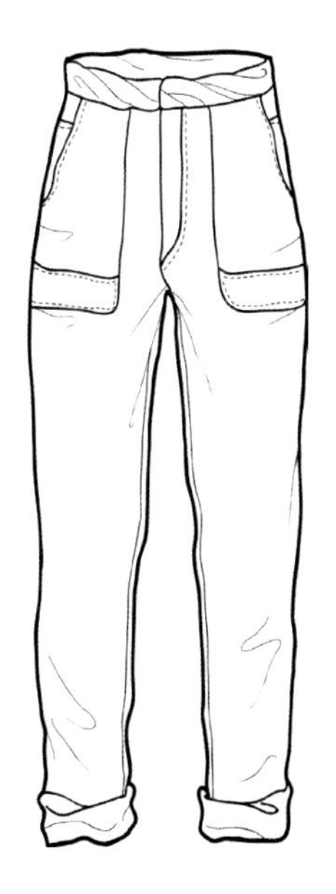

▲ 自然拧卷腰头

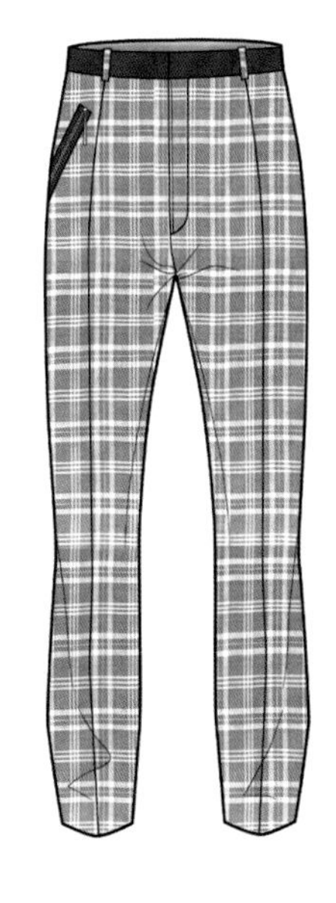

▲ 格纹裤

休闲男装系列设计表现技法

休闲男装系列设计要着重表现舒适的穿衣方式、潮流风向以及独特的细节。休闲男装针对的目标消费者年龄跨度大，不同年龄的顾客有不同的风格爱好。另外，不同的穿着场合也要求休闲男装有不同的功能应对。休闲男装在主题选择上较为宽泛，从青少年潮流元素到成熟复古元素都可以作为灵感来源。

1 确定系列主题

休闲装的系列主题大致有两个方向：一个是偏向青年元素的设计概念，例如摇滚、哥特、机车、军旅、街头风格；另一个是追求舒适的自然风格，例如度假风格、高尔夫风格、乡村风格等。

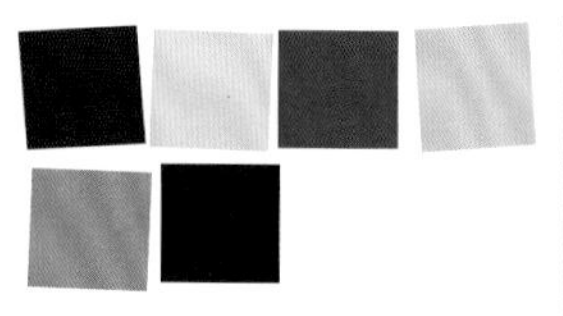

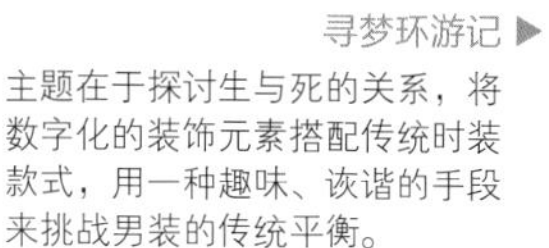

寻梦环游记 ▶
主题在于探讨生与死的关系，将数字化的装饰元素搭配传统时装款式，用一种趣味、诙谐的手段来挑战男装的传统平衡。

2 确定应用元素并绘制线稿

根据主题概念，系列设计的立意在于将传统的男装款式用反常规的搭配方式展现出来，例如领口、袖口撞色的Polo衫，普通圆领针织衫用超薄透明面料，骷髅图案的印花T恤，男士穿着裙套装，等等。在采集应用元素时，可以选择一些经典的男装样式。

▲ 借鉴元素

▲ 款式设计

3 绘制人体色彩

本系列用Photoshop软件进行着色。

为了搭配浅色的时装款式，可以选择较白皙的肤色和栗色的发色。

▲ 肤色、发色

4 填充主色以及主要面料肌理

将紫色毛毡、紫色细帆布、灰色超薄针织衫和浅蓝色印花棉布制作成面料图案，用油漆桶工具依次填充。

将蓝色的散点图案用魔术棒工具去除背景色，仅留下散点图案，放置在紫色图层上，擦除服装区域外的多余图案，再将图层的不透明度属性调整为80%，就能形成较自然的图案晕染效果。

▲ 紫色毛毡、超薄针织面料、印花棉布、紫色细帆布

5 搭配辅色以及辅助面料肌理

将规则纹理的面料制作成图案，用油漆桶工具填充。将不规则图案放置在T恤图层上，使用“自由变换”命令调整图案到合适的大小和角度，要注意图案和服装间的透视关系，然后擦除多余的图案部分。

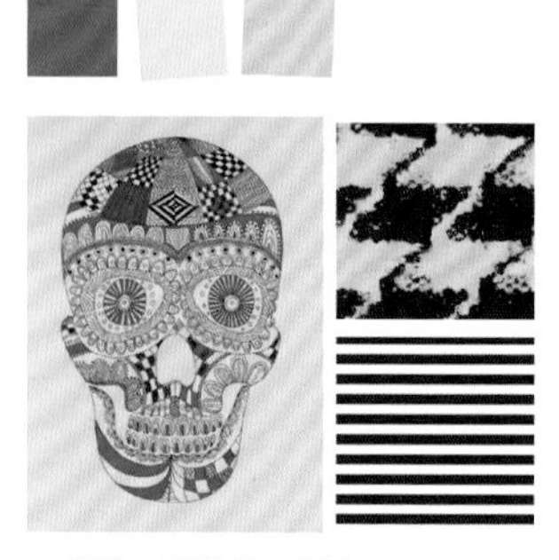

▲ 印花、千鸟格、条纹

6 绘制配饰色彩与肌理

将配饰面料制作成图案，再用油漆桶工具依次填充。

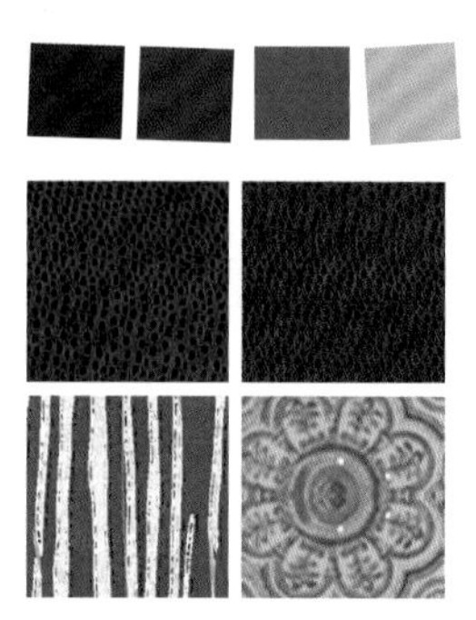

▲ 深蓝色小牛皮、枣红色小牛皮、绿色印花针织布、绿色轧花珠光皮

7 绘制衣纹褶皱，完成稿件

新建图层混合模式为“线性加深”的图层，用“喷枪柔边”笔刷选择20%灰色绘制暗部。

接下来，绘制不同面料的亮部。毛毡面料可以用比面料略浅的色彩画亮部，并将亮部的图层混合模式设置为“溶解”，以表现毛绒的质感。针织面料可以用“柔角”笔刷，调整不透明度为40%，逐一画褶皱亮部。细帆布则可以用多边形套索工具选中需要绘制亮部的区域，再用“喷枪柔边”笔刷，通过大笔触绘制丰富的亮部区域来表现其细致的光泽。

1 绘制暗部。

2 绘制亮部。

4.3 针织服装分类设计

按照面料的不同，可以将针织服装划分为两类：裁剪类针织服装与成型类针织服装。两者的共同点在于具备柔软的手感，是较为舒适的时装品类。

近年来，丰富的纱线种类和编织手法让针织服装成为潮流的重点品类，而不再仅仅是家居、舒适的代名词。

针织服装分类

针织面料能够带来丰富的设计效果，有些面料织得轻薄柔软，表现出垂坠感和丝光感，有些面料用粗针织造并进行毡化处理，轮廓硬挺。用针织面料制作的时装涵盖礼服、休闲装、西装、内衣以及家居服等范畴，按照制作工艺可以分为裁剪类针织服装和成型类针织服装两大类。

① 裁剪类针织服装

裁剪类针织服装是指把针织坯布按照纸样裁剪成衣片后再缝制成服装。

这类服装的面料品种丰富，根据材料和针织工艺的不同能形成各种样式，例如柔软的汗布、莱卡布、泥点罗圈针织布，以及特殊材质的经编蕾丝、网眼布、防水布等。

裁剪类针织服装应用广泛，从礼服到街头休闲装，再到运动装，都能够找到其踪影。

▼ 裁剪类针织服装基本款式

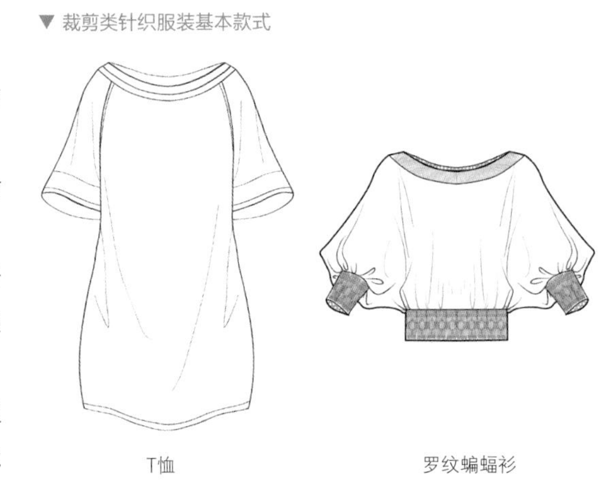

T恤　　罗纹蝙蝠衫

▼ 色彩搭配

色彩搭配样式丰富，既可以运用同类色互搭，也可以使用补色对比。

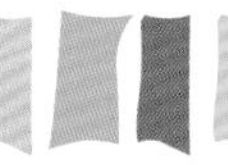

▼ 常用面料

毛毡

平纹布

汗布

▼ 搭配款式

针织西装

开衫

单鞋

珠宝

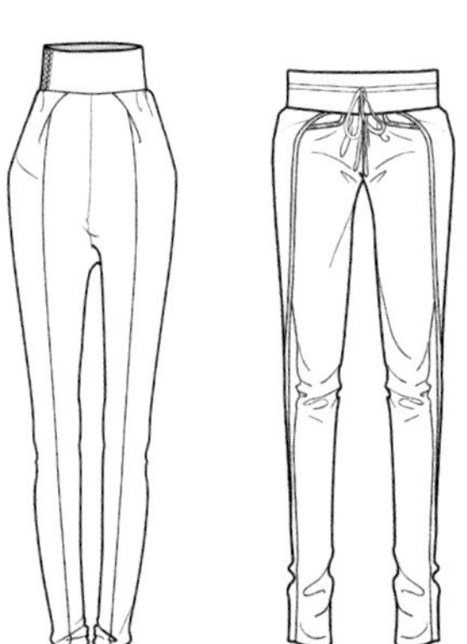

手袋

弹力紧身裤　　普通针织裤　　低裆针织裤　　夸张项链

▼ 裁剪类针织时装搭配效果

②成型类针织服装

成型类针织服装是通过在针织机（工业横机、电脑针织机、圆机）上的加针和减针，编织出服装的衣片或衣坯，最终缝合为成衣，或者通过传统的手工编织技法编织成型的针织服装。

成型类针织服装的外观效果非常多变，既有超薄的半透明效果，也有厚重的粗棒针效果，甚至可以加工成挺括的华达呢式效果。

▼ 色彩搭配

成型类针织服装可以选择较为温和的色彩搭配以符合毛线的温暖质感。

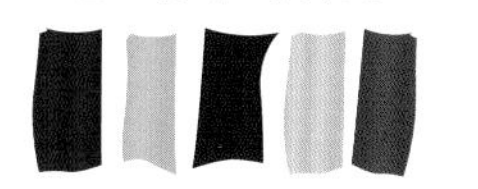

▼ 常用面料

羊毛

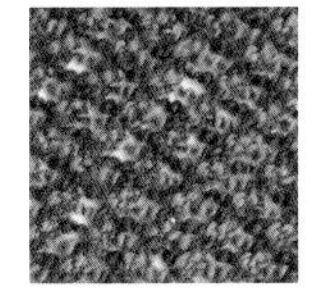

混纺

平针花式线

▼ 成型类针织服装基本款式

罗纹口套头衫　拉链开衫　睡衣样式开衫

▼ 搭配款式

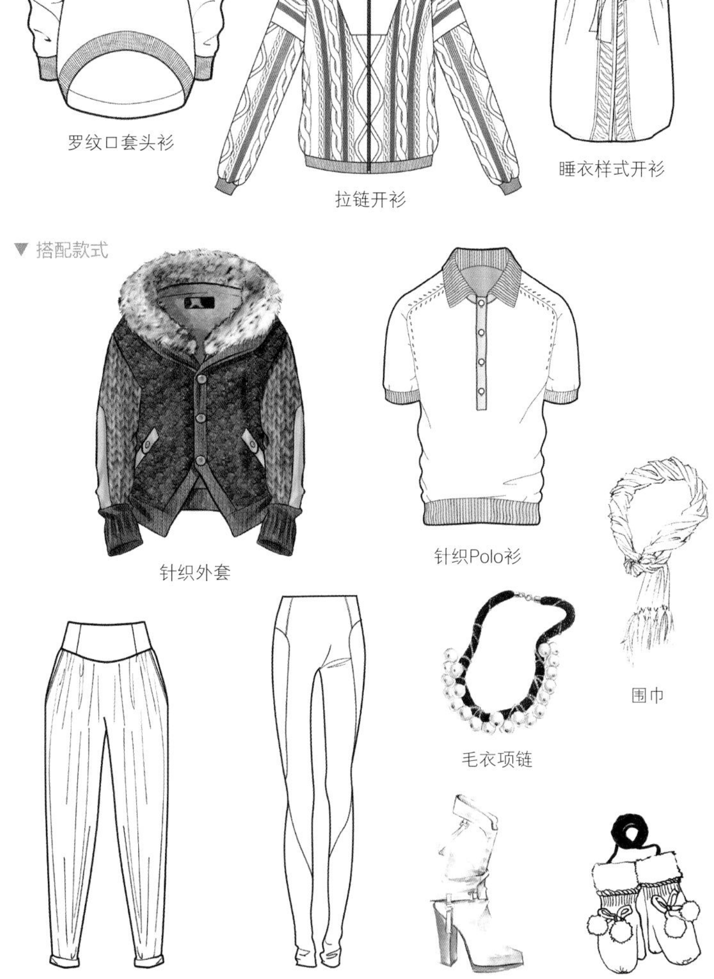

针织外套　针织Polo衫　围巾　毛衣项链　宽松针织裤　紧身针织裤　鞋款　针织手套

▼ 成型类针织时装搭配效果

TIPS 纱线的创作

针型设计

与裁剪类针织或梭织面料的服装相比，成型类针织服装的设计优势在于从纱线开始就能够展开创作，尤其是不同的针型设计可以产生非常多变的面料效果，例如镂空、织花、绒球、挑纱、漏针等，这使得成型类针织服装比普通服装增添了一个设计维度。

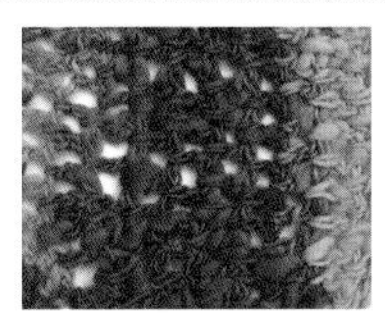
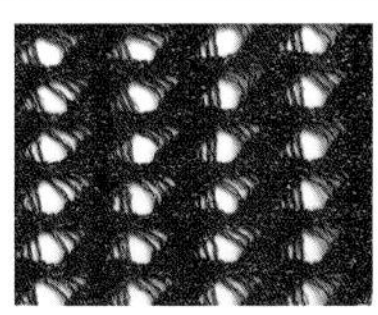
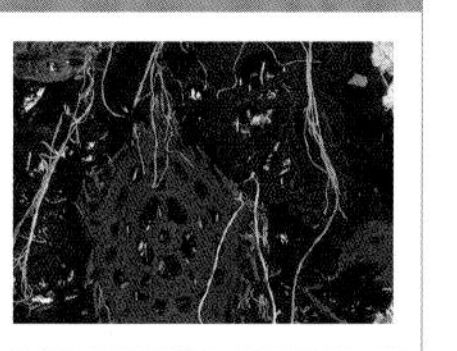

针织提花

针织提花是指采用提花组织制作而成的带有浮线的针织物，通俗来说，是用针织的方法将已经设计好的图案直接“编”出来。通过不同颜色纱线的层叠，提花能够使成型类针织形成设计师所需的图案样式。这种以“像素式”的方法来呈现色彩和图案变化的针织提花技术，能形成独特的风格。

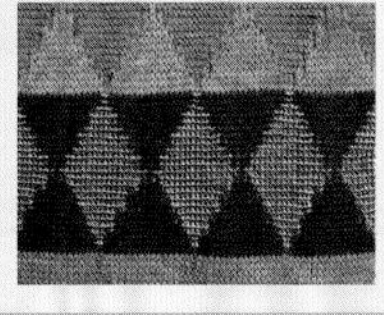

裁剪类针织服装常用款式

裁剪类针织服装在近年的时尚潮流中逐渐成为重要角色，几乎所有的风格系列中都会有一两款作为不可或缺的搭配款式。这类时装涉及礼服、西装、上装、外套、运动服、裙装、裤装等诸多品类，其中上装、外套和裤装是最重要的单品种类。

1 上装

裁剪类针织上装包括从男性化风格的T恤、卫衣到偏向女性化风格的披肩、抹胸、吊带背心等各种款式。

▲ 吊带背心搭配超薄透明针织衫

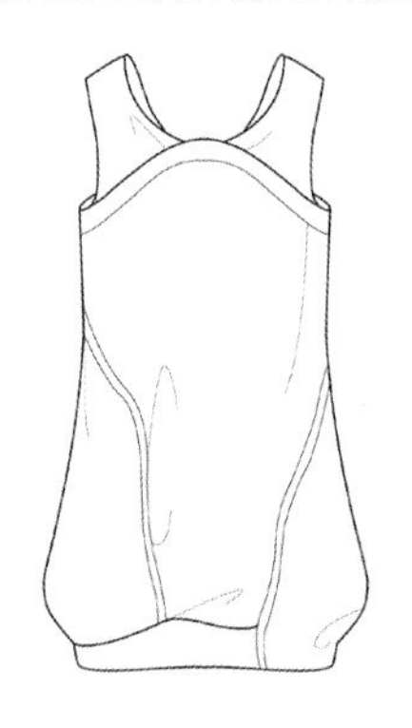

▲ 无袖上装

▲ 卫衣（常搭配同种面料的卫裤或短裙）

▲ 翻领T恤

2 针织外套

针织外套是最常见的外搭单品之一，根据不同的面料和设计风格，能够展现出不同的穿着样式。

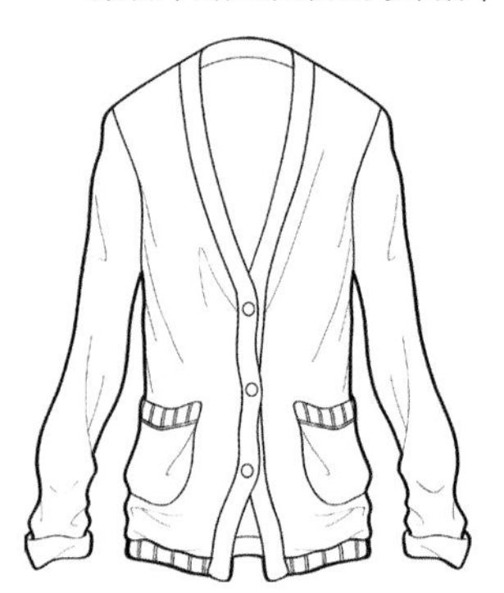

▲ 无领针织开衫

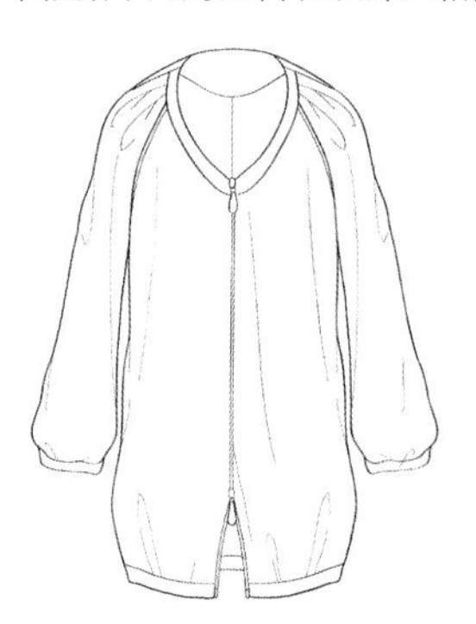

▲ 泡泡袖拉链开衫

▲ 针织西装

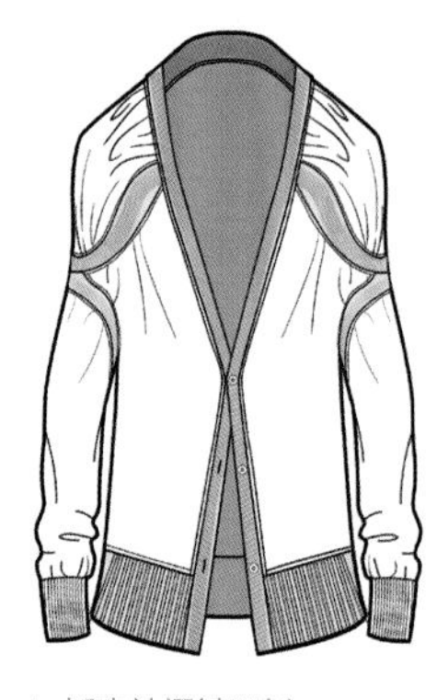

▲ 插肩袖褶皱开衫

3 针织裤

针织裤是街头时尚的常见单品，这类裤装能够拥有梭织面料难以达到的柔软效果、丰富褶皱和穿着舒适感。

▲ 斜门襟缩口短裤

▲ 宽腰带短裤

▲ 紧腿针织哈伦裤

▲ 打褶卷边裤

成型类针织服装常用款式

成型类针织服装在设计上有一定的技术难度，设计师必须熟知纱线的性能、花型的织法、面料的选取、裁片样式以及创新肌理，善于利用这类面料进行丰富多样的款式设计。针织时装不仅是大多数系列设计的必备单品，还有一些品牌甚至将针织时装作为纯粹的主打产品，例如米索尼、TSE等。

1 套头毛衫

套头毛衫是针织时装最经典的款式，最初只用于男装。现在的套头毛衫设计样式讲究廓形的创新与针法工艺。

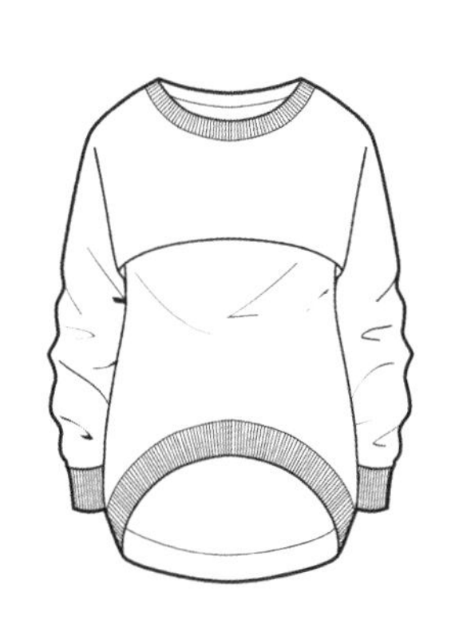

▲ O形宽松套头衫

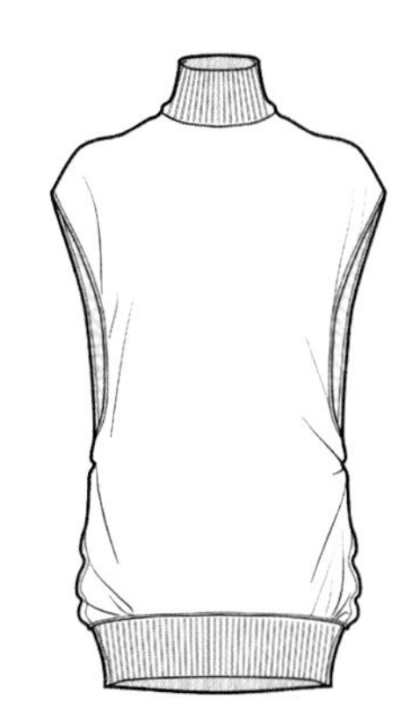

▲ 低袖窿高领背心

▲ 透明毛衫

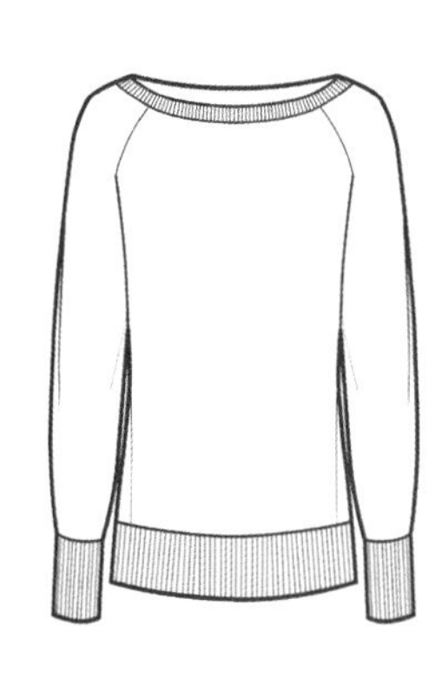

▲ 插肩袖套头衫

2 毛衫外套

这种款式时常与轻松、休闲的概念挂钩。毛衫外套在设计上讲究纱线的选择以及针法花型。

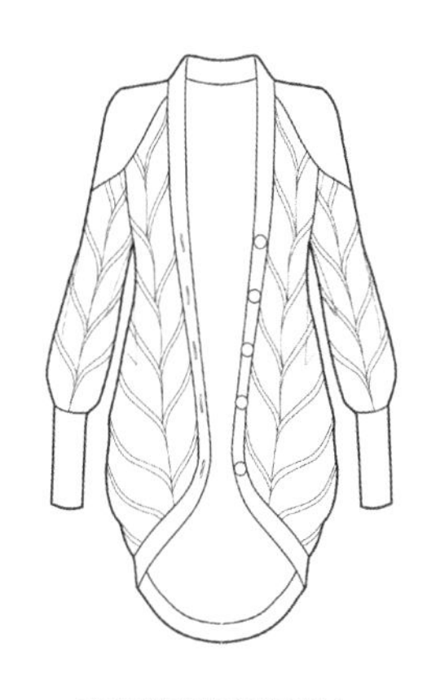

▲ 麻花辫花型粗线开衫

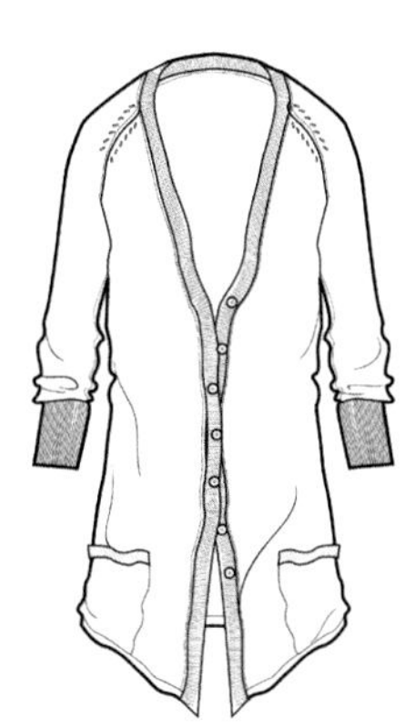

▲ 薄型长开衫

▲ 绞花纹理毛衫

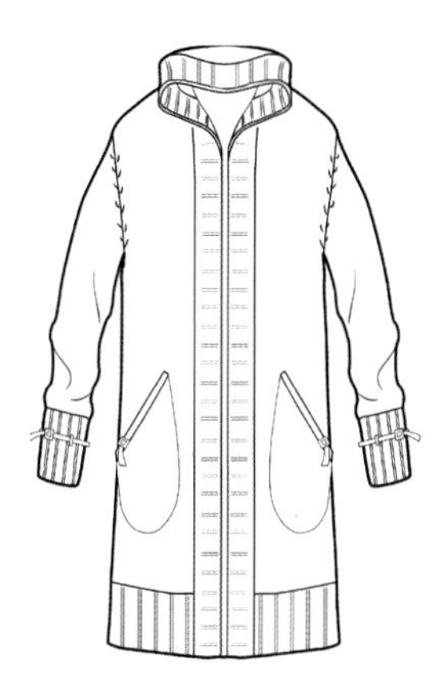

▲ 磨毛针织外套

3 针织连衣裙

针织连衣裙不仅仅是舒适的代名词，恰当的选材和设计还能够让这种单品适合职业装、日装礼服以及休闲装等时装类别。

▲ 立体编花超短连衣裙

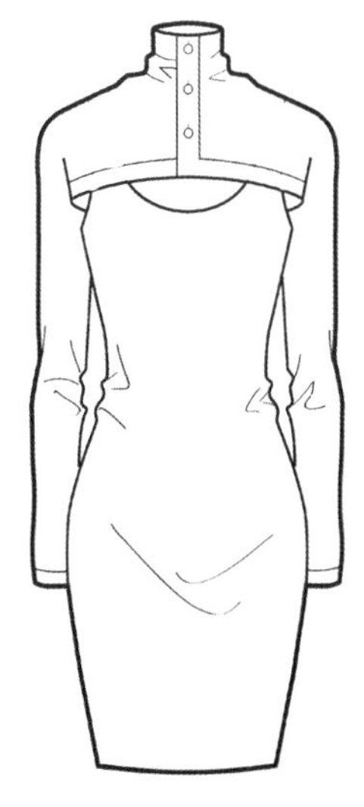

▲ 超短罩衫连衣裙

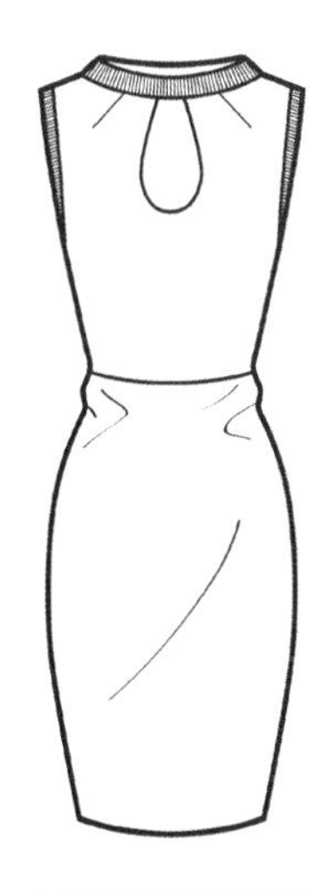

▲ 钥匙领日装礼服裙

▲ 休闲宽松针织裙

针织系列设计表现技法

了解针织时装的基本搭配、常用设计元素和常用款式之后就可以开始进行系列设计了，尤其要注意这一类别的面料大都松软，定型性与可塑性较弱，这就决定了时装款式易变形，普遍缺乏防风性和挺括感。因此，在进行针织系列设计时，一方面可以针对服装的特性扬长避短，表现出针织物特有的轻松休闲质感，另一方面也可以加入梭织产品作为设计辅助。

① 确定系列主题

针织系列设计的主题主要为色彩搭配和花型创作提供灵感。在主题确定后，最好尝试设计几款不同花型与配色的织片，不仅可以更好地分析主题，也可以检验是否能够实现创意。

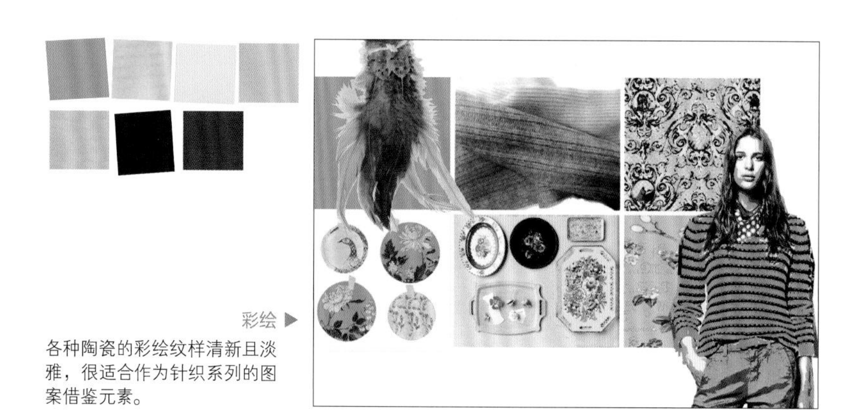

彩绘 ▶
各种陶瓷的彩绘纹样清新且淡雅，很适合作为针织系列的图案借鉴元素。

② 确定应用元素并绘制线稿

针织系列设计并不意味着所有单品都要运用针织面料，事实上，针织与梭织结合搭配才能丰富设计层次并互相衬托。“彩绘”这一主题将图案与红绿撞色作为灵感思路，因此设定应用元素时，要更多地关注各种潮流图案，包括梭织时装的色彩搭配与图案设计。

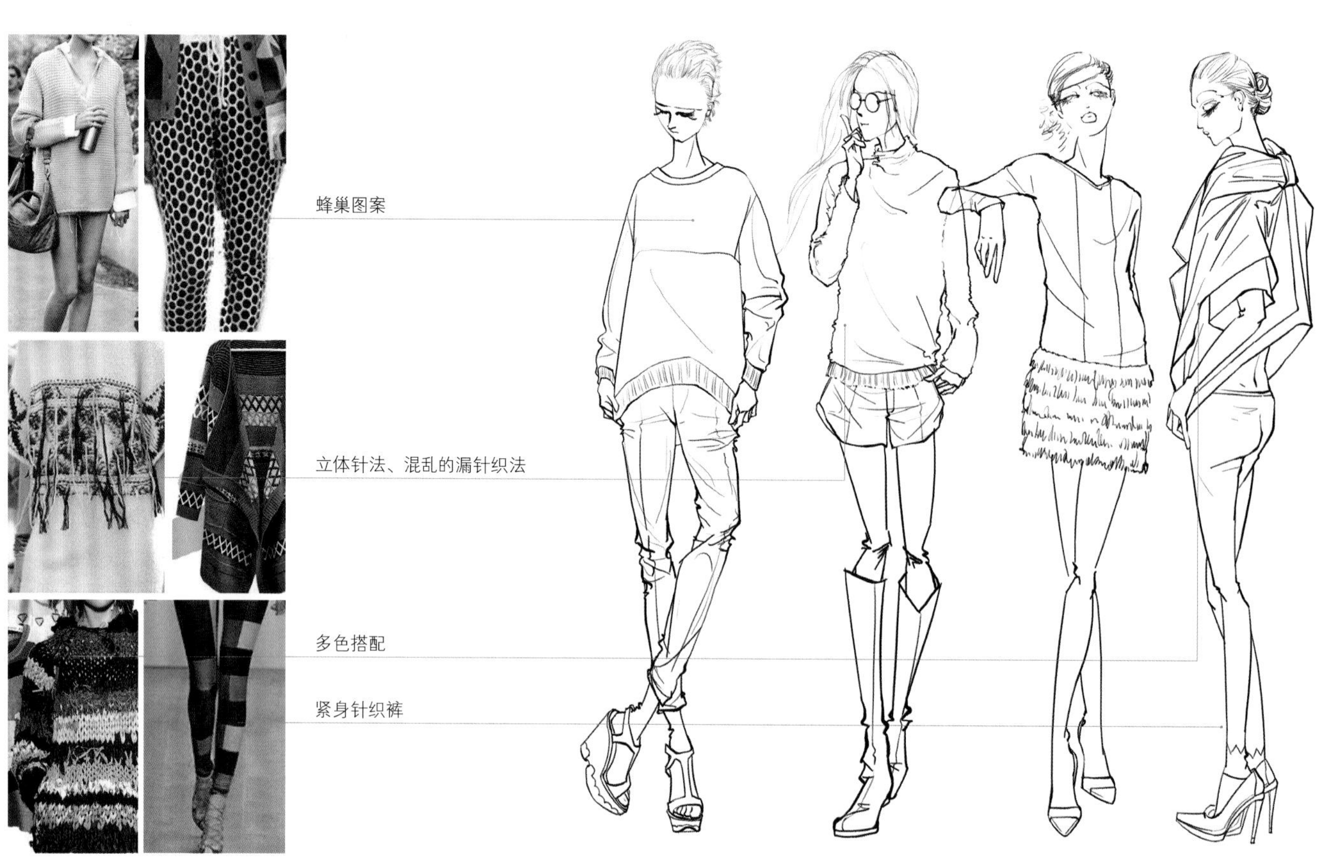

▲ 借鉴元素 ▲ 款式设计

3 绘制人体色彩

本系列用Photoshop软件进行着色。

先用油漆桶工具填充较浅的肤色，再运用“喷枪柔边”画笔涂抹皮肤暗面。因为皮肤图层会被设置在最底层，所以色彩可以略微超过界限，后期填充的服装图层能够遮盖住多余的部分。

▲ 棕黄色系彩妆　　▲ 肤色、发色

4 填充主色以及主要面料肌理

将针织织片小样扫描入电脑，制作成图案，依次填充。

不规则图案可以运用拼贴再剪切的方法完成填充。

▲ 羊毛混纺针织织片

⑤ 搭配辅色以及辅助面料肌理

将辅助面料制作成图案，依次填充即可。

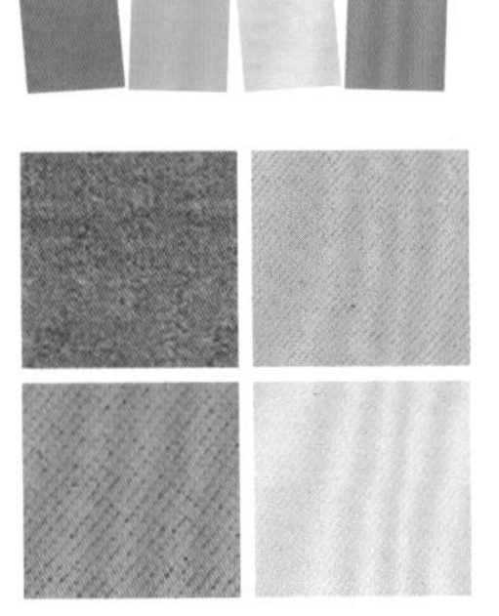

▲ 灰色毛毡、粉红色罗缎、绿色提花针织面料、粉白色罗缎

⑥ 绘制配饰色彩与肌理

将配饰面料制作成图案，依次填充。

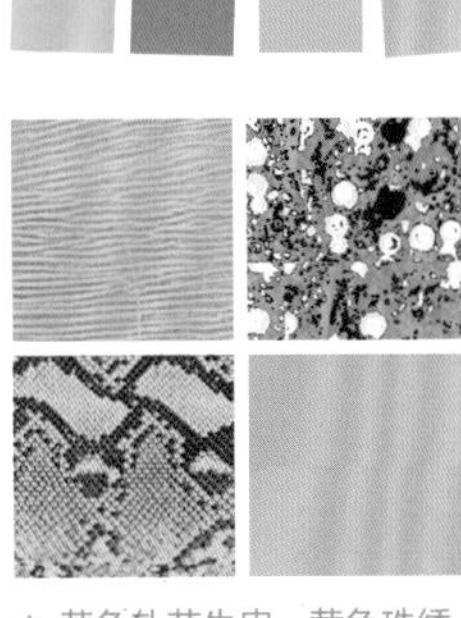

▲ 黄色轧花牛皮、黄色珠绣装饰、绿色蛇纹皮、灰色牛津布

7 绘制衣纹褶皱，完成稿件

针织面料柔软厚重，因此面料形成的褶皱要用较大笔触表现暗面，且不需要表现亮面。

制作裤装的罗缎由丝、羊毛、人造纤维混纺而成，具有光泽且垂坠感好，因此需要画出褶皱的受光面。先用多边形套索工具选中裤装亮面，再用“喷枪柔边圆形”笔刷选择20%灰色，在图层混合模式为“线性减淡”的新建图层上涂抹选区内部，这样通过选区就能形成边缘清晰的效果，以表现裤装的干净利落。

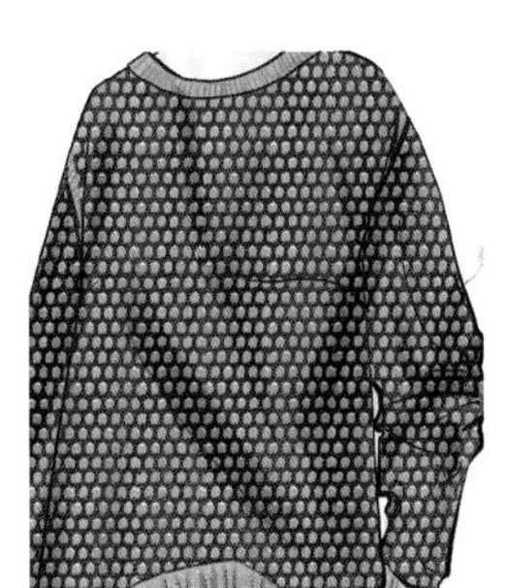

粗厚的蜂巢肌理。用硬朗的大笔触表现暗部，体现面料的挺括感。

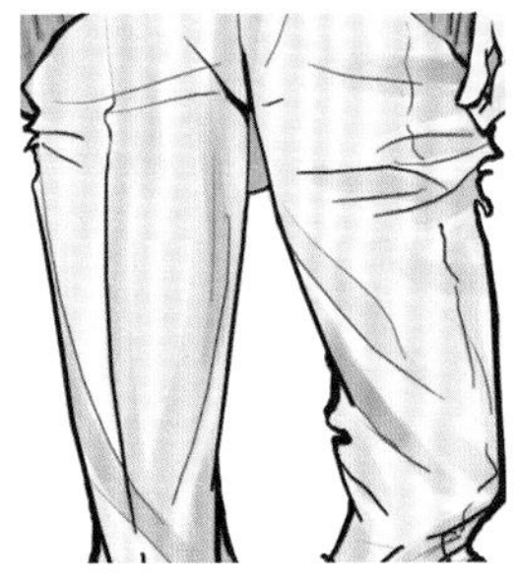

具有光泽感的罗缎。

表面粗糙、质感柔软的薄毛毡。用对比度不大的颜色表现暗部，以显示其柔和的质感。

毛绒流苏用线稿即可表现质感，大略表现明暗即可。

运用色差表现不同的针法效果：上部是打籽提花针法，会因为细小的立体颗粒形成投影而显得略深，下部平针则显得略浅。

4.4 内衣与家居服分类设计

内衣与家居服涵盖的范围比字面意思要广一些，内衣不但包括塑型内衣、普通打底内衣、内裤，还包括泳装、沙滩装等功能性品种。家居服则更为丰富，包括传统的晨服、睡衣以及瑜伽服、体操服、家居工作服等。在学习内衣与家居服的系列设计时，要更多地关注服装的功能性和舒适性。

内衣基本款式

女士内衣可分为胸衣和内衣两类：胸衣包括紧身胸衣、文胸、束腹带和塑型内衣等；内衣则包括内裤、吊带背心、衬裙等贴身穿着的服饰。

男士内衣可分为内衣和内裤两类：内衣包括背心、长袖内衣、柔软衬衣；内裤包括合体内裤和宽松内裤两种。另外，由于泳装与沙滩装在结构设计、工艺制作等方面与内衣非常接近，因此，设计内衣的品牌也会同时设计泳装系列。

① 女士内衣

▼ 色彩搭配

既可以选择较浅的肤色系列以搭配较透薄的时装，也可以选择时尚色系。

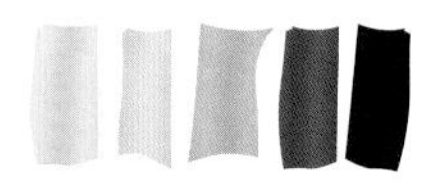

▼ 常用面料

提花面料

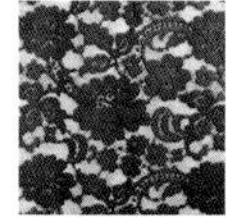

蕾丝

绣花面料

▼ 女士内衣基本款式

紧身胸衣

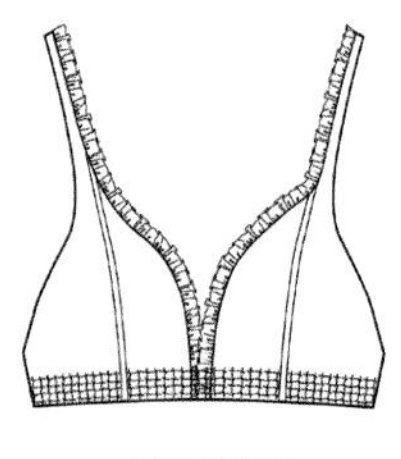

全罩杯文胸

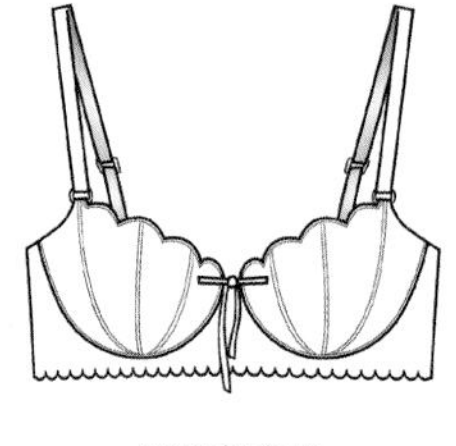

1/2罩杯文胸

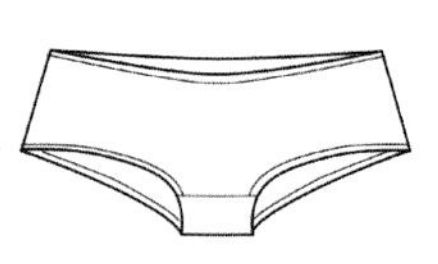

平角内裤

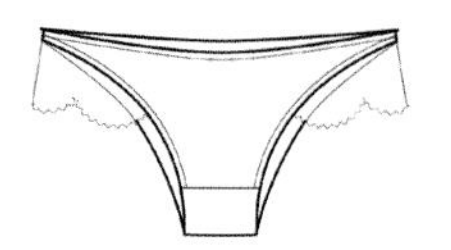

三角内裤

3/4罩杯文胸

无肩带1/2罩杯文胸（可以加长底围面料以更好地支撑胸部）

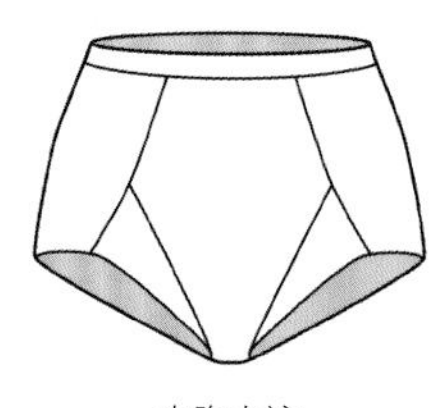

束腹内裤

② 男士内衣

▼ 色彩搭配

通常选择白色或冷色系色彩，也可以根据不同的设计风格运用时尚色系或图案。

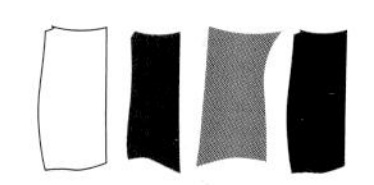

▼ 常用面料

网眼布

汗布

▼ 男士内衣基本款式

背心

平角短裤正面

三角短裤结构设计一

三角短裤结构设计二

平角短裤背面

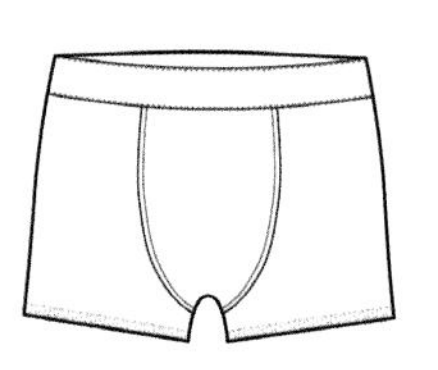

平角短裤结构设计一

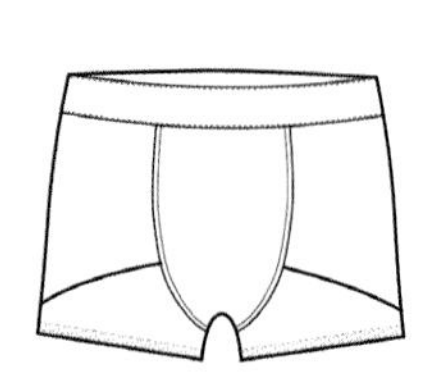

平角短裤结构设计二

家居服基本款式

家居服可以分为晨服与睡衣两类：晨服包括瑜伽服、舞蹈服、柔软的家居便服等；睡衣则包含宽松睡衣裤、睡裙、长睡袍、浴袍等。家居服的设计一方面要注重潮流趋势，另一方面要选择柔软、环保的面料，不要运用影响穿着舒适感的装饰手法。

① 晨服

▼ 色彩搭配

晨服适合使用各种清爽的流行色，这些色彩能够带来充满朝气的观感。

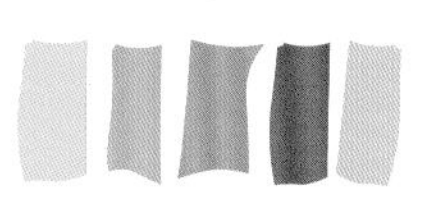

▼ 常用面料

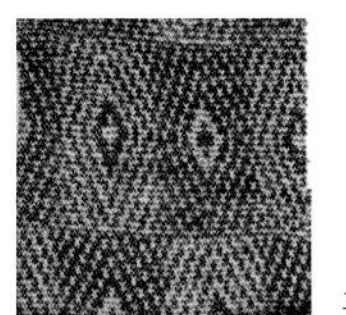

羊毛织物

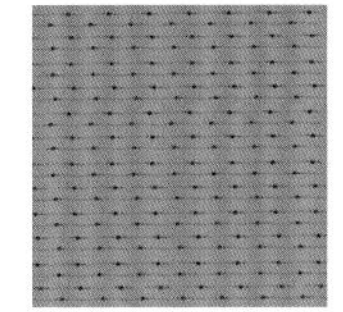

棉麻织物

▼ 晨服基本款式

修身针织衫

运动短裙

运动裤

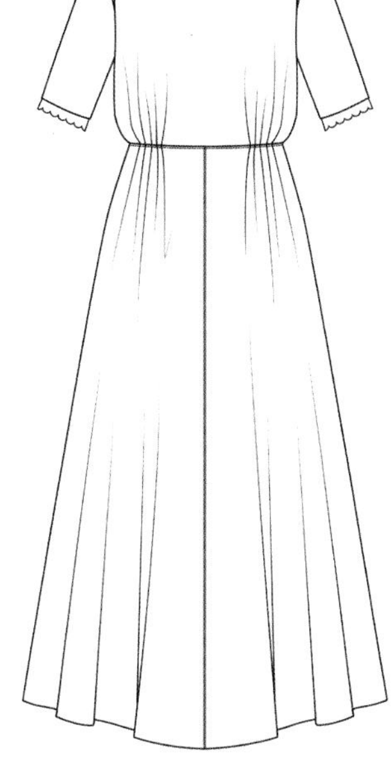

针织裙

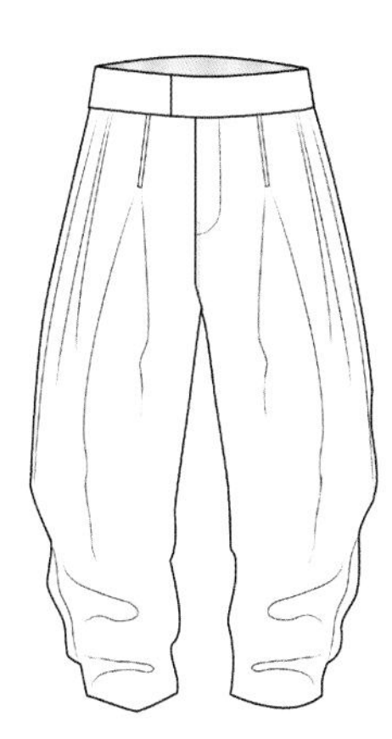

宽松休闲裤

② 睡衣

▼ 色彩搭配

常用柔和的中性色。

▼ 常用面料

纯棉织物

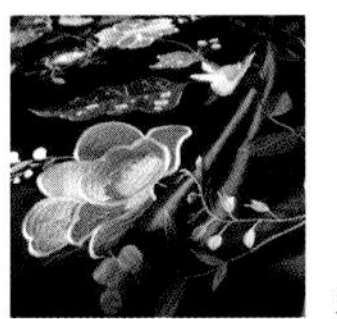

丝绸织物

▼ 睡衣基本款式

浴袍

吊带睡裙

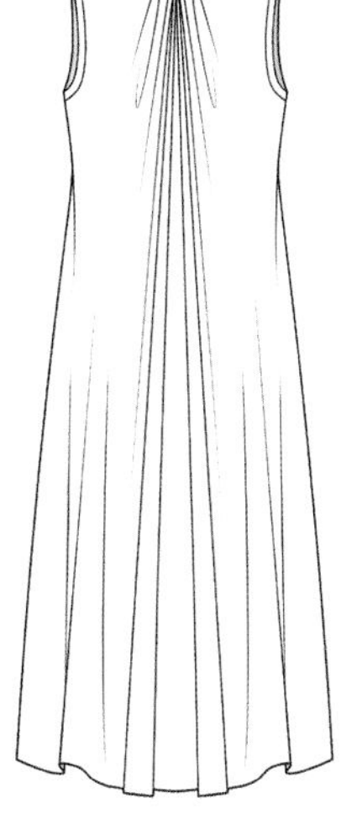

睡裙

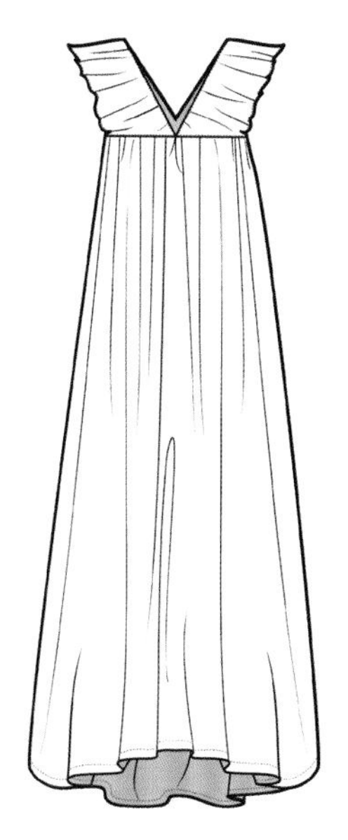

长睡袍

内衣系列设计表现技法

内衣系列设计一方面需要考虑功能需求，另一方面还要根据主题风格进行视觉上的设计创新。内衣产品针对的顾客年龄跨度较大，从儿童、青少年到老年人都包含在内，还要着重考虑不同年龄的审美需求与功能性需求，例如青少年喜欢简单轻松的图案、柔软的棉质面料以及舒适且带有适度承托力的内衣，而成熟女性则需要有塑形功能的款式。

1 确定系列主题

内衣带有强烈的私密性，尤其是女性内衣，在系列主题的选取上，各种浪漫精致的元素、复古元素、柔美风格的主题都能够获得消费者的喜爱。

性感莓果 ▶
这一主题希望将复古的款式设计与时尚的配色相结合。精致的蕾丝和性感的造型有过于成熟的暗喻，加入新鲜的莓果色就能够提升整个设计格调。

2 确定应用元素并绘制线稿

这一系列针对较年轻的女性需求，既要表现性感又要兼顾年轻女孩特有的青涩感，因此选择了莓果红与黑色这两种带有强烈情绪对比的色彩作为主要应用元素。另外，为了表现出主题中的性感概念，大量应用了透叠效果和蕾丝细节。

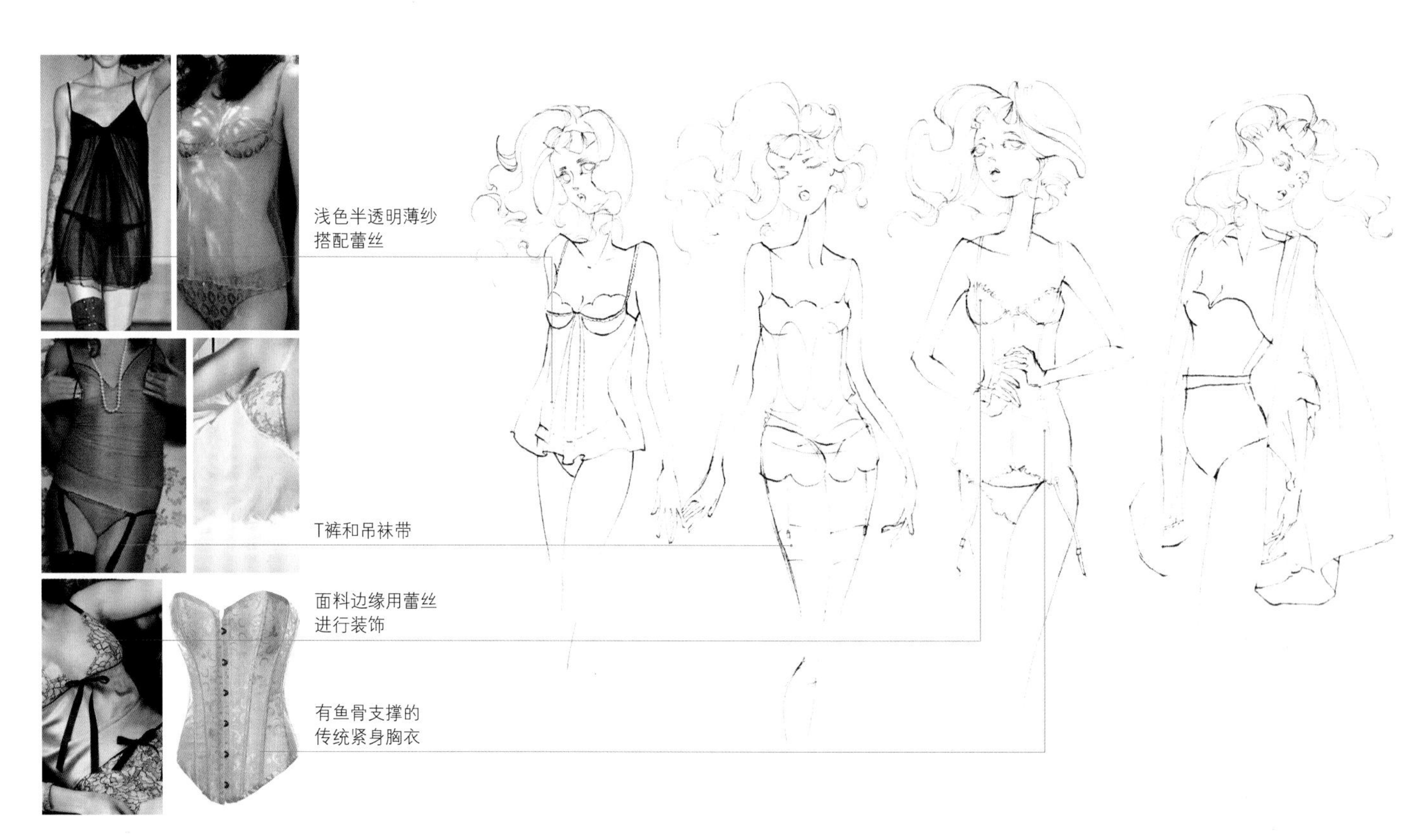

▲ 借鉴元素　　▲ 款式设计

③ 绘制人体色彩

本系列用水彩技法进行着色。

系列主题以性感与复古作为看点，因此运用20世纪20年代的经典红唇和艳丽眼影作为妆容概念。考虑到时装色彩以黑色和玫红为主，发色则可以运用灰蓝色与粉红色晕染，衬托主题色彩。

为了表现薄纱面料的透明感，需要在穿着透明面料的人体部位绘制肤色。

眉眼等细节部位可以运用0.3mm勾线笔、彩色铅笔和软头马克笔精细勾勒。

头发用灰蓝色和红色调和，采用湿画法简单晕染，待干后用勾线笔勾勒发丝线条进行装饰，能够形成轻松、自然的效果。

▲ 艳丽妆容配色

▲ 肤色、发色

④ 绘制主色

主要面料有两种，一种是灰蓝色薄纱，另一种是黑色蕾丝。

这一步骤只需要调和略浅于面料的色彩，快速晕染即可。

薄纱面料为了表现层次感，可适当留白。

蕾丝面料不会形成高光，但是胸衣缝合鱼骨衬条的结构线位置会形成凸起，因此需要留白。

薄纱外套的丝绸宽边需要留白以表现质感。

▲ 灰蓝色薄纱、黑色蕾丝

⑤ 绘制辅色

调和玫红色进行绘制，注意玫红色水纹绸面料会产生优雅的光泽，因此在绘制时要注意留白和色彩变化。

绘制被薄纱遮挡的玫红色时，要调和略浅的色彩，并留出薄纱面料皱起的地方不填色，这样才能表现面料的透叠效果。

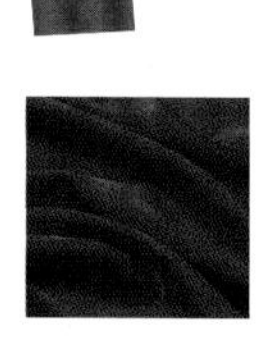

▲ 水纹绸

由丝、人造纤维或其他纤维混纺织成，有独特的涟漪般的纹理和光泽。

⑥ 绘制蕾丝图案

用00号水彩笔逐一勾勒蕾丝的图案细节，注意蕾丝面料边缘要参差不齐。

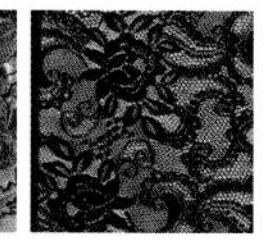

▲ 浅紫色织片蕾丝、黑色钩花蕾丝

7 绘制衣纹褶皱，完成稿件

在面料打褶处、人体转折处绘制符合衣纹规律的褶皱。

薄纱面料由于透明度高，不会形成深色阴影，只需要在文胸下方的打褶处绘制几笔浅淡的褶皱即可。

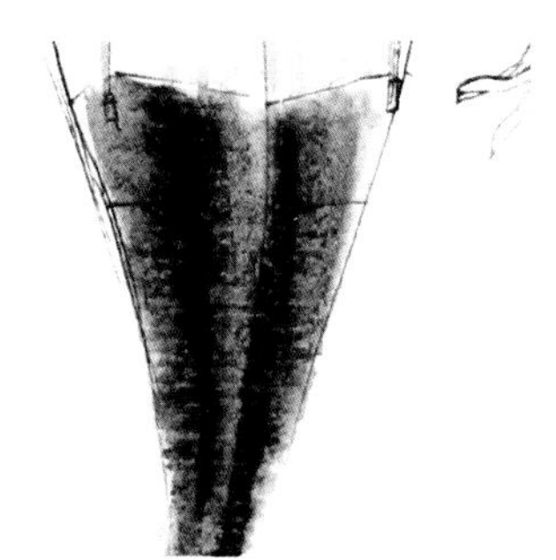

黑丝袜不会形成褶皱，因此在绘制时需要一气呵成，用湿画法晕染深灰色，再迅速调和较浓的黑色画在腿部中间，此时色彩会自然晕染开，形成立体感。

蕾丝面料内衣由于裁剪合体而紧裹人体，不会形成太多褶皱，只需要在腰围处绘制一二即可。另外需要注意胸前略凸起的鱼骨结构，要用黑色强调其立体投影。胸下也要用较深的色彩表现胸部的立体感。

玫红紧身胸衣也不需要画褶皱，只需在最初填色时区分明暗即可。灰色薄纱披肩只需要在自然垂褶处稍微补充几笔暗调即可。

4.5 运动装分类设计

运动装产业不仅为专业运动员提供各种不同功能的运动装备，还将这一概念的服装拓展到日常生活中。运动装品牌因此逐渐分成两大阵营：一种是针对专业运动员，运用高科技产品，让时装能够更好地适应运动需求的品牌；另一种是针对喜欢运动风格但并不是专业运动员的时尚人群，这类时装在借鉴运动风格的基础上另外加入了大量潮流元素。

运动装分类

运动装可以分为功能性运动装（专业运动服）和街头运动装。前者通过特殊的面料、结构和缝制工艺实现独特的功能，例如透气快干的篮球服、为颈椎提供保护的赛车服等。后者则更强调街头运动风格，这种风格最初是一种年轻化的着装方式，现在已经成为含义更广泛的前卫时尚风格的代名词。

① 功能性运动装

这一类的运动装设计要具备舒适性、实用性、功能性，在具备这些基本条件之后，再考虑时装的美观性。

一般情况这类时装还需要通过专门的穿着实验与调研来不断地完善设计。

▼ 色彩搭配

团队运动服的识别性需求和赛场运动服的美观性需求让鲜艳的配色成了运动服的标志性元素。

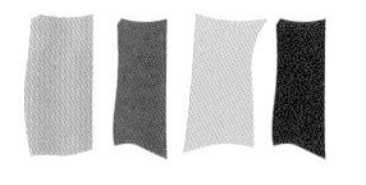

▼ 常用面料

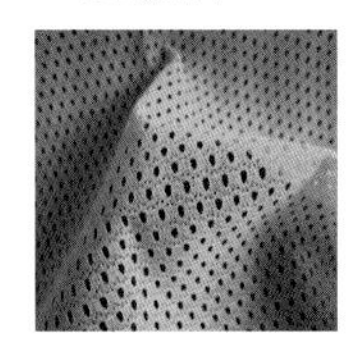

鸟眼布（透气面料）

高密针织布

全棉针织布

▼ 功能性运动装基本款式

▼ 搭配款式

运动外套

运动衫

长袖套头T恤

运动裤

户外运动裤

休闲运动裤

棒球帽

登山包

滑雪靴

滑雪手套

▼ 功能性运动装搭配效果

② 街头运动装

街头运动装原先只是街头篮球、滑板、滑轮、街舞等青少年运动的装束，但随着时尚的发展，逐渐加入日常服装的流行趋势中，成为一种带有运动风格的休闲服饰品类。

▼ 色彩搭配

运动装风格的鲜艳撞色和休闲装的丰富图案配色都可以运用到这一品类中。

▼ 常用面料

毛织物

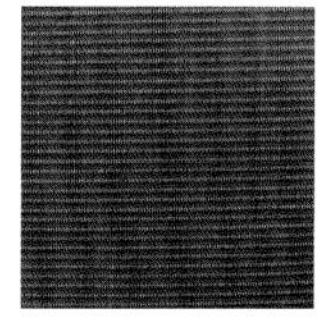

棉麻织物

丝毛织物

▼ 街头运动装基本款式

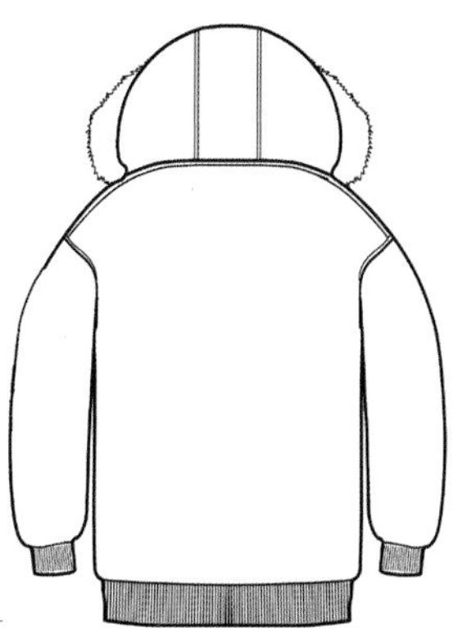

运动夹克

▼ 搭配款式

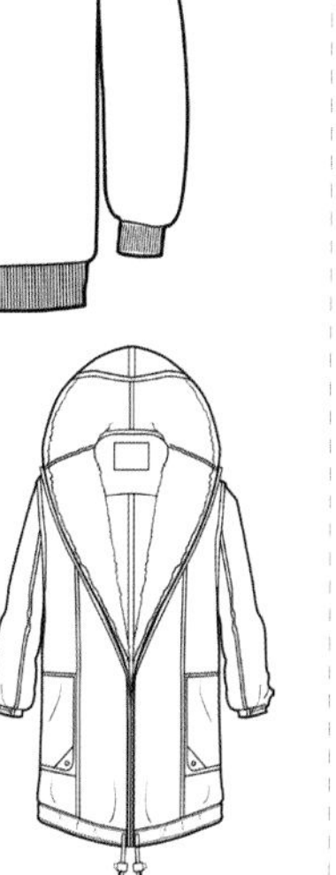

衬衫　T恤　背心　大衣

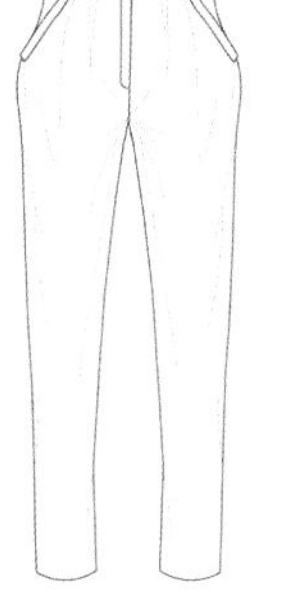

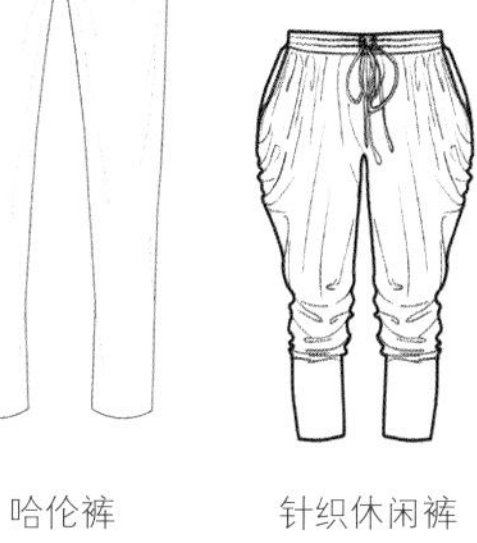

短裙　编织腰带　背包　墨镜

抽绳休闲裤　哈伦裤　针织休闲裤　运动风格单鞋　运动鞋

▼ 街头运动装搭配效果

TIPS 街头运动装的灵感来源

街头艺术

从古早时期的街头艺人、流浪歌手，到当代街舞、涂鸦等，街头艺术不仅是基于个人兴趣的艺术创作活动，也是都市亚文化的代表。

▲ 新西兰惠灵顿街头艺术节

街头运动

滑板、轮滑、街头篮球……诸多形式的街头运动实际上正是街头时尚文化的起源，当前的设计创作仍然不断从这些活动中寻找设计灵感。

▲ 世界滑板日（新华社照片）

功能性运动装常用款式设计

功能性运动装又称专业运动服，是时装产业中与科技息息相关的一个类别，一般会根据专业的运动项目来进行设计。功能性运动装不仅要符合人体工学运动项目的特点，还要有选择地使用相关功能性面料，例如防紫外线面料、抗菌防臭面料以及低阻抗力面料等。

1 Polo衫

马球、高尔夫、乒乓球、羽毛球等运动员一般会穿着这类时装。

▲ 收腰样式

▲ 肩部育克设计

▲ 罗纹领口与袖口

▲ 图案设计

2 夹克

运动夹克针对不同的功能性需求有不同的设计要点。例如滑雪服讲究保暖、防寒，运动员外套则需要在腋下添加透气裁片以方便排汗。

▲ 针织夹克

▲ 防风夹克

▲ 团队夹克（夹克上有统一的颜色与徽章标识）

▲ 袖子可拆卸的立领夹克

3 运动裤

运动裤根据不同的运动需求也有不同的设计，尤其是腰头与裤脚的细节结构。

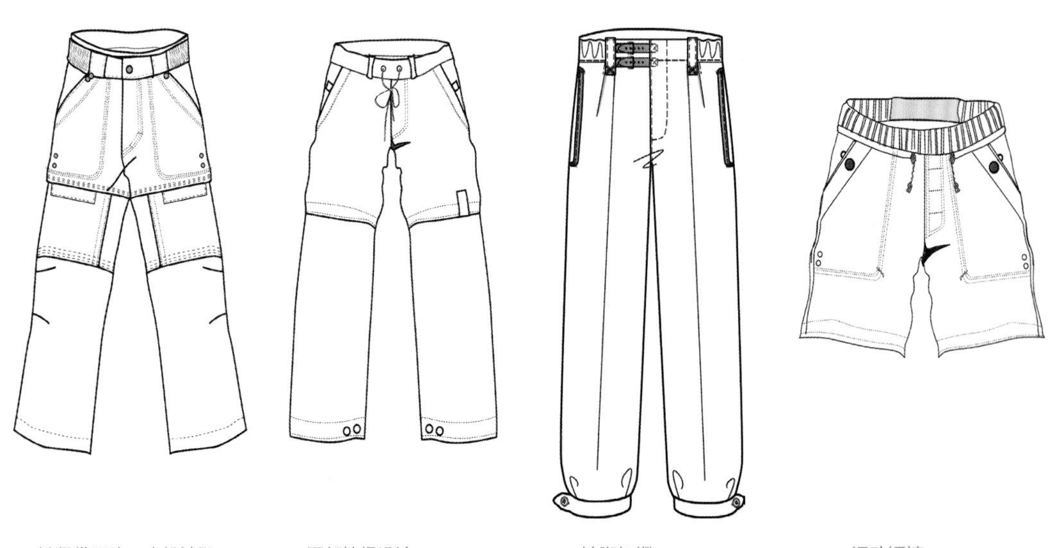

▲ 松紧带腰头、宽松裤腿

▲ 腰部抽绳设计

▲ 裤脚扣襻

▲ 运动短裤

街头运动装常用款式

街头运动装的款式设计讲究宽松、时尚，既能够展现运动风格，又能够表现青少年时尚前卫的造型。在款式设计中，图案元素尤为重要，图案不同的位置、色彩、样式设计，能够给整体风格带来不同的效果。

① 卫衣

卫衣主要采用超薄针织料、毛圈针织布、涤盖棉等裁剪类针织面料。

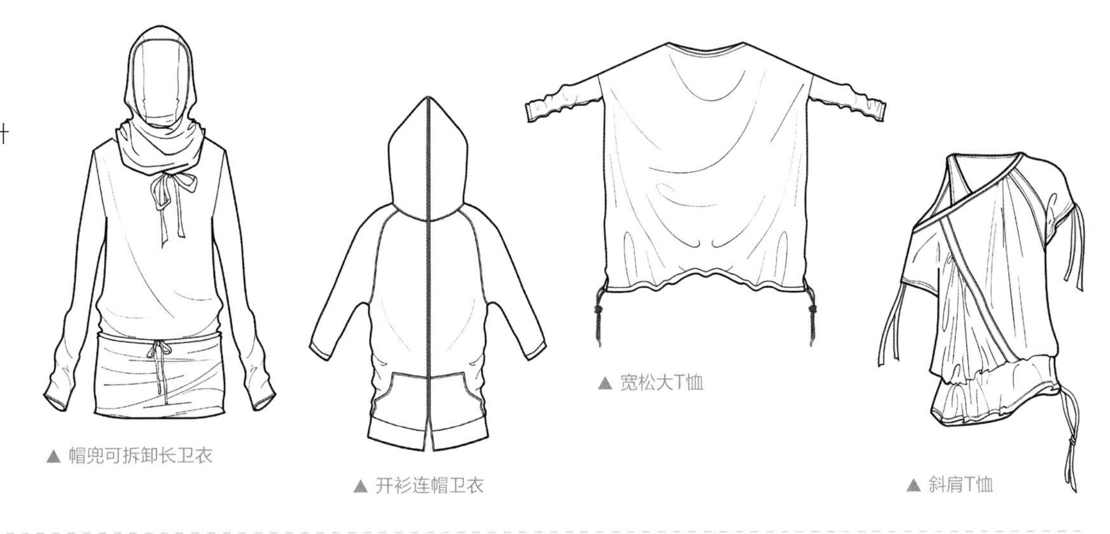

▲ 帽兜可拆卸长卫衣

▲ 开衫连帽卫衣

▲ 宽松大T恤

▲ 斜肩T恤

② 外套

街头运动装的外套一般比较宽松，款式相对偏中性，常运用铜扣、抽绳、拉链等细节。

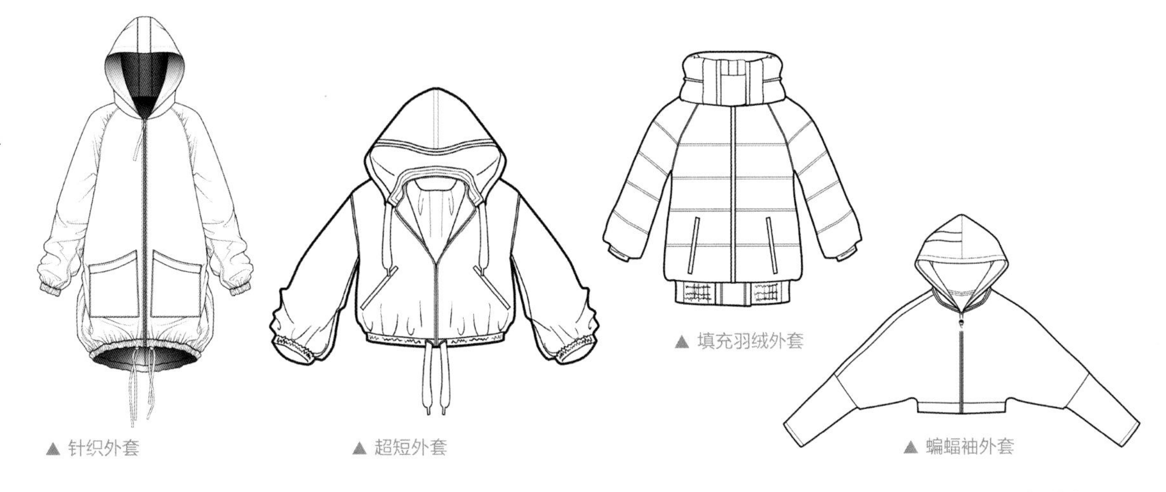

▲ 针织外套

▲ 超短外套

▲ 填充羽绒外套

▲ 蝙蝠袖外套

③ 休闲裤

街头风格的休闲裤明显带有松垮的特色，例如滑板裤、哈伦裤等。

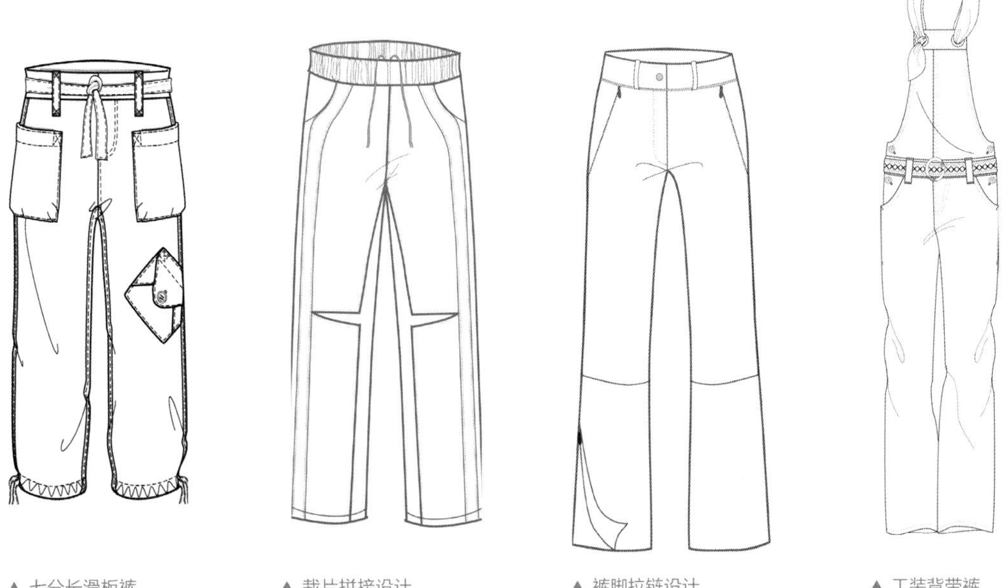

▲ 七分长滑板裤

▲ 裁片拼接设计

▲ 裤脚拉链设计

▲ 工装背带裤

街头运动装系列设计表现技法

街头运动装的系列设计既需要表现运动元素，还需要体现街头潮流，尤其是都市亚文化的各种代表概念，因此在选择主题时可以考虑各种街头运动引发的时尚概念，例如滑板、滑轮、街舞、街头篮球、跑酷等。另外，在设计创作时，还可以借鉴专业运动装设计常用的色彩分割来增强系列设计的跳脱感。

1 确定系列主题

各种流行的运动盛会、街头运动、青年元素都可以作为潮流主题。

后街世界杯 ▶

足球主题系列设计，运用阿根廷球队的主要配色和几何图案，营造街头风格的氛围。

2 确定应用元素并绘制线稿

根据主题风格，足球衫、短裤、球鞋、袜子等要素是系列设计的首选，另外再加入纱裙、豹纹印花、多层腰头设计等女性化的元素，让整体设计的层次丰富多变。

▲ 借鉴元素

▲ 款式设计

③ 绘制人体色彩

本系列用Photoshop软件进行着色。

时装的配色比较丰富，人物造型就可以用简单一些的配色来表现。

▲ 蓝色系彩妆　　▲ 肤色、发色

④ 填充主色以及主要面料肌理

将面料制作成图案。绘制条纹并将其制作成图案。用油漆桶工具依次填充。

▲ 条纹印花、灰色磨绒精纺布、浅蓝色无光针织布

⑤ 搭配辅色以及辅助面料肌理

将辅助面料制作成图案，并依次填充。

不规则图案的运用：设置图案图层的混合模式为“叠加”，将图案放置在相应的位置，缩放到合适的大小，擦除多余的部位即可。

▲ 浅灰色平纹针织布、印花图案

⑥ 绘制配饰色彩与肌理

将袜子面料制作成图案，再进行填充。

新建图层，将红色与玫红色制作为渐变色，填充到鞋子上。再新建图层，将图层混合模式设置为“叠加”，将豹纹和鬃毛面料制作成图案，同样填充在鞋子区域，形成渐变色图案。

▲ 针织毛袜面料、渐变色图案

7 绘制衣纹褶皱，完成稿件

用“喷枪柔边圆形”笔刷，选择20%灰色，在新建的图层混合模式为“线性加深”的图层上绘制褶皱暗部。

霓虹色短裤则可以用“柔角”笔刷，选用黄色、蓝色、灰色、灰紫色，进行多色反复叠加绘制。

多层图案纱裙的肌理效果十分丰富，可以不用绘制褶皱明暗。

▼ 绘制多层图案纱裙

1 选择粉红色，用“喷枪柔边圆形”笔刷大笔触绘制，间或添加一些浅绿色笔触。

2 选择略深的草绿色，在腰头、褶皱等部位添加色彩，表现不同色彩的多层欧根纱裙装效果。

3 将图案图层放大到能遮盖住整个裙装，放置到裙装图层的上方，将图案图层的图层混合模式设置为“柔光”。

4 另外打开一个未被编辑的相同图案，用魔术棒工具选中粉红色部分，按Delete键删除。放大图案，放置到图层混合模式为“柔光”的图案图层上方。擦除部分褶皱处和裙装区域外的图案，完成绘制。

4.6 童装与青少年装分类设计

童装系列设计可以根据具体年龄段来区分设计方法：1～3岁童装讲究舒适以及防寒透气等功能；4～9岁童装除了要求穿着方便舒适之外，还讲究时尚美观；10～16岁则属于青少年装的设计范畴，这个年龄阶段的服装十分注重潮流概念的影响，但是与成人时装的流行趋势并不完全符合，更年轻的潮流因素占系列设计的主导地位。

1～3岁童装基本款式搭配

这一阶段的儿童处于生长发育的重要时期，既拥有一定的活动能力，又很难保持干净整洁，因此这一阶段的时装需求除了时尚美观之外，还要适于运动、防寒透气、穿着舒适、耐脏耐洗。如果设计师能在款式和尺码上设计得更巧妙一些，让发育期的儿童穿着时间更长，那就更加完美了。

▼ 色彩搭配

这类小童时装适合运用较为柔和的色彩，既能够让儿童显得乖巧可爱，也避免过于鲜艳的颜色形成刺激感。

▼ 常用面料

绒面呢

纯棉织物

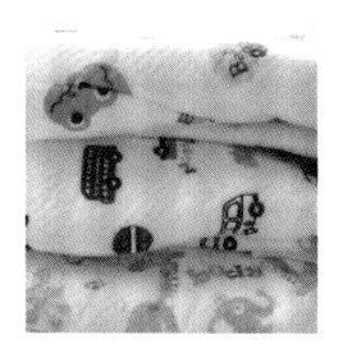

磨毛针织布

▼ 1～3岁童装基本款式：连衣裙（正面、背面）

这种荷叶边连衣裙既可以搭配裤装也可以直接穿着，一件式设计让穿脱也十分方便。

▼ 搭配款式

棉布上装

毛衣开衫

短裙

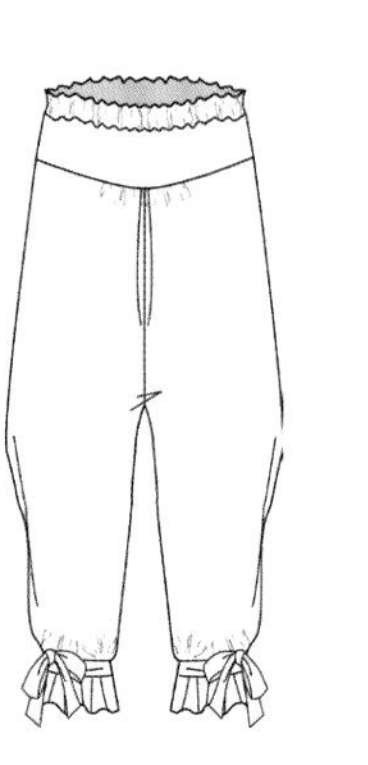

宽松长裤

连身衣

围巾

便鞋

运动鞋

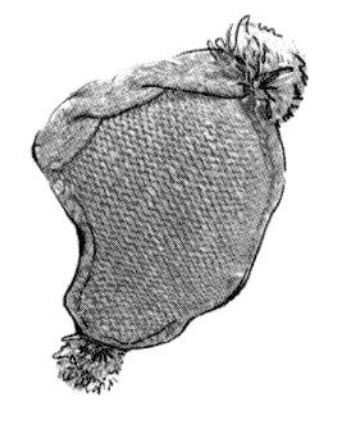

帽子

▼ 1～3岁童装搭配效果

4～9岁童装基本款式搭配

这一阶段的儿童身材比例发生很大的变化，更加活泼好动，充满创造性。首先，在设计时要区分时装号型，例如某童装公司将尺码设置为4、5、6，这些数字直接对应年龄。其次，时装仍旧需要考虑耐磨、排汗、安全等功能性因素。最后，要考虑时尚因素，这一阶段服装的时尚感逐渐受到重视，有趣的细节、鲜艳的图案、新奇的款式更容易获得儿童和家长的欢迎。一些类似成人时装的小大人样式既拥有潮流元素，又加入符合儿童趣味的元素，这样的设计也是十分讨巧的。

TIPS 童装的审美趣味

成年人视角

0～9岁儿童的时装购买及设计搭配一般由父母来完成，因而这一年龄段的时装设计通常体现成年人对“童稚”的理解。

▲ 奈足童装秋季形象大片

儿童视角

尽管童装大多数是由成年人来决定选择样式，但有仍不少品牌愿意使用儿童视角来进行设计，例如较直白的配色、儿童喜爱的IP形象等，往往也会收到不错的市场反响。

▲ 海绵宝宝IP图案服装设计

青少年装基本款式搭配

青少年逐渐开始独立支配金钱，流行文化、都市亚文化、摇滚音乐、明星、体育、叛逆主题常常能够吸引他们的关注，同时青少年也在逐渐形成自己的审美倾向，着装不再受家长的约束。功能性不再是时装关注的要点，带有丰富设计元素的创意款式更能够得到青少年的喜爱。为了在群体中获得认同感，青少年对潮流有着快速的追随反应，这就造成青少年时装的流行快速而多变。另外，尽管青少年群体的购买力越来越强，但是绝大多数孩子仍旧不能承受昂贵的奢侈服装和配饰，因此低成本的设计款式能够更好地吸引这一阶段的消费者。尤其是价格适中的针织类产品，既能够展现轻松的风格，对身材的要求也不太高。

▼ 色彩搭配

青少年时装的创意接受度高，各种有趣的色彩搭配都可以尝试。

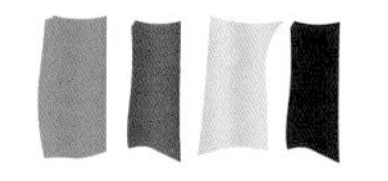

▼ 常用面料

裁剪类针织面料

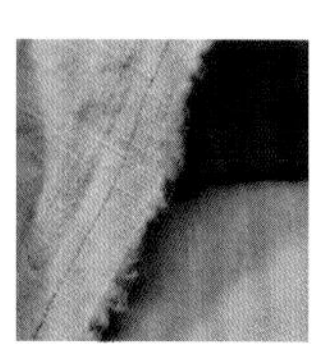

青年布

色织格布

▼ 青少年装基本款式：针织休闲上装

T恤款超短连衣裙

多层针织背心

▼ 搭配款式

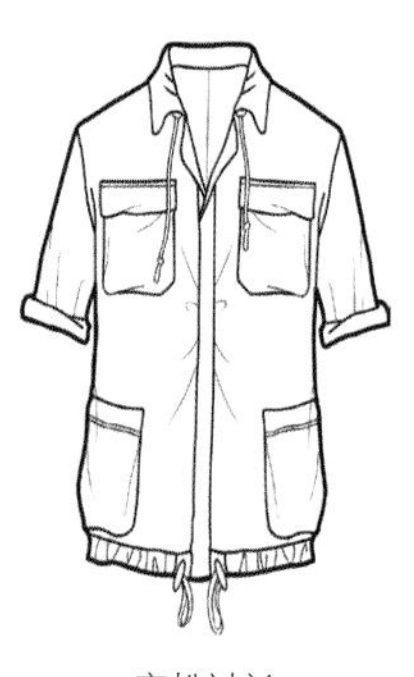

宽松衬衫

系带大衣

荷叶边连衣裙

牛仔裤

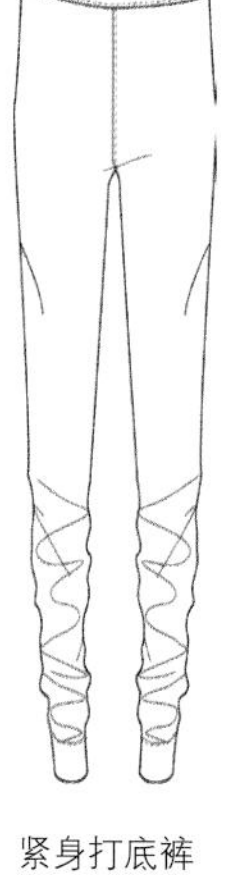

紧身打底裤

棒球帽

大手袋

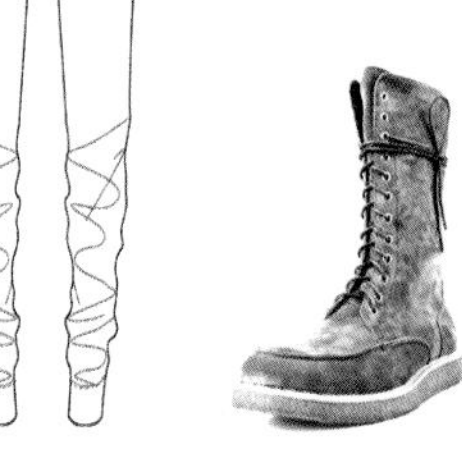

高筒靴

休闲运动鞋

▼ 青少年装搭配效果

童装和青少年装常用款式

童装的款式设计要考虑到儿童的生理特点和心理需求，衣服应该穿着舒适、穿脱方便、便于活动，尤其要注意其安全性，用料应该以柔软、吸湿、透气的天然面料为主。一些小大人样式的设计也需要根据儿童不同年龄段的特性进行调整。

① 青少年上装

青少年的上装款式可以看成一种过渡性的产品——既要在设计上保留童装的多变色彩和装饰，又要在款式上遵循成年人的时尚潮流。

▲ 宽松落肩袖T恤　▲ 斜领T恤　▲ 双层领卷袖口T恤　▲ 短袖猎装衬衫

② 儿童上装

儿童上装时常设计一些小大人的款式，但是要注意，这些服装在款式上可以接近成衣时尚，但在工艺上要符合儿童体型，在用料上则不要使用需干洗的考究面料。

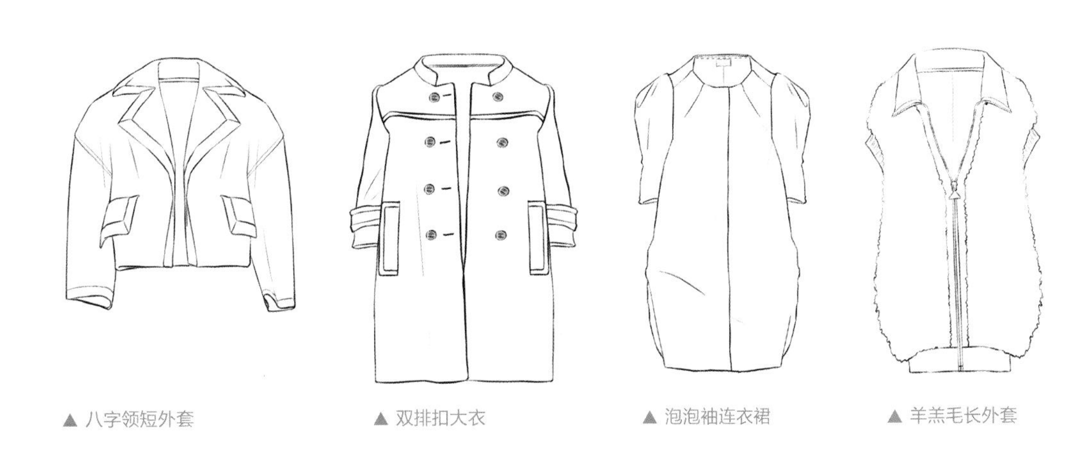

▲ 八字领短外套　▲ 双排扣大衣　▲ 泡泡袖连衣裙　▲ 羊羔毛长外套

③ 儿童裤装

儿童裤装要在运动舒适、耐磨耐洗等功能性方面着重考虑，尤其是儿童有一段发育时期小腹会鼓起，这样就要求裤装在腰部不能过于收紧，宽松运动裤和背带裤是好选择。在款式设计上则要表现出儿童的天真可爱，例如立体图案、花朵装饰等。

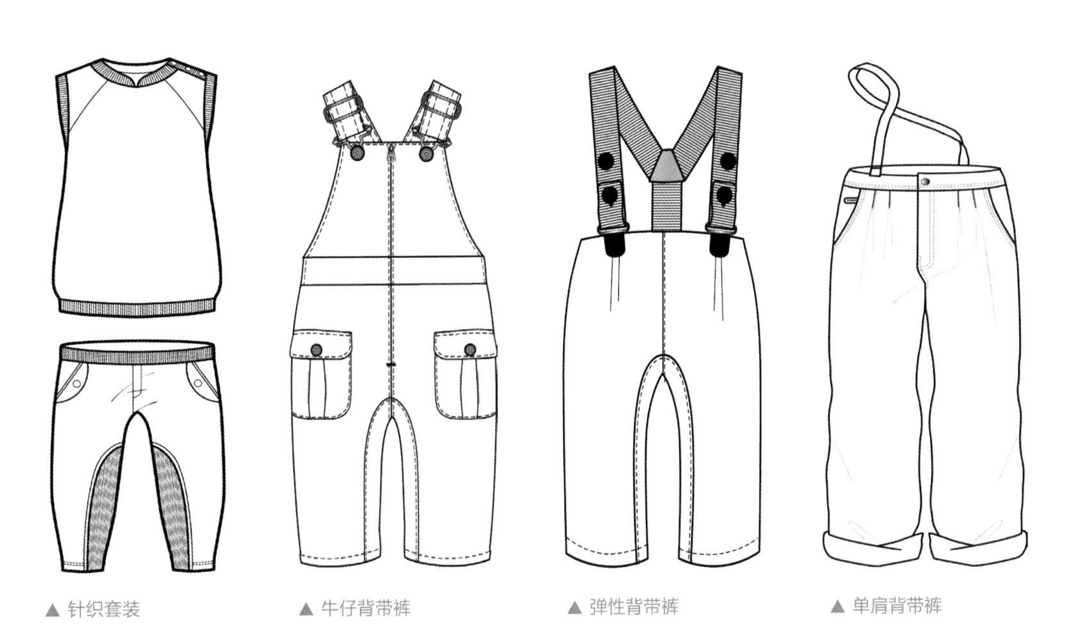

▲ 针织套装　▲ 牛仔背带裤　▲ 弹性背带裤　▲ 单肩背带裤

童装系列设计表现技法

了解童装的基本搭配和常用款式之后就可以开始进行系列设计了。先确定系列主题风格和色彩，再根据风格特征进行调研并确定设计应用元素，然后着手绘制系列时装画。

1 确定系列主题

童装的风格倾向很大程度上体现了父母的审美追求，也反映了父母对孩子的期望。因此，童装的设计主题应该是向上的、积极的、趣味的、可爱的，而不是严谨的、乏味的、概念深奥的。

幻想世界 ▶
灵感来源于精致的桔梗花束，将这种色彩与街头涂鸦和鹅卵石镶嵌装饰的墙面结合起来，形成带有街头诙谐感的粉红色世界。

2 确定应用元素并绘制线稿

针对4～6岁的儿童着装，每个系列都需要有较多的混搭品类，以便形成丰富的造型。这一系列主题是带有街头元素的精致着装，既需要创意印花、短裤等街头风格的元素，也需要一些经典的款式。

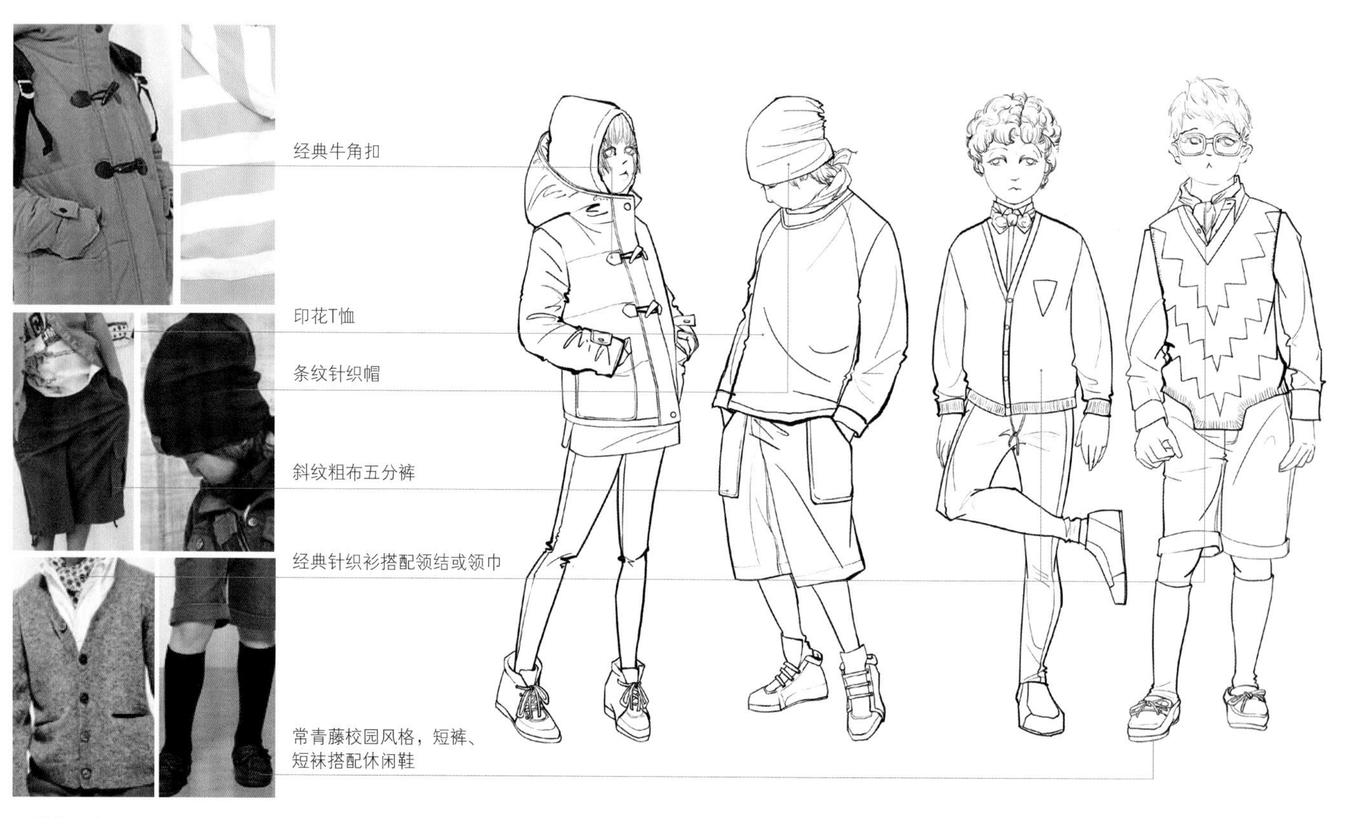

▲ 借鉴元素　　▲ 款式设计

3 绘制人体色彩

本系列用Photoshop软件进行着色。

儿童人体色彩应保持自然的肤色，不需要过多的彩妆色彩。

选用“喷枪柔边圆形”笔刷，用较浅的肉粉色画肤色，发色则可以根据服装的色彩进行搭配。

▲ 肤色、发色

4 填充主色以及主要面料肌理

制作粉红色条纹图案，扫描面料并将其制作成图案。用油漆桶工具依次填充。

▲ 深粉红色磨绒棉布、浅粉红色和灰色针织平布

⑤ 搭配辅色以及辅助面料肌理

将辅助面料制作成图案，逐一填充。另外制作创意图案，并设计出多款图案配色。

▲ 图案设计

▲ 图案印花面料、钩花针织布、成型羊毛衫、色织平布

⑥ 绘制配饰色彩与肌理

将配饰面料制作成图案，依次填充。

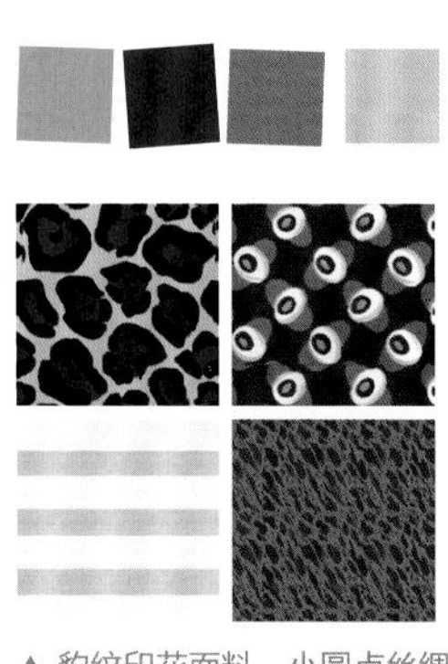

▲ 豹纹印花面料、小圆点丝绸领巾面料、细条纹印花针织平布、染色麂皮绒面料

7 绘制衣纹褶皱，完成稿件

系列设计使用针织平布、棉布、起绒布等手感柔软的无光面料，因此只需要用“喷枪柔边圆形”笔刷在图层混合模式为“线性减淡”的图层上绘制弱对比度的褶皱阴影即可。

色彩浓郁的图案面料可以考虑不画褶皱阴影。

在缝纫线附近绘制褶皱，以表现填充棉服的体积感。

针织帽子需要绘制整体阴影以表现头部的立体感。

裤装不需要太多的明暗变化，基本上将裤腿分为明暗两个面即可。

丝绸领巾的细微处可以添加一些高光。